SHIJIE ZHUMING PINGMIANJIHE JINGDIAN ZHUZUO GOUCHEN
—— JIHE ZUOTU ZHUANTI JUAN (ZHONG)

世界著名平面几何经典著作钩沉

—— 几何作图专题卷

中

刘培杰数学工作室　编

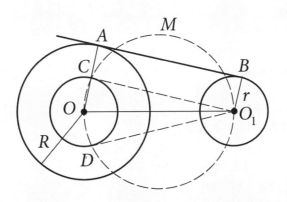

哈尔滨工业大学出版社
HARBIN INSTITUTE OF TECHNOLOGY PRESS

内容简介

本书共分四章,分别为第一章圆周的答分和正多边形,第二章线的连接,第三章比例,斜率和锥度,第四章曲线。

本书适合大学生、中学生及平面几何爱好者研读。

图书在版编目(CIP)数据

世界著名平面几何经典著作钩沉.几何作图专题卷:共三卷/
刘培杰数学工作室编.—哈尔滨:哈尔滨工业大学出版社,2022.1
  ISBN 978-7-5603-8673-7

  Ⅰ.①世… Ⅱ.①刘… Ⅲ.①平面几何②画法几何
Ⅳ.①O123.1②O185.2

  中国版本图书馆 CIP 数据核字(2020)第 020594 号

策划编辑 刘培杰 张永芹
责任编辑 刘春雷
封面设计 孙茵艾
出版发行 哈尔滨工业大学出版社
社   址 哈尔滨市南岗区复华四道街 10 号 邮编 150006
传   真 0451 – 86414749
网   址 http://hitpress.hit.edu.cn
印   刷 辽宁新华印务有限公司
开   本 787 mm×960 mm 1/16 印张 96 字数 1 673 千字
版   次 2022 年 1 月第 1 版 2022 年 1 月第 1 次印刷
书   号 ISBN 978-7-5603-8673-7
定   价 198.00 元(全三卷)

○

目

录

第一章　圆周的等分和正多边形

　　圆周的等分和作正多边形法,在制图中应用的地方是很广泛的. 如机械图中的法兰盘、离合器等,日常生活中所看见的国旗上的五角形、钟表面等,及建筑器材中的瓷砖块、窗花图案等,常要用到圆周的等分或作正多边形法.

第一节　正 多 边 形

(1.1)　正多边形定义

　　正多边形(又称正多角形)是由若干线段首尾相连组成的平面封闭几何图形. 它必须具备两个条件:各边相等和各内角相等.

　　例如　矩形的各角都是90°,但不是各边都相等;菱形的四边虽然相等,但不是各内角都相等,因此它们都不是正多边形.

(1.2)　正多边形和圆的关系

　　如果把圆分成 n 等份 $(n>2)$,那么联结每相邻两分点的 n 条弦可组成一个内接正 n 边形;切于各分点的 n 条切线,可组成一个外切正 n 边形. 反之,对于每一个正多边形,均可作其外接圆和内切圆.

　　例如　已知定圆 O,将圆周四等分,可作内接及外切于此圆的正四边形.

作法　(图1)

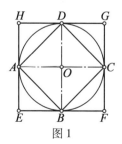

图1

自圆心 O 作相互垂直的二直径,$\overline{AC}$ 及 $\overline{DB}$. 连 AB,BC,CD 及 DA,即得此圆的内接正四边形 $ABCD$. 过 A,B,C,D 各点作圆 O 的切线,则每两相邻切线分别相交于 E,F,G,H 各点,即得此圆的外切正四边形 $EFGH$.

例如 已知正三角形 ABC,可作 $\triangle ABC$ 的内切圆及外接圆.

作法 （图 2）

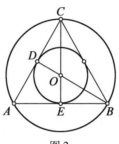

图 2

分别自 $\angle B$ 及 $\angle C$ 的顶点 B 及 C 作对边的垂线 $\overline{BD}$ 及 $\overline{CE}$ 相交于 O. 以 O 为圆心,$\overline{OE} = \overline{OD}$ 为半径作圆,即得 $\triangle ABC$ 的内切圆. 若以 O 为圆心,$\overline{OC} = \overline{OB}$ 为半径作圆,即得 $\triangle ABC$ 的外接圆.

(1.3)　正多边形的角度计算公式简介

(1)正 n 边形各内角和为 $(n-2)180°$. 因自正 n 边形任一顶点引各顶点的连线,必分此正多边形为 $(n-2)$ 个三角形. 而每个三角形的三内角和为 $180°$,则 $(n-2)$ 个三角形诸内角和必为 $(n-2)180°$.

(2)正 n 边形的一内角为：$\dfrac{(n-2)180°}{n}$.

(3)过正 n 边形任一顶点的半径与相邻一边的夹角为：$\dfrac{(n-2)180°}{2n}$（因正 n 边形的半径平分顶角）.

(4)正 n 边形任意一边所对的中心角为：$\dfrac{360°}{n}$.

(5)正 n 边形任一内角与其任一边所对的中心角互补.

(6)正 n 边形任一外角与其任一边所对的中心角相等.

（1.4） 若圆周的 n 等分为可作,则圆周的 $n \cdot 2^m$ 等分亦为可作(m 为 0 及自然数)

例如 （1）圆周的三等分为可作,则圆周的 3,→6→12→24⋯等分亦为可作.

即 $(3 \cdot 2^0) \rightarrow (3 \cdot 2) \rightarrow (3 \cdot 2^2) \rightarrow (3 \cdot 2^3) \cdots (3 \cdot 2^m)$ 等分亦为可作.

（2）圆周的四等分为可作,则圆周的 4→8→16→32⋯等分亦为可作.

即 $(4 \cdot 2^0) \rightarrow (4 \cdot 2) \rightarrow (4 \cdot 2^2) \rightarrow (4 \cdot 2^3) \cdots (4 \cdot 2^m)$ 等分亦为可作.

（3）圆周的五等分为可作,则圆周的 5→10→20→40⋯等分亦为可作.

即 $(5 \cdot 2^0) \rightarrow (5 \cdot 2) \rightarrow (5 \cdot 2^2) \rightarrow (5 \cdot 2^3) \cdots (5 \cdot 2^m)$ 等分亦为可作.

（4）圆周的十五等分为可作,则圆周的 15→30→60→120⋯等分亦为可作.

即 $(15 \cdot 2^0) \rightarrow (15 \cdot 2) \rightarrow (15 \cdot 2^2) \rightarrow (15 \cdot 2^3) \cdots (15 \cdot 2^m)$ 等分亦为可作.

上面所列举的圆周的 3,6;4,8;5,10 及 15 等分都是可以正确作图的. 其余的等分圆周的方法,有的虽可正确作图,但作法很繁,实际应用不多(如圆周的 17 等分法等);有的根本不能正确作图,制图中常采用近似作法. 今分别在以下各节中研究之.

3

第二节　圆周的三,六等分($3 \cdot 2^m$)及正三,六边形

（2.1） 分已知圆为三等份,作内接正三边形法

作法 （图 3）

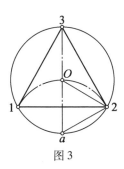

图 3

过圆心 O,作任意直径 $\overline{3a}$,以 a 为圆心,$\overline{aO}$ 为半径作弧交圆周于 1,2 两点,联结 1 2,2 3,3 1,则 △123 即为所求正三边形.

解说 若连 $O2$,$2a$ 则 △$aO2$ 为等边三角形,所以 $\angle aO2 = 60°$,即 $\overset{\frown}{a2} = 60°$.

同理 $\overset{\frown}{a1} = 60°$, 而 $\overset{\frown}{23} = \overset{\frown}{a3} - \overset{\frown}{a2} = 180° - 60° = 120°$. 同理 $\overset{\frown}{13} = 120°$. 所以 $\overset{\frown}{12} = \overset{\frown}{23} = \overset{\frown}{31} = 120°$. 故圆周被分为三等份,则 $\triangle 123$ 为内接正三边形.

(2.2) 已知一边,作正三边形法

作法 (图 4)

以已知边 $\overline{ab}$ 的两端点 a,b 各为圆心,以 $\overline{ab}$ 为半径分别作弧,两弧相交于 c, 联结 ac 及 bc, 则 $\triangle abc$ 即为所求正三边形.

解说 三边相等,三角必等,故为正三角形.

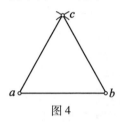

图 4

(2.3) 分已知圆为六等份,作内接正六边形法

作法 (图 5)

过圆心 O 作任意直径 $\overline{ab}$, 以 a,b 各为圆心,以 $\overline{aO}$ 为半径分别作弧交圆周于 c,d,e,f 各点,则 a,c,e,b,f,d 各点分圆周为六等份,依次联结各分点,则得内接正六边形 $acebfd$.

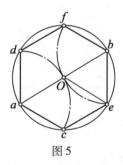

图 5

解说 若连 eO, 则 $\triangle beO$ 为等边三角形,所以 $\overset{\frown}{be} = 60°$. 同理 $\overset{\frown}{bf}, \overset{\frown}{ad}, \overset{\frown}{ac}$ 均为 $60°$. 又 $\overset{\frown}{ce} = 180° - 2 \times 60° = 60°$, 同理 $\overset{\frown}{df} = 60°$, 故圆周被分为六等份,依次联结

各分点. 即得所求正六边形.

(2.4)　已知一边,作正六边形法

作法　（图6）

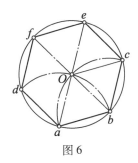

图6

以已知边 $\overline{ab}$ 的两端点 a,b 各为圆心,以 $\overline{ab}$ 为半径分别作 bd 及 ac 弧,两弧相交于 O,联结 aO 及 bO 并适当延长之,再以 O 为圆心,以 $\overline{aO}$ 为半径,作圆与上述两延长线交于 e,f 两点；与 $\overset{\frown}{ac}$ 及 $\overset{\frown}{bd}$ 分别交于 c 及 d 两点,依次联结各分点,即得所求正六边形.

解说　若连 Oc,则 $\triangle Obc$ 及 $\triangle Oab$ 均为正三边形,所以 $\overset{\frown}{ab}=\overset{\frown}{bc}=60°$,那么 $\overset{\frown}{ce}=\overset{\frown}{ae}-(\overset{\frown}{ab}+\overset{\frown}{bc})=60°$. 同理可证得 $\overset{\frown}{ad}=\overset{\frown}{df}=\overset{\frown}{fe}=60°$,故辅助圆周被六等份,依次联结各分点,即得所求正六边形.

(2.5)　用30°—60°三角板分圆周为三,六等份和作正三,六边形法

（1）已知圆 O,作内接正三边形法（图7）

作法　先在已知圆外平置丁字尺,过圆心 O,用30°—60°三角板作直径 $\overline{ab}$ 垂直于丁字尺边缘. 平移三角板使斜边过点 b,作弦 bc,翻转三角板使斜边过点 b,作弦 bd. 联结 cd,则 $\triangle bcd$ 为圆的内接正三边形.

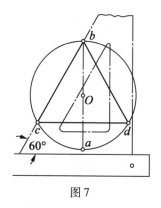

图 7

解说 因为 $\angle abc = \angle abd = 30°$,则 $\overset{\frown}{ac} = \overset{\frown}{ad} = 60°$,故 $\overset{\frown}{bc} = \overset{\frown}{bd} = 120°$. 所以,圆周被三等分.

(2)已知一边 $\overline{ab}$,作正三边形法(图 8)

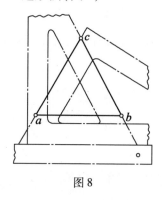

图 8

作法 使丁字尺边缘平行于已知边 $\overline{ab}$. 使 30°—60°三角板斜边密合丁字尺,较短直角边过点 a 画直线. 然后转移三角板如图,使斜边过点 b 画直线,两直线相交于点 c,则 $\triangle abc$ 为所求正三边形.

解说 各内角均为 60°,故为等边三角形.

(3)已知圆 O,作内接正六边形法(图 9)

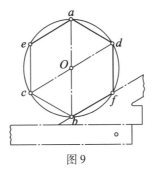

图 9

作法　过圆心 O 作直径 $\overline{ab}$ 垂直丁字尺边缘. 将三角板一直角边与丁字尺边缘密合. 然后平移三角板, 使斜边分别过 a, O, b 三点画相平行直线, 则各平行直线分别交圆周于 e, c, d 及 f 各点. 联结 ec, cb, fd, da 则得所求内接正六边形.

解说　$\overset{\frown}{ad} = \overset{\frown}{cb} = 60°$, 又 $\angle eaO = \angle aOd = 60°$(内错角相等). 所以 $\overset{\frown}{eb} = 120°$. 而 $\overset{\frown}{ec} = \overset{\frown}{eb} - \overset{\frown}{cb} = 120° - 60° = 60°$, 所以各弧段均为 $60°$.

(4)已知一边 $\overline{ab}$, 作正六边形法(图 10)　　　　7

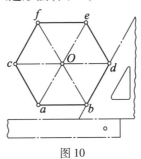

图 10

作法　以丁字尺边缘密合(或平行)于 $\overline{ab}$, 用三角板的较短直角边与丁字尺边缘密合, 使斜边过 a 及 b 画线 ae 及 bd. 翻转三角板, 同法画线 ac 及 bf, ac 及 bf 相交于 O, 平移丁字尺过点 O 画 $\overline{ab}$ 的平行线交 ac 于 c, 交 bd 于 d. 再使三角板之斜边过 c, 作 $\overline{bd}$ 的平行线交 bf 于 f, 过 d 作 ac 的平行线交 ae 于 e, 联结 ef, 则 $ab\, de\, fc$ 为所求正六边形.

解说　显然 $\triangle Oab$ 为正三边形, 由于 $\overline{bd} /\!/ \overline{aO}$, $\overline{Od} /\!/ \overline{ab}$, 则 $\triangle bOd$ 亦为正三边形, 同理可证得其余诸三边形皆为正三边形, 则六边形 $abdefc$ 各边相等, 各内角均为 $120°$, 必为正六边形.

(5)已知圆 O,作内接正十二边形法(图 11)

作法 过圆心 O,作互垂二直径 ab 及 cd,将丁字尺边缘平行于 $\overline{cd}$ 置于圆外,使 30°—60°三角板的较长直角边密合于丁字尺,使其斜边过点 O 画直线交圆

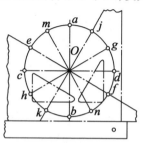

图 11

周于 e,f,翻转三角板,同法作得 g,h. 然后再使较短直角边密合于丁字尺边缘,使其斜边过点 O 画直线交圆周于 j,k,又翻转三角板,同法作得 m,n. 则圆上的各点分圆为十二等份.

解说 因为丁字尺边缘平行于 $\overline{cd}$,则 $\overset{\frown}{gd}=30°$,$\overset{\frown}{jd}=60°$,而 $\overset{\frown}{jg}=60°-30°=30°$. $\overset{\frown}{aj}=90°-60°=30°$.同理可证得其余各弧段均为30°,故圆被分为十二等份.

(6)已知一边,作正十二边形法(图 12)

作法 分别自已知边的两端 a,b 画与 $\overline{ab}$ 夹角为 75°的直线(作 75°夹角可利用45°及30°三角板拼合而得),此二直线相交于 O,以 O 为圆心 $\overline{aO}=\overline{bO}$ 为半径作圆. 若以 $\overline{ab}$ 为半径递截圆周,必得 12 个等分点. 依次联结各分点,则得正十二边形.

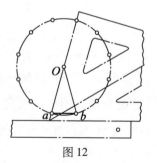

图 12

解说 $\angle Oba=\angle Oab=75°$,则 $\angle aOb=180°-75°\times 2=30°$,所以 $\overset{\frown}{ab}=30°\left(为圆周的 \dfrac{1}{12}\right)$.

第三节　圆周的四,八等分$(4 \cdot 2^{m})$及正四,八边形

（3.1）　分已知圆为四等分,作内接正四边形法

作法　（图13）

过圆心 O,作相互垂直的二直径,交圆周于 a,b,c,d 四点. 依次联结各点,则成内接正四边形.

解说　各弧段皆为90°,故 a,b,c,d 四等分圆.

（3.2）　已知一边,作正四边形法

作法(1)　（图14）

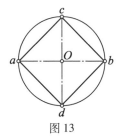 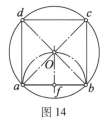

图13　　　　　　　　　　图14

作已知边 $\overline{ab}$ 的中垂线 Of 交 $\overline{ab}$ 于 f,以 f 为中心,$\overline{bf}$ 为半径作半圆交 Of 于 O,联结 aO,bO 并延长之. 以 O 为圆心,$\overline{aO}$ 为半径,作圆分别交 aO 及 bO 的延长线于 c 及 d 两点,若依次联结 bc,cd,da,即得所求正四边形.

解说　因为 $\overset{\frown}{aOb}$ 为半圆. 所以 $\angle aOb = 90°$,又因 $Oa = Ob$,故辅助圆必过 a 及 b,则 $\overset{\frown}{ab} = \overset{\frown}{bc} = \overset{\frown}{cd} = \overset{\frown}{da} = 90°$.

作法(2)　（图15）

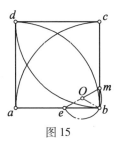

图15

9

在已知边 $\overline{ab}$ 外取适当点 O,连 $\overline{bO}$,以 O 为圆心,$\overline{bO}$ 为半径作弧与 $\overline{ab}$ 交于点 e,连 eO 并延长交圆弧于点 m. 连 bm,在 bm 延长线上截取 bc 使其等于 $\overline{ab}$,分别以 a 及 c 为圆心,以 $\overline{ab}$ 为半径作弧,两弧交于 d. 连 ad 及 cd,则 $abcd$ 即为所求正四边形.

解说 因为 $\angle b = 90°$,$\overline{ad} = \overline{cd} = \overline{cb} = \overline{ab}$(作图),所以四边形 $abcd$ 为正四边形(四边相等,其中一内角为直角).

作法(3) (圆16)

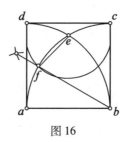

图16

分别以已知边 $\overline{ab}$ 两端各为圆心,$\overline{ab}$ 之长为半径作弧 ac 及 bd,两弧相交于 e,平分 $\widehat{ae}$,得分点 f,以 e 为圆心,ef 长为半径作弧,分别交 $\widehat{ac}$ 于 c,交 $\widehat{bd}$ 于 d,联结 bc,cd,ad,则得所求正四边形 $abcd$.

解说 因为 $\widehat{ae} = 60°$,则 $\widehat{ef} = 30°$,而 $\widehat{ef} = \widehat{ec}$(作法),所以 $\widehat{ae} + \widehat{ec} = 90°$,则 $\angle abc = 90°$. 同理 $\angle bad = 90°$,所以 $\overline{ad} /\!/ \overline{bc}$. 又因 $\overline{ad} = \overline{bc} = \overline{ab}$(作法),所以 $abcd$ 为平行四边形,则 $\overline{dc} = \overline{ab}$. 故四边形 $abcd$ 四边相等,一内角为直角,必为正四边形.

(3.3) 分已知圆为八等份,作内接正八边形法

作法 (图17)

过圆心 O 作相互垂直的二直径 $\overline{ab}$ 与 $\overline{cd}$,则分圆为四等份. 再平分各弧段得分点 e,f,g,h. 依次联结各分点,则得内接正八边形 $agcebhdf$.

解说 因为 $\overline{ab} \perp \overline{cd}$,所以 $\widehat{ac} = \widehat{cb} = \widehat{bd} = \widehat{da} = 90°$. 故再平分各弧段,则每一弧段为45°. 故圆被分为8等份.

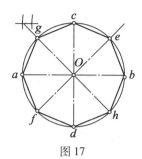

图 17

（3.4） 已知一边，作正八边形法

作法（1） （图 18）

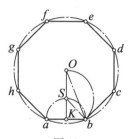

图 18

作已知边 $\overline{ab}$ 的中垂线 Ok，交 $\overline{ab}$ 于 k，截 $\overline{ks}$ 使等于 $\overline{kb}$．以 s 为圆心，$\overline{bs}$ 之长为半径作弧交 Ok 于 O．以 O 为圆心，$\overline{bO}$ 之长为半径作圆．自 b 起以 $\overline{ab}$ 为半径递截圆周，则分圆为 8 等份．依次联结各等分点，即得正八边形 $abcdefgh$．

解说 因为 $\overline{bk}=\overline{ks}$，而 $\angle skb=90°$，所以 $\angle bsk=45°$．又因为 $\overline{bs}=\overline{so}$，所以 $\angle sob=\angle sbo$．而 $\angle bsk$ 为 $\triangle bos$ 的外角，所以 $\angle sob=\dfrac{45°}{2}$．若联 ao，则 $\triangle ako \cong \triangle bko$，所以 $\angle aob=45°$，即 $\overset{\frown}{ab}=45°$．

作法（2） （图 19）

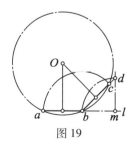

图 19

作任意直线 l，在 l 上取任意点 m，作 $md \perp l$，以 m 为圆心，适当长为半径作弧，分交 l 于 b，交 md 于 d，连 bd，以 b 为圆心，已知一边 $\overline{ab}$ 为半径作弧，分交 l 于 a，交 $\overline{bd}$ 于 c，分别作 $\overline{ab}$ 及 $\overline{bc}$ 的中垂线，两线相交于 O，以 O 为圆心，Ob 之长为半径作圆．若以 $\overline{ab}$ 自 c 起递截圆周，则可分圆周为八等份．

解说　因为 $\angle dbm = 45°$，则 $\angle abc = 135°$，所以 $\angle O = 45°$，若连 aO，bO，显然 $\angle O = \angle aOb = 45°$，即 $\overset{\frown}{ab} = 45°$．

（3.5）　用 45° 三角板分圆周为四，八等份和作正四，八边形法

(1)已知圆 O，作内接正四边形法
作法　（图20）

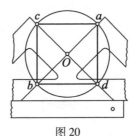

图20

将丁字尺置于已知圆外，以 45° 三角板斜边与丁字尺边缘密合，令三角板二直角边分别过圆心 O 画线，交圆周于 a，b，c，d 四点，依次联结各点，即得内接正四边形．

解说　$\overline{ab} \perp \overline{cd}$ 且均为圆之直径，故圆周被分成四等份，各弧段皆为 90°．

(2)已知圆 O，作内接正八边形法
作法　（图21）

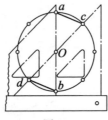

图21

将丁字尺置于已知圆外，以 45° 三角板的一直角边与丁字尺边缘密合，令三角板另一直角边过圆心 O，画线交圆周于 a，b 二点．再平移三角板将斜边过

圆心 O，画线交圆周于 c,d，若以 $\overline{ac}$ 为半径递截圆周，则得 8 个等分点．依次联结各等分点，即得所求内接正八边形．

解说　$\angle aOc = 45°$，故 $\overset{\frown}{ac} = 45°$．

（3）已知一边，作正四边形法

作法　（图 22）

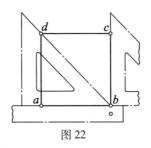

图 22

将丁字尺密合于已知边 $\overline{ab}$，分别自 a,b 作 $\overline{ab}$ 的垂线 ad 及 bc，以 45°三角板直角边密合于丁字尺、并使斜边过 b 画线与 ad 相交于 d，平移丁字尺使过 d 作 $\overline{ab}$ 的平行线交 bc 于 c，则 $abcd$ 即为所求正四边形．

解说　$\angle abd = \angle adb = 45°$，所以 $\overline{ab} = \overline{ad}$．而 $\overline{dc} /\!/ \overline{ab}$，$\overline{bc} /\!/ \overline{ad}$ 且 $\angle a = \angle b = 90°$，故 $abcd$ 为正四边形．

（4）已知一边，作正八边形法

作法　（图 23）

将丁字尺边缘密合于已知边 $\overline{ab}$，分别自 a,b 作与丁字尺边缘夹角为 45°的直线 ae,bc 及 bf,ad，使 $\overline{ad} = \overline{bc} = \overline{ab}$．又分别过 d 及 c 作 ab 的垂线交 bf 于 f，交 ae 于 e；再自 f 作 $\overline{bc}$ 的平行线，自 c 作 $\overline{ad}$ 的平行线，两线相交于 h；又自 e 作 $\overline{ad}$ 的平行线，自 d 作 $\overline{bc}$ 的平行线，两线相交于 g．连 hg，则 $abceghfd$ 为所求正八边形．

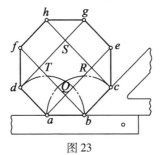

图 23

13

解说 显然 $bchf$ 及 $adge$ 均为矩形.

又因

$$\overline{bc} = \overline{ad}(\ = \overline{ab})\ (作法)$$

所以

$$\overline{bc} = \overline{hf} = \overline{ad} = \overline{ge}(\ = \overline{ab})$$

根据作法不难看出 $\overline{ae}, \overline{dg}$ 垂直于 $\overline{bf}, \overline{ch}$,所以

$$\angle hSg = \angle eRc = \angle bQa = \angle dTf = 90° \tag{1}$$

又

$$\overline{bc} /\!/ \overline{ae} /\!/ \overline{dg} /\!/ \overline{fh}; \overline{ad} /\!/ \overline{bf} /\!/ \overline{ch} /\!/ \overline{eg}(作法)$$

故

$$\overline{bQ} = \overline{cR}, \overline{eR} = \overline{gS}(平行线间距离相等)$$

又因

$$\angle Rce = \angle Rec = 45°(作法)$$

所以

$$\overline{cR} = \overline{eR}$$

则

$$\overline{bQ} = \overline{cR} = \overline{eR} = \overline{Sg} \tag{2}$$

同理可证得

$$\overline{aQ} = \overline{dT} = \overline{fT} = \overline{hS} \tag{3}$$

又根据作法

$$\angle Qab = \angle Qba(\ = 45°)$$

所以

$$\overline{aQ} = \overline{bQ}$$

等量代换式(2)及式(3),得

$$\overline{hS} = \overline{fT} = \overline{dT} = \overline{aQ} = \overline{bQ} = \overline{cR} = \overline{eR} = \overline{gS} \tag{4}$$

由式(1)及式(4)可证得

$$\text{Rt}\triangle Qab \cong \text{Rt}\triangle Rce \cong \text{Rt}\triangle Sgh \cong \text{Rt}\triangle Tfd$$

由此可知:

八边形 $abceghfd$ 的八边均相等.

又其各内角均为($90° + 45° = 135°$),故为正八边形.

14

第四节　圆周的五,十等分($5 \cdot 2^m$)及正五,十边形

(4.1)　分已知圆为十等份,作内接正十边形法

解析　(图24)

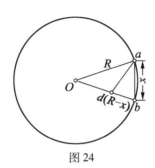

图24

已知定圆 O,半径为 R,$\overline{ab}$为内接正十边形的一边,其长为 x.

求 R 与 x 的关系:$\overline{ab}$为正十边形的一边,则 $\angle aOb = 36°$, $\angle a = \angle b = 72°$,若过 a 作等腰 $\triangle abd$($\overline{ad} = \overline{ab}$),则 $\triangle aOb \backsim \triangle bad$,所以 $\overline{bO} : \overline{ab} = \overline{ab} : \overline{bd}$. 又 $\triangle dOa$ 亦为等腰三角形(其两底角均为 36°),所以 $\overline{Od} = \overline{ad} = \overline{ab} = x$,则 $\overline{bd} = R - x$,以 R 及 x 代入上述比例式得:$R : x = x : (R - x)$解上式:$x^2 + Rx - R^2 = 0$ 得

$$x = \frac{-R \pm \sqrt{R^2 + 4R^2}}{2} = \frac{-R \pm R\sqrt{5}}{2}$$

取适合的一解 $x = \frac{R\sqrt{5} - R}{2} = \frac{R(\sqrt{5} - 1)}{2}$(正十边形边长公式). $\frac{R(\sqrt{5} - 1)}{2}$ 如何作图(图25).

因为 $\frac{R(\sqrt{5} - 1)}{2} = \frac{R\sqrt{5}}{2} - \frac{R}{2}$,故作 $\overline{ab} \perp \overline{bc}$,使 $\overline{ab} = R$, $\overline{bc} = \frac{R}{2}$,连 ac,则 $\overline{ac} =$

$$\sqrt{R^2 + \left(\frac{R}{2}\right)^2} = \sqrt{\frac{5R^2}{4}} = \frac{R\sqrt{5}}{2}.$$

15

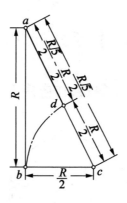

图 25

在 $\overline{ac}$ 上截取 $\overline{cd} = \dfrac{R}{2}$,则 $\overline{ad} = \dfrac{R\sqrt{5}}{2} - \dfrac{R}{2} = \dfrac{R(\sqrt{5}-1)}{2}$,故 $\overline{ad}$ 即为以 R 为半径的圆的内接正十边形的一边长.

作法 图(26)

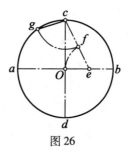

图 26

过圆心 O 作相互垂直的二直径 $\overline{ab} \perp \overline{cd}$,平分 $\overline{bO}$ 于 e,联结 ce,以 e 为圆心,$\overline{eO}$ 为半径作弧交 $\overline{ce}$ 于 f,以 c 为圆心,$\overline{cf}$ 为半径作弧交圆周于 g. 联结 cg,则 $\overline{cg}$ 为所求内接正十边形的一边. 若自 g 起以 $\overline{cg}$ 为半径递截圆周,可分圆为 10 等份,依次联结各分点,则得正十边形.

解说 因为 $\overline{cO} = R$,$\overline{eO} = \dfrac{R}{2}$,所以 $\overline{ce} = \dfrac{R\sqrt{5}}{2}$.

又因为 $\overline{ef} = \dfrac{R}{2}$,所以 $\overline{cf} = \dfrac{R\sqrt{5}}{2} - \dfrac{R}{2} = \dfrac{R(\sqrt{5}-1)}{2}$.

而 $\overline{cg} = \overline{cf}$,故 $\overline{cg}$ 是所求内接正十边形的一边长.

（4.2）　分已知圆为五等份,作内接正五边形法

解析 （图 27）

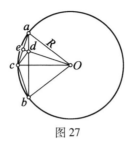

图 27

若将圆的内接正十边形的各顶点,依次间点相连,即得内接正五边形. 如图 27 中 $\overline{ac}$ 及 $\overline{cb}$ 为正十边形的相邻两边,则 $\overline{ab}$ 即为正五边形的一边. 今求:正五边形边长与正十边形边长及半径的关系:若令半径 $\overline{aO}=R$,过 O 作 $\overline{ac}$ 的垂线 $\overline{Oe}$ 交 $\overline{ab}$ 于 d,连 cd,则 $\overline{cd}=\overline{ad}$(因为 $\overline{Oe}$ 中垂于 $\overline{ac}$),则 △$acd \backsim$ △abc(二等腰三角形中有底角($\angle dac$)为公有),所以

$$\overline{ad}:\overline{ac}=\overline{ac}:\overline{ab}$$
$$\overline{ac}^2=\overline{ad}\cdot\overline{ab} \tag{1}$$

又 △$aOb \backsim$ △Odb(因为 $\angle abO=\angle baO=\angle bOd=54°$),所以 $\overline{ab}:R=R:\overline{db}$,即

$$\overline{ab}:R=R:(\overline{ab}-\overline{ad})$$
$$R^2=\overline{ab}^2-\overline{ab}\cdot\overline{ad} \tag{2}$$

以(1)+(2)得: $\overline{ab}^2=\overline{ac}^2+R^2$. 即同圆内接正五边形一边的平方等于内接正十边形一边平方与半径平方和.

作法 （图 28）

过圆心 O 作相互垂直的二直径 $\overline{ab}\perp\overline{cd}$,平分 $\overline{Ob}$ 于 e,以 e 为圆心, $\overline{ea}$ 长为半径作弧交 $\overline{aO}$ 于 f,以 c 为圆心, $\overline{cf}$ 之长为半径作弧交圆周于 g. 联结 cg,则 $\overline{cg}$ 即为正五边形一边边长.

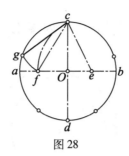

图 28

解说　连 cf 及 ce，则 $\overline{cf} = \overline{Of}^2 + \overline{oc}^2$，而 $\overline{Of}ef - \overline{Oe} = \overline{ce} - \overline{Oe} = \dfrac{R\sqrt{5}}{2} - \dfrac{R}{2} =$

$\dfrac{R(\sqrt{5}-1)}{2}$（即正十边形一边长）. 可见 $\overline{cf}$ 的平方等于正十边形一边的平方与半

径的平方和，故 $\overline{cg} = \overline{cf}$ 为正五边形一边长.

（4.3）　已知一边，作正十边形法

18

解析　根据（4.1），已知半径求内接正十边形的边长公式为：$x = $

$\dfrac{R(\sqrt{5}-1)}{2}$，反之，已知边长求正十边形外接圆半径，可将 x 作为已知求解 R：

设正十边形边长为 K，由：$K = \dfrac{R(\sqrt{5}-1)}{2}$，得

$$R = \dfrac{2K}{\sqrt{5}-1} = \dfrac{2K(\sqrt{5}+1)}{(\sqrt{5}-1)(\sqrt{5}+1)} = \dfrac{K(\sqrt{5}+1)}{2}$$

根据上式求作 R（图29）

$$R = \dfrac{K(\sqrt{5}+1)}{2} = \dfrac{K\sqrt{5}}{2} + \dfrac{K}{2}$$

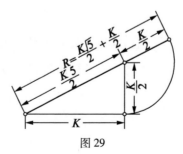

图 29

作法 （图 30）

设 $\overline{ab}$ 为已知边；$\overline{ab}$ 之长为 K，作 $\overline{cb} \perp \overline{ab}$，使 $\overline{cb} = \dfrac{K}{2}$，连 $\overline{ac}$ 并延长之，以 c 为圆心，$\overline{cb}$ 为半径作弧交 $\overline{ac}$ 的延长线于 O，以 O 为圆心，以 $\overline{aO}$ 为半径作圆. 自 a 起用已知边长 $\overline{ab}$ 截圆周得 $\overline{ab'}$，则 $\overline{ab'}$ 即为正十边形的一边. 若以 $\overline{ab'}$ 递截圆周，则分圆为十等份. 依次连接各分点，则得所求正十边形.

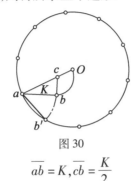

图 30

解说 因为
$$\overline{ab} = K, \quad \overline{cb} = \frac{K}{2}$$

则
$$\overline{aO} = \overline{ac} + \overline{cb} = \frac{K\sqrt{5}}{2} + \frac{K}{2} = \frac{K(\sqrt{5}+1)}{2}$$

19

根据解析，可知 $\overline{ao}$ 为适合于以 $\overline{ab}$ 为一边的正十边形的外接圆的半径. 故所作圆 O 为适合条件的圆（余略）.

（4.4） 已知一边，作正五边形法

解析 （图 31）

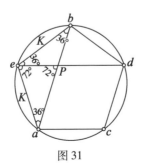

图 31

已知正五边形一边，求作正五边形，可通过边长与其对角线的关系来做图.

已知：$acdbe$ 为圆的内接正五边形，$\overline{ab}$ 及 $\overline{de}$ 为其对角线，且相交于 P，$\overline{be} =$

$\overline{ae} = K$ 为正五边形边长.

设对角线 $\overline{ab} = x$,因为

$$\angle abe = \angle deb = \angle bae = 36°$$

则 $\triangle Pbe \backsim \triangle eab$,所以 $\overline{ab}:\overline{be} = \overline{be}:\overline{bP}$.

而

$$\overline{be} = \overline{ae} = \overline{aP} = K \quad (因为 \angle aeP = \angle aPe = 72°)$$

所以

$$\overline{bP} = x - K$$

将 x 及 K 代入上列比例式,得

$$x:K = K:(x - K)$$

解上式中的 x

$$x^2 - Kx - K^2 = 0$$

$$x = \frac{K \pm \sqrt{K^2 + 4K^2}}{2} = \frac{K \pm K\sqrt{5}}{2}$$

取适合的一解 $x = \dfrac{K(\sqrt{5}+1)}{2}$(已知正五边形一边,求对角线长公式).

作法 (图 32)

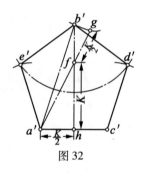

图 32

已知正五边形一边 $\overline{a'c'} = K$,作 $\overline{a'c'}$ 的中垂线 $b'h$,垂足为 h,则 $\overline{a'h} = \dfrac{K}{2}$. 在 $b'h$ 上取 hf,使 $\overline{hf} = K$,连 $\overline{a'f}$,并延长 $\overline{a'f}$ 至 g,使 $\overline{fg} = \dfrac{K}{2}$,以 a' 为圆心,$\overline{a'g}$ 为半径作弧交 $\overline{b'h}$ 于 b',以 b' 为圆心,$\overline{a'c'} = K$ 为半径作 $\overset{\frown}{e'd'}$,又以 a',c' 各为圆心,K 为半径作弧分别交 $\overset{\frown}{e'd'}$ 于点 d' 及 e'. 联结 a',e',b',d',c' 各点,即得所求正五边形.

解说 因为 $\overline{a'f} = \sqrt{K^2 + \left(\dfrac{K}{2}\right)^2} = \dfrac{K\sqrt{5}}{2}$,而 $\overline{fg} = \dfrac{K}{2}$,所以

$$\overline{a'g} = \overline{a'f} + \overline{fg} = \frac{K\sqrt{5}}{2} + \frac{K}{2} = \frac{K(\sqrt{5}+1)}{2}$$

根据作法可知$\overline{a'c'} = \overline{c'd'} = \overline{d'b'} = \overline{b'e'} = \overline{e'a'} = K$(五边相等).

连$a'b'$,则$\triangle a'b'e'$与图$4-8$正五边形中的$\triangle abe$相似(三对应边成比例),所以$\angle e' = \angle e$,为正五边形一内角.若连图31中及图32中的bc及$b'c'$,则$\triangle a'b'c' \backsim \triangle abc$,$\angle eab = \angle e'a'b'$,$\angle bac = \angle b'a'c'$,所以$\angle a$亦为正五边形一内角(等量相加而得).同理可证得其余各内角均为正五边形的内角,故$a'c'd'b'e'$为正五边形.

第五节　圆周的十五等分($15 \cdot 2^{m}$)及正十五边形

(5.1)　分已知圆为十五等份,作内接正十五边形法

解析　分圆周为十五等份,每弧段所对中心角必为$\dfrac{360°}{15} = 24°$.因此,若能在定圆内作得$24°$的中心角,则必能分圆周为十五等份.由于$24° = 60° - 36°$,故可通过正六边形的一中心角($60°$)减去正十边形的一中心角($36°$)而得正十五边形的一中心角($24°$).

作法　(图33)

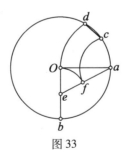

图33

过已知圆心O,作相互垂直之二半径$aO \perp bO$,平分$\overline{bO}$得分点e,连ae.以e为圆心,$\overline{eO}$为半径作弧交ae于f;以a为圆心,$\overline{af}$为半径作弧交圆周于c;再以a为圆心,$\overline{aO}$为半径作弧交圆周于d,连cd,则$\overline{cd}$为所求内接正十五边形的一边.若以$\overline{cd}$自d起递截圆周,则分圆周成十五等份.

解说　因为$\overparen{ad} = 60°$(见第二节(2.3)),又因为$\overparen{ac} = 36°$(见第四节(4.1)正十边形作法),所以$\overparen{cd} = \overparen{ad} - \overparen{ac} = 60° - 36° = 24°$,故$\overparen{cd}$为圆周的$\dfrac{1}{15}$.

21

(5.2)　已知一边,作正十五边形法

这里着重介绍一种相似作图法,用已知一边,作正十五边形. 这种作法实质上是放大或缩小图形常用的方法,只要能作出圆的内接正 n 边多边形,就可用此法来作以定长为一边的正 n 边形. 更可以运用在放大或缩小其他图形里. 详细的内容,将在第三章比例部分再作研究.

作法　(图 34)

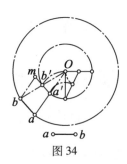

图 34

以 O 为圆心,以适当长 $\overline{a'O}$ 为半径,作辅助圆,并按本节(5.1)的作法作得辅助圆的内接正十五边形得边长 $\overline{a'b'}$. 连 Ob',并适当延长 $\overline{Oa'}$ 及 $\overline{Ob'}$. 然后又延长 $\overline{a'b'}$ 至 m,使 $\overline{a'm}$ 等于已知一边 $\overline{ab}$(若 $\overline{ab}<\overline{a'b'}$,则 m 在 $\overline{a'b'}$ 上,此时 $\overline{Oa'}$ 及 $\overline{Ob'}$ 无须延长). 过 m 作 $\overline{Oa'}$ 的平行线交 $\overline{Ob'}$ 的延长线于点 b,以 O 为圆心,$\overline{Ob}$ 为半径作圆,交 $\overline{Oa'}$ 的延长线于 a. 则此圆为适合于以 $\overline{ab}$ 为一边的正十五边形的外接圆,若以 $\overline{ab}$ 为半径递截圆周,可得十五个等分点,从而连成正十五边形.

解说　因 $\overline{a'b'}$ 为十五边形的一边,则 $\angle a'Ob'=24°$,而 $\overline{ab}=\overline{a'm}$ 等于定长一边,故若以 $\overline{ab}$ 为半径递截圆周,必得所求正十五边形的各个顶点.

第六节　近似等分圆周,作正多边形

(6.1)　分已知圆为七等份,作内接正七边形法

作法　(图 35)

在圆上任取一点 P,以 P 为圆心,以 $\overline{PO}$(即已知圆半径 R)为半径作弧,交圆周于 a 及 Q 两点,连 aQ 交 $\overline{PO}$ 于 b',以 a 为圆心,$\overline{ab'}$ 为半径作弧交圆于 b,连

ab,则$\overline{ab}$为近似正七边形的一边.

解说 （图 35）

因为 $\triangle ab'O$ 为直角三角形, $\overline{aO} = \overline{OP} = R$, $\overline{Ob'} = \dfrac{R}{2}$, 所以 $\overline{ab} = \overline{ab'} =$

$\sqrt{R^2 - \left(\dfrac{R}{2}\right)^2} = \dfrac{R\sqrt{3}}{2}$, 则 $\dfrac{\overline{ab'}}{2} = \dfrac{R\sqrt{3}}{4}$.

设 $\overset{\frown}{ab}$ 所对的中心角为 2θ（图 36）,则 $\sin\theta = \dfrac{\dfrac{\overline{ab}}{2}}{R} = \dfrac{\dfrac{R\sqrt{3}}{4}}{R} = 0.433\ 01$. 所以 $\theta =$ $25°39'32''$.

而 $\angle O = 2\theta = 2 \times 25°39'32'' = 51°19'4''$.

在理论上,正七边形的中心角为 $\dfrac{360°}{7} = 51°25'43''$,误差为 $51°19'4'' - 51°25'43'' = -6'39''$（不足近似值）.

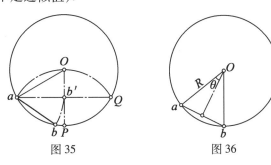

图 35　　　　　　图 36

（6.2） 分已知圆为九等份,作内接正九边形法

作法 （图 37）

在圆周上任取一点 a,以 a 为圆心,$\overline{aO}$（已知圆的半径 R）为半径作弧,交圆周于点 b 及 c,联结 bc 交 $\overline{aO}$ 于 d,延长 $\overline{dc}$ 至 e,使 $\overline{de} = \overline{aO} = R$. 分别以 e,d 为圆心,$\overline{de}$ 为半径作弧,两弧相交于 f,联结 fO 交圆周于 h,连 ch,则 $\overline{ch}$ 为近似正九边形的一边.

解说 （图 38）

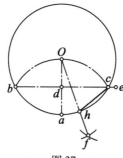 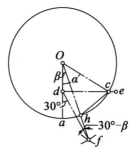

图 37   图 38

连 cO, df,则 $\angle cOh$ 为正九边形一边所对的中心角.

设 $\angle hOa = \beta$,$\angle cOh = \angle cOa - \beta = 60° - \beta$,故求得 β,则可求得 $\angle cOh$.

今

$$\angle adf = \angle ade - \angle fde = 90° - 60° = 30°$$

所以

$$\angle dfO = 30° - \beta$$

那么

$$\frac{\overline{df}}{\sin\beta} = \frac{\overline{Od}}{\sin(30° - \beta)}$$

即

$$\frac{R}{\sin\beta} = \frac{\dfrac{R}{2}}{\sin(30° - \beta)}$$

解方程

$$\sin 30° \cdot \cos\beta - \cos 30° \cdot \sin\beta = \frac{1}{2}\sin\beta$$

$$\frac{\cos\beta}{2} - \frac{\sqrt{3}}{2}\sin\beta = \frac{1}{2}\sin\beta$$

$$\cos\beta = (\sqrt{3} + 1)\sin\beta$$

$$\frac{\sin\beta}{\cos\beta} = \frac{1}{\sqrt{3} + 1} = \frac{\sqrt{3} - 1}{2} = 0.366\ 025\ 4$$

则

$$\tan\beta = 0.366\ 025\ 4$$

所以

$$\beta = 20°6'$$

所以

$$\angle cOh = 60° - 20°6' = 39°54'$$

在理论上正九边形的中心角应为 $\dfrac{360°}{9} = 40°$，误差为 $39°54' - 40° = -6'$（不足近似值）.

（6.3）　作内接于定圆的近似正 n 边形法

关于任意等分圆周的方法，有很多种，但都是近似作法，其来源多半是作图的经验积累. 这些作法的正确性是无法用平面几何或解析学予以证明的，仅能通过计算而求出其误差的近似值.

现在介绍两种常用的，也是误差较小的作图方法，并将其误差的计算方法及近似误差分述于下，以供参考：

（Ⅰ）陀茵比耶法

作法　（图39）

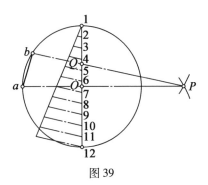

图39

分定圆 O 的直径为 n 等份（设 $n = 11$）以 1 及 12 各为圆心，以定圆直径之长为半径，分别作弧，两弧相交于 P，联结 PO，并延长之，使交圆周于 a，再在直径上取一点 Q，使 $\overline{QO}$ 等于直径 n 等分中之二等分长，连 PQ 并延长之，使交圆周于 b，连 ab，则 $\overline{ab}$ 为正 n（图中 $n = 11$）边形的一边.

解说　为了便于计算本作法的误差，先导出陀茵比耶作法的误差公式：

按陀茵比耶的作法 $\overline{ab}$ 为正 n 边形的一边边长，则 $\angle bOa$ 即为 n 边正多边形一边所对的中心角.

若令 $\angle bPO = \alpha$，$\angle PbO = \beta$（图40），则 $\angle bOa = \alpha + \beta$.

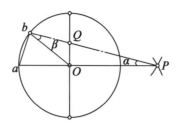

图 40

故若求得 α 及 β 即可求得近似作法的中心角. 兹按上述作法分别求 α 及 β 于下：

(1)求 α：设分直径为 n 等份(根据作法)，则

$$\overline{OP} = \frac{\sqrt{3}\,n}{2} \quad （等边三角形的高）$$

$$\overline{OQ} = 2 \quad （根据作法）$$

所以

$$\overline{PQ} = \sqrt{2^2 + \left(\frac{\sqrt{3}\,n}{2}\right)^2}$$

$$\sin\alpha = \frac{\overline{QO}}{\overline{QP}} = \frac{2}{\sqrt{2^2 + \left(\frac{\sqrt{3}\,n}{2}\right)^2}} = \frac{4}{\sqrt{16 + 3 \cdot n^2}}$$

故 α 可求.

(2)求 β：

$$\overline{Ob} = \frac{n}{2} \quad （根据作法）$$

$$\frac{\overline{OP}}{\sin\beta} = \frac{\overline{Ob}}{\sin\alpha} \quad （正弦定理）$$

$$\frac{\frac{\sqrt{3}\,n}{2}}{\sin\beta} = \frac{\frac{n}{2}}{\sin\alpha}$$

以 $\sin\alpha$ 代入并约简得

$$\frac{\sqrt{3}}{\sin\beta} = \frac{\sqrt{16 + 3n^2}}{4}$$

所以

$$\sin\beta = \frac{4 \cdot \sqrt{3}}{\sqrt{16 + 3n^2}}$$

则 β 可求.

故中心角 $\angle aOb = \alpha + \beta$ 亦为可求.

此将 α 及 β 用反正弦函数表示之

$$\alpha = \arcsin \frac{4}{\sqrt{16 + 3n^2}}, \beta = \arcsin \frac{4\sqrt{3}}{\sqrt{16 + 3n^2}}$$

则
$$\angle aOb = \alpha + \beta = \arcsin \frac{4}{\sqrt{16 + 3n^2}} + \arcsin \frac{4\sqrt{3}}{\sqrt{16 + 3n^2}}$$

两边同取正弦得

$$\sin \angle aOb = \frac{4}{\sqrt{16 + 3n^2}} \sqrt{1 - \frac{48}{16 + 3n^2}} + \sqrt{1 - \frac{16}{16 + 3n^2}} \cdot \frac{4\sqrt{3}}{\sqrt{16 + 3n^2}}$$

$$= \frac{4\sqrt{16 + 3n^2 - 48} + n\sqrt{3} \cdot 4\sqrt{3}}{16 + 3n^2}$$

$$= \frac{4\sqrt{3n^2 - 32} + 12n}{16 + 3n^2}$$

$$= \frac{4(\sqrt{3n^2 - 32} + 3n)}{16 + 3n^2}$$

所以
$$\angle aOb = \arcsin 4 \frac{(\sqrt{3n^2 - 32} + 3n)}{3n^2 + 16}$$

如此,则可得陀茵比耶近似分圆法,其中一弧段所对中心角的误差计算公式

$$误差 = \arcsin \frac{4(\sqrt{3n^2 - 32} + 3n)}{3n^2 + 16} - \frac{360°}{n}$$

此将上述误差计算公式的运用,举例如下:

例如　当 $n = 11$

$$误差 = \arcsin \frac{4(\sqrt{363 - 32} + 33)}{363 + 16} - \frac{360°}{11}$$

$$= \arcsin \frac{4(\sqrt{331} + 33)}{379} - \frac{360°}{11}$$

$$= \arcsin \frac{4(18.193\,405\,4 + 33)}{379} - \frac{360°}{11}$$

$$= \arcsin \frac{204.773\,621\,6}{379} - \frac{360°}{11}$$

$$= 32°42'14.4'' - 32°43'38.2''$$

$$= -1'23.8''$$

27

当 $n = 13$

$$误差 = \arcsin \frac{4(\sqrt{507 - 32} + 39)}{507 + 16} - \frac{360°}{13}$$

$$= \arcsin \frac{4(21.794\ 494\ 7 + 39)}{523} - \frac{360°}{13}$$

$$= \arcsin \frac{243.177\ 978\ 8}{523} - \frac{360°}{13}$$

$$= \arcsin 0.464\ 97 - \frac{360°}{13}$$

$$= 27°42'30'' - 27°41'32.3''$$

$$= 57.7''$$

根据上述的计算可知,当 n 为各种不同的数值时($n > 3$ 的自然数)陀茵比耶近似分圆法的误差程度亦各有不同,今选择了几种不同的边数,按照上述公式加以演算,将演算结果列成表 1:

表 1

边数(n)	4	5	7	9	11	12	13	29	41	100
误差	0	38' (−)	18'20.2'' (−)	6'15.7'' (−)	1'23.8'' (−)	0	57.7'' (−)	2'36'' (+)	1'59.5'' (+)	53.8'' (+)

由此可见,本法当 $n > 9$ 时误差较小.

(Ⅱ)莱纳基法

作法 (图 41)

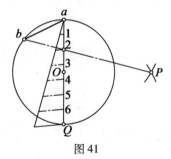

图 41

分定圆直径为 n 等份(设 $n = 7$). 以直径两端 a, Q 各为圆心,直径之长为半径分别作弧,两弧相交于 P,联结 P 与距点 a(或点 Q)的第二分点 2(或 5)成 $\overline{P2}$(或 $\overline{P5}$),延长 $\overline{P2}$ 交圆周于 b,连 ab,则 $\overline{ab}$ 为正 n 边形(图中 $n = 7$)的一边.

解说　为了计算本近似作法的误差程度,先导出其计算公式:

按莱纳基作法, $\overline{ab}$ 为正 n 边形的一边边长,则 $\angle aOb$ 即为正 n 边形一边所对的中心角.

若令 $\angle P2O = \alpha$, $\angle PbO = \beta$ (图42),则 $\angle aOb = \alpha - \beta$.

故若求得 α 及 β,即可求得本近似作法的中心角.

按上述作法分别求 α 及 β 于下:

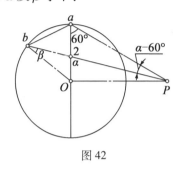

图42

(1)求 α :(根据本作法 $60° < \alpha < 120°$)

设分直径为 n 等份(根据作法),则

$$\overline{aP} = n, \overline{a2} = 2(根据作法)$$

$\angle PaO = 60°$ (等边三角形一内角),则 $\angle aP2 = \alpha - 60°$

$$\frac{\overline{aP}}{\sin \alpha} = \frac{\overline{a2}}{\sin(\alpha - 60°)}(正弦定理)$$

则

$$\frac{n}{\sin \alpha} = \frac{2}{\sin(\alpha - 60°)}$$

解方程

$$\frac{2}{n}\sin \alpha = \sin \alpha \cdot \cos 60° - \cos \alpha \cdot \sin 60°$$

$$\frac{2}{n}\sin \alpha = \frac{\sin \alpha}{2} - \frac{\sqrt{3}}{2}\cos \alpha$$

$$\left(\frac{1}{2} - \frac{2}{n}\right)\sin \alpha = \frac{\sqrt{3}}{2}\cos \alpha$$

$$\tan \alpha = \frac{n\sqrt{3}}{n - 4}$$

根据三角学中,已知一函数,求其他五函数的方法得

29

$$\sin \alpha = \frac{n \sqrt{4}}{2 \sqrt{n^2 - 2n + 4}}$$

故 α 可求.

(2) 求 β:

已知 $\qquad \overline{Ob} = \frac{n}{2}, \overline{O2} = \frac{n}{2} - 2$ (根据作法)

$$\frac{\overline{O2}}{\sin \beta} = \frac{\overline{Ob}}{\sin \alpha} \text{(正弦定理)}$$

即 $\qquad \dfrac{\dfrac{n}{2} - 2}{\sin \beta} = \dfrac{\dfrac{n}{2}}{\sin \alpha}$

以 $\sin \alpha$ 之值代入得: $\sin \beta = \dfrac{\sqrt{3}(n-4)}{2 \sqrt{n^2 - 2n + 4}}$, 故 β 可求. 所以 $\angle aOb = \alpha - \beta$

亦为可求.

将 α 及 β 用反正弦函数表示之

$$\alpha = \arcsin \frac{n \sqrt{3}}{2 \sqrt{n^2 - 2n + 4}}$$

$$\beta = \arcsin \frac{\sqrt{3}(n-4)}{2 \sqrt{n^2 - 2n + 4}}$$

则 $\qquad \angle aOb = \alpha - \beta = \arcsin \dfrac{n \sqrt{3}}{2 \sqrt{n^2 - 2n + 4}} - \arcsin \dfrac{\sqrt{3}(n-4)}{2 \sqrt{n^2 - 2n + 4}}$

两边同取余弦得

$$\cos \angle aOb = \cos \left(\arcsin \frac{n \sqrt{3}}{2 \sqrt{n^2 - 2n + 4}} \right) \times \cos \left(\arcsin \frac{\sqrt{3}(n-4)}{2 \sqrt{n^2 - 2n + 4}} \right) -$$

$$\sin \left(\arcsin \frac{n \sqrt{3}}{2 \sqrt{n^2 - 2n + 4}} \right) \times \sin \left(\arcsin \frac{\sqrt{3}(n-4)}{2 \sqrt{n^2 - 2n + 4}} \right)$$

$$= \sqrt{1 - \left[\frac{n \sqrt{3}}{2 \sqrt{n^2 - 2n + 4}} \right]^2} \cdot \sqrt{1 - \left[\frac{\sqrt{3}(n-4)}{2 \sqrt{n^2 - 2n + 4}} \right]^2} -$$

$$\frac{n \sqrt{3}}{2 \sqrt{n^2 - 2n + 4}} \cdot \frac{\sqrt{3}(n-4)}{2 \sqrt{n^2 - 2n + 4}}$$

简化上式得

$$\cos \angle aOb = \frac{(n-4)\left(\sqrt{n^2+16n-32}+3n\right)}{4(n^2-2n+4)}$$

所以

$$\angle aOb = \arccos \frac{(n-4)\left(\sqrt{n^2+16n-32}+3n\right)}{4(n^2-2n+4)}$$

如此,则可得莱纳基近似分圆法,其中一弧段所对中心角的误差计算公式

$$误差 = \arccos \frac{(n-4)\left(\sqrt{n^2+16n-32}+3n\right)}{4(n^2-2n+4)} - \frac{360°}{n}$$

根据上述误差计算公式,此列举正 $5,7,9,11,13,17$ 等近似多边形一边所对的中心角的误差计算于表 2,以此参考.

例如　当 $n=5$ 时

$$误差 = \arccos \frac{(5-4)\left(\sqrt{5^2+16\times5-32}+3\times5\right)}{4(5^2-2\times5+4)} - \frac{360°}{5}$$

$$= \arccos \frac{\sqrt{73}+15}{76} - 72°$$

$$= \arccos \frac{8.544\,003\,7+15}{76} - 72°$$

$$= \arccos \frac{23.544\,003\,7}{76} - 72°$$

$$= \arccos 0.309\,79 - 72°$$

$$= 71°57'13'' - 72° = -2'47''$$

例如　当 $n=7$ 时

$$误差 = \arccos \frac{(7-4)\left(\sqrt{7^2+16\times7-32}+3\times7\right)}{4(7^2-2\times7+4)} - \frac{360°}{7}$$

$$= \arccos \frac{3\sqrt{129}+63}{156} - 51°25'43''$$

$$= \arccos \frac{3\times11.357\,816\,7+63}{156} - 51°25'43''$$

$$= \arccos \frac{97.073\,450\,1}{156} - 51°25'43''$$

$$= \arccos 0.622\,265\,6 - 51°25'43''$$

$$= 51°31'9'' - 51°25'43'' = 5'26''$$

31

表 2

边数(n)	4	5	7	9	11	13	17
误差	0	2′47″ (−)	5′26″ (+)	16′40″ (+)	25′14.32″ (+)	30′55.4″ (+)	36′36.7″ (+)

由此可见本作法当边数 $n < 13$ 时误差较小.

(6.4) 已知一边,作近似正 n 边形法

已知一边,求作正 n 边形,可通过§1(1.3)(4)正 n 边形的中心角与其任一外角相等的性质,作出此正 n 边形.

已知定长一边$\overline{ab}$.

作法 (图43)

(1)在任意直线上取任一点 a,以 a 为圆心,适当长$\overline{ag}$为半径,作半圆.

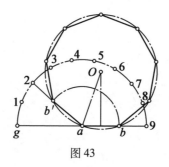

图 43

(2)分半圆为 n 等份①(图中 $n = 9$)连第二分点及点 a,得$\overline{2a}$.

(3)以 a 为圆心,定长一边$\overline{ab}$为半径作弧,交$\overline{2a}$于 b',交半圆直径于 b.

(4)平分∠bab',并作$\overline{ab}$的中垂线,两线相交于点 O.

(5)以 O 为圆心,$\overline{Oa}$为半径作圆.

(6)以定长一边$\overline{ab}$自 b 起递截圆周,则得 n 个等分点(图中 $n = 9$).

(7)依次联结各等分点,即得所求正 n 边形(图中为正9边形).

---

① 本作法的理论根据,本身并无误差,但在作法中需要 n 等分半圆,而 n 等分半圆的方法,大都是近似作法.故本法列为近似作图法.关于近似 n 等分半圆法可参看本节(6.5).

32

解说　$\overset{\frown}{g2} = 2 \cdot \dfrac{180°}{n}$（作法）（图中 $\overset{\frown}{g2} = 40°$），则 $\angle b'ab = 180° - 2 \times \dfrac{180°}{n}$，又

aO 为 $\angle b'ab$ 的分角线. 故

$$\angle Oab = \left(180° - 2 \times \dfrac{180°}{n}\right) \div 2$$

若连 Ob，则

$$
\begin{aligned}
\angle aOb &= 180° - (\angle Oab + \angle Oba)\\
&= 180° - 2\angle Oab\\
&= 180° - \left(180° - 2 \times \dfrac{180°}{n}\right)\\
&= 2 \times \dfrac{180°}{n}
\end{aligned}
$$

所以

$$\angle aOb = 2 \times \dfrac{180°}{n} = \dfrac{360°}{n}$$

（图中 $n = 9$，则 $\angle aOb = 40°$）. 故辅助圆被 n 等分.

（6.5）　近似 n 等分半圆法

作法　（图 44）

等分直径为 n 等份（设 $n = 7$，得分点 $1, 2, 3, \cdots, 7$）. 以直径两端 O 及 7 各为圆心，$\overline{O7}$ 为半径分别作弧，两弧相交于 P. 自 P 作各分点的连线 $P1, P2, P3$，$\cdots, P6$，并各予延长交半圆于 $1', 2', 3', 4', 5', 6'$ 各点，则此各交点为近似 n 等分半圆所得的分点.

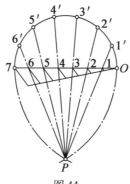

图 44

注 本作法所分得的各弧段的误差不是完全相同的,如$\overset{\frown}{O1'}$、$\overset{\frown}{1'2'}$、$\overset{\frown}{2'3'}$、$\overset{\frown}{3'4'}$的误差皆各不相同.而各对称弧段如$\overset{\frown}{O1'}$与$\overset{\frown}{6'7}$;$\overset{\frown}{1'2'}$与$\overset{\frown}{5'6'}$;$\overset{\frown}{2'3'}$与$\overset{\frown}{4'5'}$的误差是相同的.关于其误差计算,如$\overset{\frown}{O1'}$的误差计算方式与本节(6.3)(2)莱纳基法相同.至少$\overset{\frown}{1'2'}$的误差,可按莱纳基法的计算方式求出$\overset{\frown}{O2'}$所对的中心角,减去$\overset{\frown}{O1'}$所对的中心角,而得$\overset{\frown}{1'2'}$所对的中心角,则可看出其误差情况.其余各弧段的误差计算可仿此类推.

本近似等分半圆法的实用距离:

已知一边,作近似正 n 边形(设 $n = 14$).

作法 (图45)

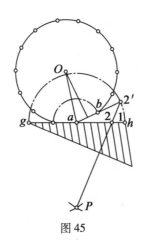

图45

(1)分任意半圆的直径$\overline{gh}$为 14 等份,得分点 1,2,…按上述作法连 $P2$,并延长$\overline{P2}$交半圆于点 2',则$\overset{\frown}{h2'}$为半圆的$\dfrac{2}{14} = \dfrac{1}{7}$(近似)弧段①.

(2)连 $a2'$(a 为半圆 $h2'g$ 的圆心),在$\overline{a2'}$上截$\overline{ab}$等于已知一边之长.

(3)作$\angle bag$的分角线,及$\overline{ab}$的中垂线,二线相交于 O.

(4)以 O 为圆心,以$\overline{Oa}$为半径作圆.

(5)以$\overline{ab}$之长为半径递截圆周,则可得十四个分点.依次联结各分点,则得近似正十四边形.

---

① $\overset{\frown}{h2'} = \angle ha2' = \dfrac{180°}{7}$亦可用量角器作得.

解说 $\widehat{h2'} = \dfrac{180°}{7}$(根据图 6-11 的作法).

若连 Ob,则 $\angle aOb = \angle ha2' = \dfrac{180°}{7}$(正多边形任一边所对的中心角与其外交相等).

而 $\dfrac{180°}{7} = \dfrac{360°}{14}$,所以 $\widehat{ab}$ 即为圆周的 $\dfrac{1}{14}$.

(6.6) 正 n 边形查表作图法

内接正多边形边长与半径的关系如下:

(1)已知半径求正 n 边形一边长.

设:已知半径 R,中心角为 $\dfrac{360°}{n}$.

求:正 n 边形一边长 $\overline{ab}$(图 46).

过圆心 O 作 $\overline{ab}$ 的垂线 $\overline{Oc}$,必平分 $\angle O$ 及 $\overline{ab}$,则

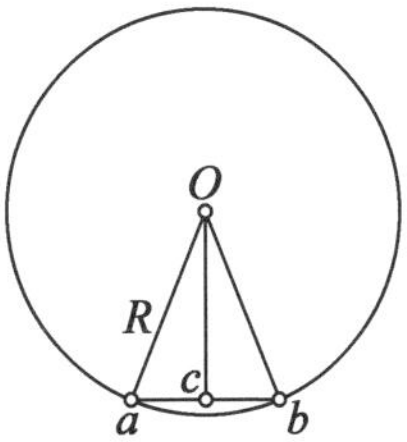

$$\overline{ab} = 2\,\overline{ac}$$

图 46

$$\overline{ac} = R\sin\dfrac{360°}{2n} = R\sin\dfrac{180°}{n}$$

所以

$$\overline{ab} = 2R\sin\dfrac{180°}{n}$$

根据上式可列表如下(表 3):

表 3 用法举例:例如已知定圆半径为 15 mm,求圆内接正十一边形边长.

则正十一边形边长 $= 0.563\ 46 \times 15 = 8.451\ 9$ mm.

若以 $8.451\ 9$ mm 长去截半径为 15 mm 的圆周,则分圆周为 11 等分(近似).

(2)已知正 n 边形一边之长,求外接圆半径之长.

设正 n 边形边长 $\overline{ab} = a$,中心角为 $\dfrac{360°}{n}$(图 46).

求半径 R 长.

$$\overline{ac} = \dfrac{a}{2}$$

表3　已知半径(R)求边长用表

边数	边长	边数	边长	边数	边长	边数	边长	边数	边长
		21	0.29808R	41	0.15310R	61	0.10296R	81	0.07756R
		22	0.28463R	42	0.14946R	62	0.10130R	82	0.07660R
3	1.73206R	23	0.27234R	43	0.14600R	63	0.09970R	83	0.07568R
4	1.41422R	24	0.26106R	44	0.14268R	64	0.09814R	84	0.07478R
5	1.17558R	25	0.25066R	45	0.13952R	65	0.09662R	85	0.07390R
6	1.00000R	26	0.24108R	46	0.13648R	66	0.09516R	86	0.07304R
7	0.86776R	27	0.23218R	47	0.13358R	67	0.09374R	87	0.07220R
8	0.76536R	28	0.22392R	48	0.13080R	68	0.09236R	88	0.07138R
9	0.68404R	29	0.21624R	49	0.12814R	69	0.09102R	89	0.07058R
10	0.61804R	30	0.20906R	50	0.12558R	70	0.08974R	90	0.06980R
11	0.56346R	31	0.20234R	51	0.12312R	71	0.08846R	91	0.06904R
12	0.51764R	32	0.19604R	52	0.12076R	72	0.08724R	92	0.06828R
13	0.47864R	33	0.18612R	53	0.11848R	73	0.08604R	93	0.06754R
14	0.44504R	34	0.18454R	54	0.11628R	74	0.08488R	94	0.06682R
15	0.41582R	35	0.17928R	55	0.11418R	75	0.08376R	95	0.06612R
16	0.39018R	36	0.17432R	56	0.11214R	76	0.08264R	96	0.06544R
17	0.36750R	37	0.16962R	57	0.11018R	77	0.08158R	97	0.06476R
18	0.34730R	38	0.16516R	58	0.10828R	78	0.08054R	98	0.06410R
19	0.32919R	39	0.16094R	59	0.10644R	79	0.07952R	99	0.06346R
20	0.31286R	40	0.15692R	60	0.10468R	80	0.07852R	100	0.06282R

表4　已知边长(a)求半径用表

边数	边长	边数	边长	边数	边长	边数	边长	边数	边长
		21	3.35481a	41	6.53168a	61	9.71251a	81	12.89324a
		22	3.51347a	42	6.69075a	62	9.87167a	82	13.05483a
3	0.57735a	23	3.67188a	43	6.84932a	63	10.03009a	83	13.21353a
4	0.70710a	24	3.83054a	44	7.00869a	64	10.18953a	84	13.37256a
5	0.85064a	25	3.98946a	45	7.16743a	65	10.34982a	85	13.53180a
6	1.00000a	26	4.14800a	46	7.32708a	66	10.50862a	86	13.69113a
7	1.15239a	27	4.30700a	47	7.48689a	67	10.66780a	87	13.85042a
8	1.30657a	28	4.46588a	48	7.66055a	68	10.82720a	88	14.00953a
9	1.46190a	29	4.62449a	49	7.80396a	69	10.98660a	89	14.16832a
10	1.61802a	30	4.78332a	50	7.96305a	70	11.14330a	90	14.32665a
11	1.77475a	31	4.94218a	51	8.12216a	71	11.30454a	91	14.48436a
12	1.93184a	32	5.10100a	52	8.28089a	72	11.46263a	92	14.64558a
13	2.08925a	33	5.26537a	53	8.44024a	73	11.62250a	93	14.80604a
14	2.24699a	34	5.41888a	54	8.59993a	74	11.78134a	94	14.96558a
15	2.40488a	35	5.57787a	55	8.75810a	75	11.93887a	95	15.12402a
16	2.56292a	36	5.73658a	56	8.91742a	76	12.10068a	96	15.28117a
17	2.72108a	37	5.89553a	57	9.07606a	77	12.25791a	97	15.44163a
18	2.87936a	38	6.05473a	58	9.23532a	78	12.41619a	98	15.60006a
19	3.03776a	39	6.21350a	59	9.39496a	79	12.57545a	99	15.75795a
20	3.19632a	40	6.37267a	60	9.55292a	80	12.73561a	100	15.91850a

则

$$R = \frac{\dfrac{a}{2}}{\sin \dfrac{180^\circ}{n}} = \frac{a}{2} \cdot \csc \frac{180^\circ}{n}$$

根据上式可列表如上(表4):

表Ⅱ用法举例:例如已知正十三边形的一边长 $a = 10$ dm.

求此正十三边形外接圆的半径长.

则此外接圆半径长 $= 2.089\,25 \times 10 = 20.892\,5$ dm.

若以 20.892 5 dm 为半径作圆,以 10 dm 长递截圆周,则分圆周为十三等份(近似).

第七节　等分圆周和作正多边形的实用示例

例(1)　法蓝盘轮廓画法——七等分圆周的应用

作法　(图47)

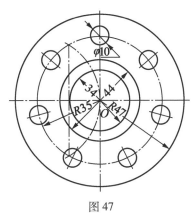

图47

1. 作相互垂直的两轴线交于 O,以 O 为圆心,分别以 77 mm,35 mm,$\dfrac{44}{2}$ mm

及 $\dfrac{34}{2}$ mm 各为半径,作同心圆.

2. 分半径为 35 mm 的圆周为 7 等份.(作法见§6(6.1))

3. 以七个分点各为圆心,5 mm 为半径,分别作圆.即得所求法蓝盘的轮廓.

例(2)　外缸盖轮廓画法——九等分圆周的应用.

作法　(图48)

1. 作互垂两轴线交于 O，以 O 为圆心，分别以 42 mm，35 mm，23 mm，$\dfrac{22}{2}$ mm 及 $\dfrac{18}{2}$ mm 各为半径作同心圆.

2. 分半径为 23 mm 的圆周为 9 等份.（作法见第六节(6.2)）

3. 以 9 个分点各为圆心，5 mm 为半径作圆.

4. 在半径为 35 mm 的圆上，作四个缺口（尺寸如图），即得所求外缸盖轮廓.

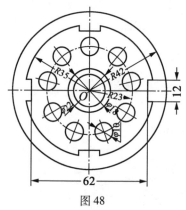

图 48

例(3)　螺母轮廓画法

螺母的轮廓，往往是成正多边形的，故绘制螺母常用作正多边形法来作得.

作法　（图 49）

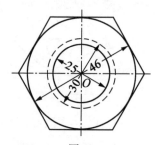

图 49

1. 作相互垂直两轴线交于 O，以 O 为圆心，分别以 23 mm，15 mm 及 12.5 mm 各为半径作同心圆.

2. 分 23 mm 半径的圆周为 6 等份.（见第二节(2.3)）

3. 过各等分点作圆的切线得外切正六边形.

则螺母轮廓已成.

附等分圆周图例

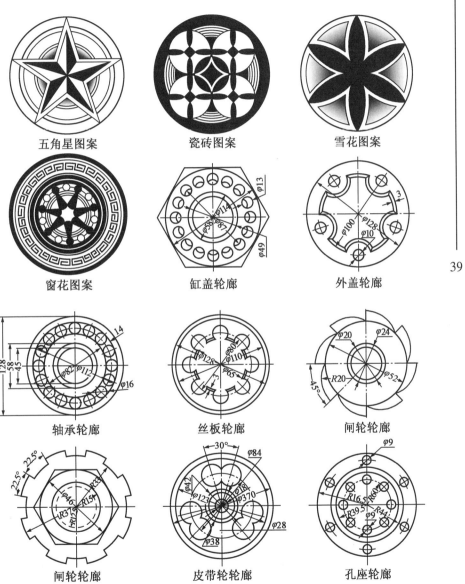

五角星图案　　　　　瓷砖图案　　　　　雪花图案

窗花图案　　　　　缸盖轮廓　　　　　外盖轮廓

轴承轮廓　　　　　丝板轮廓　　　　　闸轮轮廓

闸轮轮廓　　　　　皮带轮轮廓　　　　　孔座轮廓

39

第二章　线的连接

工业零件的轮廓,往往是根据零件的功能、结构的需要、位置的限制或材料的节省等因素,来决定其形状的.因此,零件的轮廓线,有的是直线,有的是圆弧,有的是曲线,有的是圆弧、曲线、直线相连接而成的.当零件要求它的轮廓线,从一种线变为另一种线而且需要平滑的转变时,制图工作就必须有足够的方法来满足这个要求.

由一种线平滑地过渡到另一种线的过程,就是线的连接.

第一节　线连接的几何性质

40

不论直线与曲线,或曲线与曲线的连接,要使之平滑流利,就只允许两线相接于一点,这个点就是此线和彼线的过渡点,此过渡点的性质,必须是几何学上的切点的性质.因此,要作线的光滑连接,必须找出其切点所在位置.

关于非圆曲线的连接问题,本章不予讨论,留待曲线章研究之,本章讨论范围,以直线与圆弧,圆弧与圆弧的连接为限,其有关基本几何性质如下:

(1)直线与圆弧若只有一个公共点,此点就是切点,此直线就是此圆弧的切线.(定义)

(2)垂直于半径一端(端点在圆弧上)的直线,是此圆弧的切线.反之,如直线切于圆弧,则自切点所引的半径,必垂直于此直线.(定理)

(3)如两圆弧的公共点在它们的连心线或连心线的延长线上,则两圆弧相切.反之,如两圆弧相切,则切点必在其连心线或连心线的延长线上.(定理)

(4)两圆弧相切,过切点作连心线的垂线,即为两圆的公切线.反之,过切点作公切线的垂线,必过两圆弧的圆心.(定理)

第二节 用直线连接圆弧

（2.1） 过圆周上定点作切线法

已知:定圆 O 及圆周上定点 P.（图1）

作法 连半径 PO,过点 P 作直线 l 垂直于 $\overline{PO}$,则 l 即为所求.

解说 见几何性质(2).

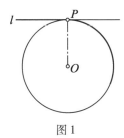

图1

（9.2） 过圆外定点作圆的切线法

（Ⅰ）利用圆心的作法

已知:定圆 O,圆外定点 P.（图2）

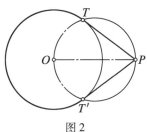

图2

作法(1) 连 PO,以 $\overline{PO}$ 为直径作弧交圆周于点 T 及 T'.分别连 PT 及 PT',则 $\overline{PT}$ 及 $\overline{PT'}$ 均为定圆的切线.

解说 若连 TO 及 $T'O$(图中未画),则 $\angle PTO = \angle PT'O = 90°$.所以 $\overline{PT}$ 及 $\overline{PT'}$ 切圆于点 T 及 T'.（几何性质(2)）

作法(2) （图3）以定点 P 为圆心,PO 之长为半径作 $\overparen{aOb}$,以 O 为圆心,定圆的直径为半径作弧交 $\overparen{aOb}$ 于点 a 及 b.连 aO 及 bO 交圆周于点 T 及 T'.连 PT 及 PT',则 $\overline{PT}$ 及 $\overline{PT'}$ 均为所求.

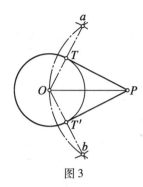

图 3

解说　若连 Pa 及 PO,则 $\overline{Pa}=\overline{PO}$.所以 $\triangle PaO$ 为等腰三角形.又因 aO 为定圆的直径之长(作法),所以 $\overline{TO}=\overline{Ta}$.根据等腰三角形顶角引至底边中点的连线必垂直于底边,即 $\angle PTO=90°$.故 PT 为切线.同理 PT' 亦为切线.

(Ⅱ)不用圆心的作法

已知:P 为圆外定点(图 4).

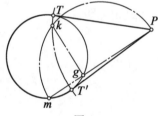

图 4

作法　自点 P 引定圆的任意割线交圆周于点 g 及 m.以 $\overline{Pm}$ 为直径作半圆.自点 g 作 $\overline{Pm}$ 的垂线交所作半圆于点 K.以 P 为圆心,PK 之长为半径作弧,交定圆于点 T 及 T'.连 PT 及 PT',则 $\overline{PT}$ 及 $\overline{PT'}$ 均为所求.

解说　若能证得 $\overline{PT}^2=\overline{Pm}\cdot\overline{Pg}$,即可说明 PT 为所求切线.

若连 PK 及 mK,则 $\triangle PKm$ 为直角三角形,而 $\overline{Kg}$ 为其斜边上的高.因此 $\overline{PK}^2=\overline{Pm}\cdot\overline{Pg}$(直角三角形斜边上的高,分斜边为两线段,则其一直角边的平方,等于此直角边相邻线段与斜边的乘积.——定理).

而 $PK=\overline{PT}=\overline{PT'}$(作法),故 $\overline{PT}^2=\overline{PT'}^2=\overline{Pm}\cdot\overline{Pg}$,则 PT 及 PT' 均为所求.

注　过圆外定点 P,作圆的割线 Pgm(参看图 5),及过点 P 连圆上一点 T.若 $\overline{PT}^2=\overline{Pm}\cdot\overline{Pg}$,则 PT 为圆的切线.

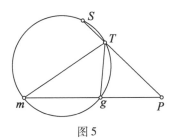

图5

已知：$\overline{PT}^2 = \overline{Pm} \cdot \overline{Pg}$ 及 $\overline{Pm} : \overline{PT} = \overline{PT} : \overline{Pg}$. 求证：$\overline{PT}$ 为圆的切线.

证　今假设 $\overline{PT}$ 与圆有两个公共点 T 及 S，连 Tg 及 Tm，根据已知 $\overline{Pm} : \overline{PT} = \overline{PT} : \overline{Pg}$，$\angle P$ 为公用角，则 $\triangle PgT \backsim \triangle PTm.$ 所以

$$\angle PTg = \angle PmT = \frac{1}{2}\widehat{Tg} \tag{1}$$

从假设 $\overline{PT}$ 与圆有两个公共点，可知

$$\angle PTg = \frac{1}{2}(\widehat{Tg} + \widehat{ST}) \tag{2}$$

显然，式（2）与式（1）有矛盾，即式（2）与已知条件不符，故 $\overline{PT}$ 与圆仅有一个公共点 T，则 $\overline{PT}$ 为圆的切线.

43

第三节　用圆弧连接直线

（3.1）　用定长半径作弧，切定直线于定点法

已知：定直线 l，及 l 上定点 P，定长半径 R.

作法　（图6）自点 P 作 l 的垂线 PO，使等于所给半径 R.

以 O 为圆心，$\overline{PO}$ 为半径，作弧即为所求.

解说　$\overline{PO} \perp l$，且 $\overline{PO} = R$，故所作弧与 l 相切于 P.

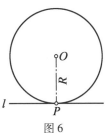

图6

(3.2) 过定直线外定点作弧,切定直线于定点法

已知:定直线 l 及 l 上定点 T,线外定点 P.

作法 (图7)连 PT 并作 $\overline{PT}$ 的中垂线,自点 T 作 l 的垂线,两垂线相交于 O,以 O 为圆心,$\overline{OT}$ 为半径作弧即为所求.

解说 若连 PO(图中未画),则 $\overline{PO}=\overline{OT}$,又因 $\overline{OT}\perp l$,故所作弧过点 P 并切 l 于点 T.

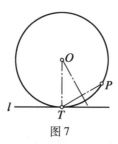

图 7

(3.3) 过定直线外两定点作弧,切定直线法

已知:定直线 l,线外两定点 P 及 Q.

作法(1) (图8)连 PQ 并延长 $\overline{PQ}$ 交 l 于点 G,又作 $\overline{PQ}$ 的中垂线. 以 $\overline{PG}$ 为直径作半圆 $\overparen{PKG}$. 自点 Q 作 $\overline{PG}$ 的垂线交 $\overparen{PKG}$ 于点 K,以 G 为圆心,GK 之长为半径作弧交 l 于点 T 及 T'. 自 T 及 T' 分别作 l 的垂线,交 $\overline{PQ}$ 的中垂线于点 O 及 O'. 以 O 及 O' 各为圆心,$\overline{OT}$ 及 $\overline{O'T'}$ 各为半径,分别作 $\overparen{PTQ}$ 和 $\overparen{PQT'}$ 即为所求.

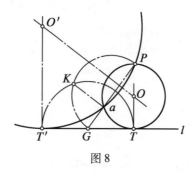

图 8

解说 若连 GK(图中未画),则 $\overline{GK}^2=\overline{GQ}\cdot\overline{GP}$(见图9的解说).

而 $\overline{GK}=\overline{GT}$(作法),所以 $\overline{GT}^2=\overline{GQ}\cdot\overline{GP}$. 根据作法:$GP$ 为所求圆的割线,而

$\overline{GT}$即为所求圆的切线,T为切点(理由见图5的证明).故$\overset{\frown}{PTQ}$即为所求(见图5的证明).同理可证得$\overset{\frown}{PQT'}$亦为所求.

作法(2) （图9）连$\overline{PQ}$,并作$\overline{PQ}$的中垂线交l于点G.连GQ并延长之.在$\overline{PQ}$的中垂线上任取一点M,作$\overline{MN}\perp l$,N为垂足.以M为圆心,$\overline{MN}$为半径作弧交$\overline{GQ}$的延长线于点K及K'(K'未画出)①.连$\overline{KM}$,自Q作$\overline{KM}$的平行线交$\overline{GM}$于O,作$\overline{OT}\perp l$.以O为圆心,以$\overline{OT}$为半径作弧即为所求.

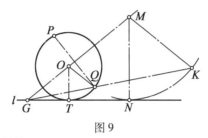

图9

解说 因为$\overline{QO}/\!/\overline{MK}$(作法),所以$\triangle GQO\backsim\triangle GKM$,则

$$\overline{GM}:\overline{GO}=\overline{MK}:\overline{OQ} \qquad\qquad (1)$$

又因$\overline{OT}/\!/\overline{MN}$,所以$\triangle GTO\backsim\triangle GNM$,则

$$\overline{GM}:\overline{GO}=\overline{MN}:\overline{OT} \qquad\qquad (2)$$

从式(1)(2)可知$\overline{MK}:\overline{OQ}=\overline{MN}:\overline{OT}$,而$\overline{MK}=\overline{MN}$.故$\overline{QO}=\overline{OT}$.

同时点O在$\overline{PQ}$的中垂线上,且$\overline{OT}\perp l$,故作得的弧必过点P及Q并切l于点T.

第四节　用直线连接两圆弧

用直线连接两圆弧,就是要求出两圆弧的公切线,根据几何学,两圆的公切线可分为内公切线与外公切线两种:

（4.1）　作二定圆的外公切线法

已知:R_1为圆O'的半径,R_2为圆O的半径$(R_2>R_1)$②.

---

① 若连$\overline{MK}$(图中未画)按此作法尚可得另一适合条件的圆弧.

② 如两圆为内离,则不能作图(下同).

45

作法 （图10）以 O 为圆心，$R_2 - R_1$ 为半径作辅助圆. 自圆心 O' 作辅助圆的切线 $\overline{O'a}$ 及 $\overline{O'b}$. 分别连 Oa 及 Ob 并各予延长交圆 O 于 a' 及 b'. 自圆心 O' 作 $\overline{Oa'}$ 及 $\overline{Ob'}$ 的平行线 $\overline{O'c}$，$\overline{O'd}$ 交圆 O' 于 c 及 d. 再分别连 $\overline{a'c}$ 及 $\overline{b'd}$，则 $\overline{a'c}$ 及 $\overline{b'd}$ 即为所求.

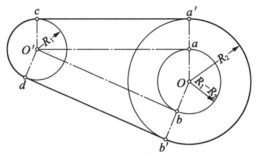

图 10

解说 $\overline{aa'} = \overline{bb'} = \overline{cO'} = \overline{dO'}$（作法），而 $\angle O'aO = 90°$（$O'a$ 为作法中的切线），则 $\angle O'aa' = 90°$. 同理 $\angle O'bb' = 90°$. 故四边形 $aa'cO'$ 及 $bb'dO'$ 均为矩形，则其各内角皆为 $90°$，故 $\overline{a'c}$ 及 $\overline{b'd}$ 均为两圆外公切线.

（4.2） 作二定圆的内公切线法

已知：R_1 为圆 O 的半径，R_2 为圆 O' 的半径（$R_1 > R_2$）.

作法 （图11）以 O 为圆心，$R_1 + R_2$ 为半径作辅助圆. 过 O' 作该辅助圆的切线 $\overline{O'P}$，$\overline{O'P'}$，连 OP 及 OP' 交圆 O 于 a 及 a'. 过 O' 作 OP 及 $\overline{OP'}$ 的平行线交圆 O' 于 b 及 b'. 连 $\overline{ab}$ 及 $\overline{a'b'}$，则 $\overline{ab}$ 及 $\overline{a'b'}$ 即为所求.

解说 因为 $\overline{O'P}$ 为辅助圆的切线，所以 $\angle O'PO = 90°$，而 $\overline{ap} \underset{=}{\parallel} \overline{O'b}$，故四边形 $abO'P$ 为矩形，其各内角皆为 $90°$，则 $\overline{ab}$ 为两圆内功切线.

同理 $\overline{a'b'}$ 亦为两圆的内公切线

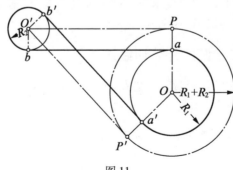

图 11

第五节　用圆弧连接两直线

（5.1）　用圆弧连接二平行线法

（Ⅰ）作圆弧切二平行线于定点

已知：二直线 $ab/\!/cd$ 及 cd 上定点 P（图12）.

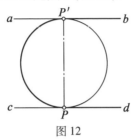

图 12

作法　自点 P 作 ab 的垂线交 ab 于点 P'，以 $\overline{PP'}$ 为直径作圆，则此圆弧即 47
为所求.

解说　因为 $\angle aP'P = \angle cPP' = 90°$，所以圆弧与二平行线相切.

（Ⅱ）过线外定点作弧切二平行直线

已知：$l/\!/l_1$，P 为二平行线间的定点（点 P 在二平行线外侧，则不能作图）.

作图　（图13）在 l 上任取一点 a，自 a 作 l_1 的垂线 aa'. 过 aa' 的中点 d 作 $l_2/\!/l$. 以 P 为圆心，$\overline{ad}$ 为半径作弧交 l_2 于点 O_1 及 O_2. 过 O_1 及 O_2 分别作 l 及 l_1 的垂线得交点 c,c' 及 b,b'. 以 O_1 及 O_2 各为圆心，$\overline{O_1P}$ 为半径分别作圆弧，即为所求.

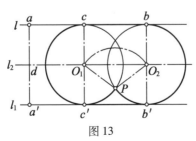

图 13

解说　显然 $\overline{O_1P} = \overline{O_2P} = \overline{O_2b} = \overline{O_2b'} = \overline{O_1c} = \overline{O_1c'} = \overline{ad}$，且 cc' 及 bb' 均垂直于

l 及 l_1,故所作圆弧过 P 并与二平行线相切.

（5.2）　用圆弧连接二相交直线法

（Ⅰ）用圆弧连接互垂二直线:

(1)用定长半径作弧,连接相互垂直二直线.

已知:$ab \perp ac$(a 为垂足),接弧半径 R.

作法　（图14）以 a 为圆心,以 R 为半径作弧交 ab 于点 a' 交 ac 于点 b'.以 a' 及 b' 各为圆心,R 为半径作弧,两弧相交于点 O,以 O 为圆心,R 为半径作弧,接二直线于点 a',b',则 $\overset{\frown}{a'b'}$ 即为所求.

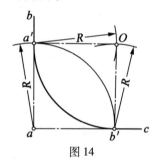

图 14

解说　连 $a'O$,$b'O$,则四边形 $a'ab'O$ 各边之长皆等于 R(作法).

又因 $\angle a = 90°$ 故四边形 $a'ab'O$ 为正方形,其各内角均为 $90°$,则所作弧切二直线.

(2)过互垂二直线上一定点作弧连接二直线.

已知:$ab \perp ac$(a 为垂足),P 为 ac 上的定点.

作法　（图15）以定点 P 为圆心,以 $\overline{Pa}$ 为半径作弧与过点 P 作 ac 的垂线 PO 相交于点 O,自 O 作 $OP' \perp ab$,以 O 为圆心,$\overline{OP}$ 为半径作 $\overset{\frown}{PP'}$ 即为所求.

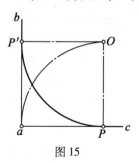

图 15

解说 显然四边形 $aPOP'$ 为正方形,其各内角均为直角,故 $\overparen{PP'}$ 与二直线相切.

(3)过线外定点,作弧切二互垂直线. 已知: $ba \perp ca$, P 为线外定点.

作法 (图16)作 $\angle bac$ 的角平分线 ad,连 aP. 在 ad 上任取一点 O',自 O' 作 $\overline{O'e'} \perp ab$ 及 $\overline{O'e} \perp ac$,以 O' 为圆心,$\overline{O'e}$ 为半径作弧交 aP 于 P' 连 $P'O'$,自点 P 作 $\overline{P'O'}$ 的平行线交 ad 于点 O,自 O 作 $\overline{Of} \perp ab$ 及 $\overline{Of} \perp ac$. 以 O 为圆心,$\overline{OP}$ 为半径作 $\overparen{ff'}$ 即为所求.

(本作法与图14的作法可相互通用)

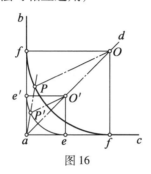

图16

解说 因为 $\overline{Of'} /\!/ \overline{o'e'}$,所以 $\triangle aO'e' \backsim \triangle aOf'$,则

$$\overline{of'} : \overline{O'e'} = \overline{aO} : \overline{aO'} \tag{1}$$

又因 $\overline{OP} /\!/ \overline{O'P'}$,所以 $\triangle aO'P' \backsim \triangle aOP$,则

$$\overline{OP} : \overline{O'P'} = \overline{aO} : \overline{aO'} \tag{2}$$

则由(1)(2)两式知 $\overline{Of'} : \overline{O'e'} = \overline{OP} : \overline{O'P'}$,因 $\overline{O'P'} = \overline{O'e'} = \overline{O'e}$,则 $\overline{OP} = \overline{Of'} = \overline{Of}$,且 $\overline{Of'} \perp ab$,$\overline{Of} \perp ac$,故 f' 及 f 为适合条件的切点. $\overparen{ff'}$ 为所求.

(Ⅱ)用圆弧连接任意相交二直线

(1)用定长半径作弧连接相交二直线.

已知:l 及 l_1 为相交二直线,R 为接弧半径.

作法 (图17)在 l 及 l_1 上分别任取点 a 及 b. 分别自 a,b 作 $\overline{aa'} \perp l$,$\overline{bb'} \perp l_1$,并使 $\overline{aa'} = \overline{bb'} = R$,过 a' 及 b' 分别作 l 及 l_1 的平行线,两线相交于 O,自 O 作 $\overline{Od} \perp l$,作 $\overline{Oc} \perp l_1$,以 O 为圆心 $\overline{Oc}$ 为半径作 $\overparen{cd}$ 即为所求.

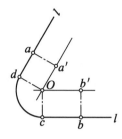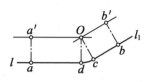

图 17

解说 $\overline{Od} \perp\!\!\!\!= \overline{aa'} = R$，故 d 为切点，同理 c 亦为切点.

(2)过相交二直线上一定点作连接弧.

已知：l 及 l_1 相交于 a，P 为 l 上的定点.

作法 （图18）作 $\angle a$ 的角平分线 ab，自点 P 作 l 的垂线交 ab 于点 O，自 O 引 l_1 的垂线 $\overline{OP'}$. 以 O 为圆心，$\overline{OP} = \overline{OP'}$ 为半径作 $\overset{\frown}{PP'}$ 即为所求.

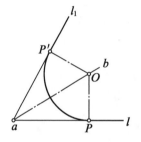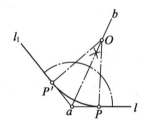

图 18

解说 因为 ab 为 $\angle a$ 的角平分线，$\overline{OP}$ 及 $\overline{OP'}$ 分别垂直于 l 及 l_1，所以 $\overline{OP} = \overline{OP'}$，故 P，P' 为切点，$\overset{\frown}{PP'}$ 为所求.

(3)过相交二直线外一定点作弧连接二直线.

已知：l 及 l_1 相交于点 a，P 为线外顶点.

作法 （图19）作 $\angle a$ 的角平分线 ab，自 P 作 ab 的垂线交 l 于点 C，以 $\overline{PC}$ 为直径作半圆 $\overset{\frown}{Pdc}$，以 ab 为对称轴在 $\overline{PC}$ 上取 P 的对称点 P'. 自 P' 作 $\overline{PC}$ 的垂线交 $\overset{\frown}{Pdc}$ 于 d，连 cd（不连亦可），以 c 为圆心，$\overline{cd}$ 为半径作弧交 l 于 e 及 f 两点，分别自 e，f 作 l 的垂线交 ab 于 O 及 O'，作 $\overline{Oe'}$ 及 $\overline{O'f}$ 垂直于 l_1，以 O 及 O' 各为圆心，$\overline{Oe}$ 及 $\overline{O'f}$ 各为半径分别作 $\overset{\frown}{ee'}$ 及 $\overset{\frown}{ff'}$ 即为所求.

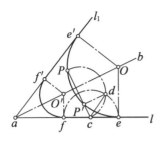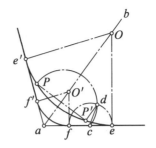

图 19

（本作法与图 12-5 的作法可以互相通用）

解说　因为 $\overline{CP} \cdot \overline{CP'} = \overline{cd}^2 = \overline{ce}^2 = \overline{cf}^2$（见图 9-4 的解说），所以 e 及 f 均为所求弧的切点，（见图 9-5 的证明）.

又因 $\overline{Oe'}$ 及 $\overline{O'f}$ 垂直于 l_1，且 O' 及 O 均在分角线上，所以 $\overset{\frown}{ee'}$ 及 $\overset{\frown}{ff'}$ 均切 l 及 l_1 并过点 P.

第六节　用圆弧连接圆弧与直线

用圆弧连接圆弧与直线，可分为内连接与外连接两种. 接弧与被接弧的圆心位置在切点的同侧者，称为内连接；两圆心在切点的异侧者，称为外连接.

由于已知条件的不同，其连接方法也各异，现分述于下：

（6.1）　外连接法

（Ⅰ）用定长半径作弧连接定圆及定直线法

已知：定圆 O 半径为 R_1，定直线 l，接弧半径 R.

作法　（图 20）作 l 的平行线 l' 及 l'' 距 l 为 R. 以 O 为圆心，$R_1 + R$ 为半径作弧交 l' 于点 O'，交 l'' 于点 O''，自 O' 作 l 的垂线，垂足为 b，自 O'' 作 l 的垂线，垂足为 b'，连 OO' 及 OO'' 分别交圆于点 P 及 P'. 分别以 O' 及 O'' 为圆心，$\overline{O'b}$ 及 $\overline{O''b'}$ 各为半径作 $\overset{\frown}{Pb}$ 及 $\overset{\frown}{P'b'}$ 均为所求.

解说　$\overline{O'b} = \overline{O''b'} = \overline{O'P} = \overline{O''P'} = R$（作法），$b, b'$ 为 l 上的垂足，又因 $\overline{OP} + \overline{P'O''} = R_1 + R$，则 P, P' 在连心线上，故四点均为切点，则所作 $\overset{\frown}{Pb}$，$\overset{\frown}{P'b'}$ 必分别切直线 l 及圆 O.

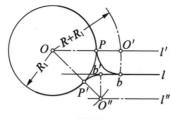

图 20

（Ⅱ）作弧连接定直线及定圆上的定点法

已知:定圆 O 及圆周上定点 P,定直线 l.

作法 （图 21）连 OP 并延长之,并过点 P 作定圆 O 的切线交 l 于点 b,作 $\angle b$ 的角平分线 bO' 交 $\overline{OP}$ 的延长线于点 O'. 作 $\overline{O'a} \perp l$,以 O' 为圆心,$\overline{O'a}$ 为半径作 $\overset{\frown}{aP}$ 即为所求.

解说 因为点 O' 在 $\angle b$ 的分角线上,所以 $\overline{O'P} = \overline{O'a}$,又点 P 在 $\overline{OO'}$ 上,$\overline{O'a}$ $\perp l$,故 P 及 a 均为切点. 则 $\overset{\frown}{aP}$ 切 l 于 a,切圆 O 于点 P.

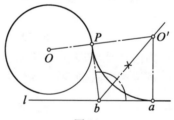

图 21

（Ⅲ）作弧连接定圆及定直线上的定点法

已知:定圆 O,定直线 l 上的定点 P.

作法 （图 22）过点 P 作 l 的垂线 $O'O''$,自 P 在 $O'O''$ 上截取 $\overline{Pa}$ 及 $\overline{Pb}$,使各等于定圆半径之长. 连 Ob 及 Oa,作 $\overline{Ob}$ 的中垂线交 $O'O''$ 于点 O'',连 OO'' 交定圆于 f;又作 $\overline{Oa}$ 的中垂线交 $O'O''$ 于 O' 连 OO' 交定圆于 g. 分别以 O' 及 O'' 为圆心,$\overline{O'g}$ 及 $\overline{O''f}$ 为半径作弧,则得 $\overset{\frown}{gP}$ 及 $\overset{\frown}{fP}$ 即为所求.

解说 因为 $\overline{Pa} = \overline{Og}$（作法）,而 $\overline{O'a} = \overline{O'O}$（因 O' 在 $\overline{Oa}$ 的中垂线上）等减后得 $\overline{O'P} = \overline{O'g}$,又点 g 在连心线上,$\overline{O'P} \perp l$（作法）,故 $\overset{\frown}{gP}$ 切定直线 l 于 P,切定圆于 g. 同理 $\overset{\frown}{Pf}$ 切定直线 l 于点 P,切定圆于 f.

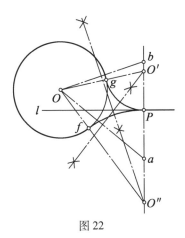

图 22

（Ⅳ）过圆及直线外定点作弧,连接定圆及定直线法

已知:定圆 O,定直线 l 及定点 P（图 23（a））.

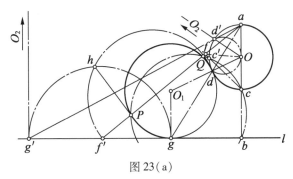

图 23（a）

解析 （1）若已作得过点 P 的圆 O_1 切定圆 O 于 d,切定直线 l 于 g,则 $\overline{O_1g}$ $\perp l$;且 O_1,d,O 三点在一直线上.

（2）若过点 O 作 l 的垂线 ab,交圆 O 于 a,c,则 $\overline{ab}/\!/\overline{O_1g}$.

（3）分别连 ad 及 gd,则因两等腰 $\triangle O_1gd$ 及 $\triangle Oad$ 中,$\angle gO_1d = \angle aOd$,所以

$$\angle O_1dg = \angle adO$$

所以 a,d,g 亦必在同一直线上（即 $\overline{ad}$ 的延长线必交 l 于 g,而与 $\overline{O_1g}$ 上的点 g 重合）.

（4）若连 dc（图中未画）,则 $\text{Rt}\triangle adc \backsim \text{Rt}\triangle abg$（因为 $\angle bag = \angle dac$）. 所以

$$\overline{ad}:\overline{ac} = \overline{ab}:\overline{ag}$$

即

$$\overline{ac} \cdot \overline{ab} = \overline{ad} \cdot \overline{ag} \tag{1}$$

(5)若连 aP 交圆 O_1 于点 Q,则 $\overline{aQP}$ 及 $\overline{adg}$ 同为圆 O_1 的两割线,并相交于 a. 所以

$$\overline{aQ} \cdot \overline{aP} = \overline{ad} \cdot \overline{ag} \tag{2}$$

(6)从(1)及(2)两式可知

$$\overline{aQ} : \overline{aP} = \overline{ac} \cdot \overline{ab} \tag{3}$$

所以 P, Q, c, b 四点共圆.

(7)那么,根据式(3),P, c, b 三点及点 a 均为可知,故点 Q 亦为可知(过 P, c, b 三点作圆交 $\overline{aP}$ 即得 Q).

根据式(2),P, Q 既为可得,则若能做得过 P, Q 而切于定圆 O 的圆弧,该圆弧即为所求. 因此解本题的关键在于"过圆外两点作圆弧连接定圆". 而这个命题是可解的,故本题可解.

注 "过圆外(或内)两定点作弧连接定圆法"

作法 (图23(b)和图23(c))

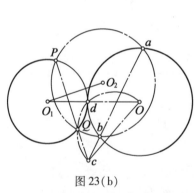 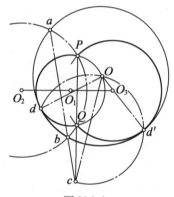

图23(b)　　　　　　　　图23(c)

1. 过 P, Q 作辅助圆 O_2 交圆 O 于 a 及 b 两点.

2. 连 ab 并延长之,交 PQ 的延长线于点 c.

3. 连 $\overline{cO}$,并以 $\overline{cO}$ 为直径作弧交圆 O 于点 d(或 d').

4. 连 dO(或 $d'O$),并延长交 $\overline{PQ}$ 的中垂线于点 O_1(或 O_3).

5. 以 O_1 为圆心,$\overline{dO_1}$(或 $\overline{O_3d'}$)为半径作弧,即为所求.

证 若连 cd(未画),则 $\overline{cd}^2 = \overline{ac} \cdot \overline{cd}$(因为 $\angle Odc = 90°$,即 $\overline{cd}$ 切圆 O 于点 d).

又点 d 在 $\overline{OO_1}$ 上,所以圆 O 及 O_1 相切于 d,$\overline{cd}$ 为两圆公切线.

另因为$\overline{PQc}$及$\overline{abc}$同为圆O_2外一点c引至同圆的两割线,所以

$$\overline{ac}\cdot\overline{cb}=\overline{Pc}\cdot\overline{cQ}$$

那么,$\overline{cd}^2=\overline{Pc}\cdot\overline{cQ}$(等代);今$cd$既为$O_1$的切线,则$P,Q$必在圆$O_1$上,故$O_1$为所求的圆弧(图23(c)为两定点$P,Q$在定圆内者).

作法　(图23(a))

(1)过点O作l的垂线ab,交圆O于a及c两点.

(2)连aP,并过P,b,c三点作辅助圆交$\overline{aP}$于Q,交圆O于点c'.

(3)连cc',并延长交$\overline{aP}$于f,再以$\overline{fO}$为直径作圆交圆O于点$d(d')$.

(4)连Od,并延长之;又连ad并延长之交l于点g.

(5)自g点作l的垂线交$\overline{Od}$的延长线于点O_1.

(6)以O_1为圆心,$\overline{O_1d}$为半径作弧,则所作圆O_1即为所求.

注　若连$\overline{ad'}$,延长交l于点g',自g'作l的垂线与$\overline{Od'}$连线的延长线相交于点O_2,以O_2为圆心,$\overline{O_2d'}$为半径作弧,可得适合条件的另一解(图中未画).

解说　(1)若连cd,则$\mathrm{Rt}\triangle abg\backsim\mathrm{Rt}\triangle abc$,所以

$$\overline{ac}:\overline{ag}=\overline{ad}:\overline{ab}$$

即

$$\overline{ac}\cdot\overline{ab}=\overline{ad}\cdot\overline{ag}$$

(2)而$\overline{ac}\cdot\overline{ab}=\overline{aQ}\cdot\overline{aP}$(因为$c,b,Q,P$四点共圆).

(3)所以$\overline{aQ}\cdot\overline{aP}=\overline{ad}\cdot\overline{ag}$(等代),所以$P,Q,d,g$四点共圆.

(4)根据作法3,若连fd,则$\overline{fd}\perp\overline{Od}$(即$\overline{fd}$切圆$O$于$d$).而点$d$又在$\overline{OO_1}$上(作法4).故圆$O_1$切圆$O$于$d$.

(5)又因为$\overline{gO_1}\,/\!/\,\overline{ab}$(同垂直于$l$),$\overline{ag}$及$\overline{OO_1}$分别为$\overline{ad}$及$\overline{Od}$的延长线.所以

$$\angle gO_1d=\angle aOd$$
$$\angle dgO_1=\angle daO.$$

所以

$$\triangle aOd\backsim\triangle gO_1d$$

(6)而$\overline{Oa}=\overline{Od}$(同圆半径),所以$\overline{gO_1}=\overline{dO_1}$,且$\overline{gO_1}\perp l$(作法),所以圆$O_1$切$l$于点$g$.

(7)综合以上(3),(4),(6)的结论:可知圆O_1是适合条件的圆弧.

55

(6.2)　内连接法

（Ⅰ）用定长半径作弧连接定圆及直线法

已知:定圆 O 半径为 R_1,定直线 l,接弧半径 R.

作法　（图24）作 $l' /\!/ l$,两平行线间距离为 R. 以 O 为圆心,$R_1 - R$ 为半径作辅助弧[①]交 l' 于点 O' 及 O''. 连 OO' 并延长之交定圆于点 f,自 O' 作 $\overline{O'd} \perp l$,连 OO'' 并延长之交定圆于 e,自 O'' 作 $\overline{O''c} \perp l$. 以 O' 及 O'' 各为圆心,R 为半径作 $\overset{\frown}{df}$ 及 $\overset{\frown}{ec}$ 即为所求.

解说　$\overline{O''e} = \overline{Oe} - \overline{OO''} = R_1 - (R_1 - R) = R$,而 $\overline{O''e} = \overline{O''c} = R$,又点 e 在连心线 $\overline{OO''}$ 的延长线上,且 $\overline{O''c} \perp l$,故 $\overset{\frown}{ec}$ 为接弧. $\overset{\frown}{df}$ 同理.

如 $R < \dfrac{1}{2}\overline{h'g}$,又 $R < \dfrac{1}{2}\overline{hg}$,则有四解.

如 $R < \dfrac{1}{2}\overline{h'g}$,又 $R = \dfrac{1}{2}\overline{hg}$,则有三解.

如 $R < \dfrac{1}{2}\overline{h'g}$,又 $R > \dfrac{1}{2}\overline{hg}$,则有二解(本图即是).

如 $R = \dfrac{1}{2}\overline{h'g}$,又 $R > \dfrac{1}{2}\overline{hg}$,则有一解.

如 $R > \dfrac{1}{2}\overline{h'g}$,又 $R > \dfrac{1}{2}\overline{hg}$,则无解.

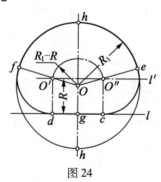

图 24

（Ⅱ）作弧连接定直线及定圆上的定点法

---

①　本作法仅指直线与定圆相割,若相离,作法中的辅助弧的半径为 $R - R_1$.

已知:定圆 O 及圆上定点 P,定直线 l①.

作法　(图 25)连 PO,过点 P 作圆 O 的切线交 l 于点 a.以 a 为圆心,$\overline{aP}$ 为半径作弧交 l 于点 c,自 c 作 l 的垂线交 $\overline{PO}$ 于点 O',以 O' 为圆心,$\overline{O'P}$ 为半径作 $\overparen{Pdc}$ 或 $\overparen{Pec}$ 即为所求.

解说　$\overline{aP}=\overline{ac}$(作法),若连 $\overline{O'a}$,则 $\mathrm{Rt}\triangle O'Pa\cong\mathrm{Rt}\triangle O'ca$,所以
$$\overline{O'P}=\overline{O'c}$$

又 $\overline{O'c}\perp l,\overline{O'P}\perp\overline{Pa}$(作法),所以 P 及 c 为切点.

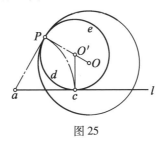

图 25

(Ⅲ)作弧连接定圆及定直线上的定点法

已知:定圆 O,定直线 l 上定点 P.

作法　(图 26)过圆心 O 作 l 的垂线交圆周于点 b 及 a.分别连 aP 及 bP,并各予延长交圆周于点 c 及 d.连 cO 及 dO.

自点 P 作 l 的垂线分别交 $\overline{cO}$ 于点 O',交 $\overline{dO}$ 于点 O''.以 O' 及 O'' 各为圆心,以 $\overline{O'P}$ 及 $\overline{O''P}$ 各为半径作弧得 $\overparen{Pd}$ 及 $\overparen{Pc}$ 即为所求.

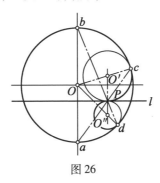

图 26

①　如定直线 l 与定圆 O 相离,亦可用本法连接.

解说 因为 $\overline{Oa} = \overline{Oc}$,所以

$$\angle a = \angle c$$

而 $\angle O'Pc = \angle Oac$(同位角),所以

$$\angle O'Pc = \angle O'cP$$

因此,$\overline{O'c} = \overline{O'P}(\overline{O''d} = \overline{O''P})$. 点 c 及点 d 分别在两圆的连心线的延长线上,故为切点,又 $\overline{O'O''} \perp l$,故 P 为切点.

(Ⅳ)过圆外(内)及直线外的定点作弧,连接定圆及定直线法

(1)定点在圆外者.

已知:定圆 O,定直线 l 及圆外定点 P.

作法 (图 27)

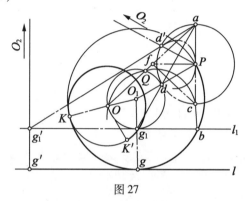

图 27

①以 P 为圆心,圆 O 的半径为半径作辅助圆 P.

②作 $l_1 /\!/ l$,使其距离等于圆 O 的半径.

③再按图 23 的作法,作过点 O 切 l_1 的外连接圆 P 的弧心位置 O_1 及 l_1 上的切点 g_1.

④然后延长 $\overline{O_1 g_1}$ 交 l 于点 g,则 $\overline{O_1 g} \perp l$.

⑤连 $O_1 O$,并延长之交圆 O 于点 K. 以 O_1 为圆心,$\overline{O_1 K}$ 为半径作 $\overset{\frown}{P_g K}$,则 $\overset{\frown}{P_g K}$ 即为所求.

(按法尚可作得圆心位置为 O_2 的 $\overset{\frown}{PK'g'}$ 另一解)

解说 ①因为 $\overline{O_1 O} = \overline{O_1 g_1} = \overline{O_1 d}$(因辅助圆 O_1 为过 O 切 l_1 于点 g_1,切辅助圆 P 于点 d 的外接圆).

②且 $\overline{Pd} = \overline{gg_1} = \overline{OK}$(作法),所以

58

$$\overline{O_1K} = \overline{O_1g} = \overline{O_1P}$$

③同时 $\overline{O_1g} \perp l$(作法),点 K 在 $\overline{O_1O}$ 的延长线上,故点 g,K 均为切点.

④所以 $\overset{\frown}{PgK}$ 为所求圆弧.

(同理 $\overset{\frown}{PK'g'}$ 亦为所求圆弧的另一解)

(2)定点在圆内者.

已知:定直线 l 为定圆 O 的割线及圆内定点 P.

解析 (图28)

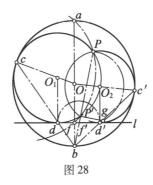

图28

①若已作得圆 O_1 为过点 P 且内切定圆 O 于点 c,切定直线 l 于点 d 的圆弧,则 c,O_1,O 三点在一直线上.

②过点 O 作圆 O 的直径 $\overline{ab}$ 垂直交 l 于点 f.

③点 d 既为在 l 上的切点,则 $\overline{O_1d}$ 必垂直于 l,那么 $\overline{O_1d} /\!/ \overline{ab}$.

④若连 $\overline{cd}$ 及 $\overline{cb}$,则 $\triangle cdO_1$ 和 $\triangle cbO$ 均为等腰三角形,且其对应顶角 $\angle O_1 = \angle O$,故相似. 所以 $\angle O_1cd = \angle Ocb$,即 c,d,b 三点必在一直线上.

⑤若连 Pb 交圆 O_1 于点 P',则 P,c,d,P' 四点共圆,所以

$$\overline{bP} \cdot \overline{bP'} = \overline{bc} \cdot \overline{bd} \tag{1}$$

⑥若连 ac,则 $\angle acd = 90°$,而 $\angle afd = 90°$,所以 a,c,d,f 四点可共圆,所以

$$\overline{ba} \cdot \overline{bf} = \overline{bc} \cdot \overline{bd} \tag{2}$$

⑦从(1)及(2)两式可知

$$\overline{bP} \cdot \overline{bP'} = \overline{ba} \cdot \overline{bf} \tag{3}$$

所以 a,P,P',f 四点共圆.

⑧令 a,P,f 三点既可知,$\overline{Pb}$ 亦为可知,则 P' 可通过 a,P,f 三点作圆交 $\overline{Pb}$ 而得.

⑨既 P' 为可求,尚可用(图 10-3 或 10-4)"过直线外两定点作弧连接定直线"或(图 13-4(c))"过圆内两定点作弧连接定圆"的方法而求得圆 O_1.

作法 (图 13-9)

①引定圆 O 的直径 $\overline{ab} \perp l$,得垂足 f.

②连 Pb 交 l 于点 f',并过 f,P,a 三点作辅助圆弧交 $\overline{Pb}$ 于点 P'.

③以 $\overline{Pf'}$ 为直径作半圆 $\overparen{Pgf'}$,自 P' 作 $\overline{Pf'}$ 的垂线交 $\overparen{Pgf'}$ 于点 g.

④以 f' 为圆心,$f'g$ 之长为半径作弧交 l 于点 $d(d')$.

⑤连 $bd(bd')$,并延长交圆 O 于点 $c(c')$,并连 $cO(c'O)$.

⑥自 $d(d')$ 作 l 的垂线 $O_1d(O_2d')$ 交 $\overline{cO}$ 于点 O_1(交 $\overline{c'O}$ 于点 O_2).

⑦以 $O_1(O_2)$ 为圆心,$\overline{O_1c}(\overline{O_2c'})$ 为半径作弧 $cdP'P(\overparen{c'd'P'P})$,即为所求.
(本作法中的圆心 O_1 及 O_2 分别为两解)

解说 ①因为 $\overline{ab} \perp l;f,P',P,a$ 四点共圆(作法),所以

$$\overline{bP} \cdot \overline{bP'} = \overline{ba} \cdot \overline{bf}$$

②若连 ac,则 $\angle acb = 90°$,且 $\angle dfa = 90°$(作法),所以

$$f,d,c,a \text{ 四点共圆(图中未画出)}$$

$$\overline{ba} \cdot \overline{bf} = \overline{bc} \cdot \overline{bd}$$

所以 $$\overline{bP} \cdot \overline{bP'} = \overline{bc} \cdot \overline{bd}(\text{等代})$$

所以 P,P',d,c 四点共圆.

③又 c 在 $\overline{OO_1}$ 上故为切点,$\overline{O_1d} \perp l$,且点 d 既在圆上,又在 l 上.

所以圆 O_1 为过点 P 切 l 于点 d,切圆 O 于点 c 的圆弧.
(同理圆 O_2 亦为适合条件的一解)

第七节　用弧连接两圆弧和三圆弧

用圆弧连接两圆弧或三圆弧,均可分为外连接、内连接及混合连接三种.接弧的弧心位置与两被接弧的弧心位置,均在两切点的异侧者,称为外连接(如图 29);均在两切点的同侧者,称为内连接(如图 32);如一为同侧,一为异侧者,称为混合连接(如图 37).

由于已知条件的不同,其连接方法也各异,现分述如下:

（14.1） 用圆弧连接两圆弧法

（Ⅰ）外连接法

（1）用定长半径作弧连接两圆弧法.

已知:定圆 O 半径 R_1,定圆 O' 半径 R_2,接弧半径 R.

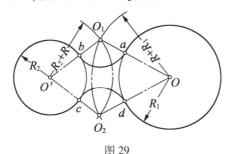

图 29

作法 （图 29）以 O 及 O' 各为圆心,以 $(R_1 + R)$ 及 $(R_2 + R)$ 各为半径,分别作弧,两弧相交于点 O_1 及 O_2.

连 O_1O,O_1O' 及 O_2O,O_2O',分别交定圆于 a,b,c,d. 以 O_1 及 O_2 各为圆心,R 为半径分别作 $\overparen{ab}$ 及 $\overparen{cd}$ 即为所求. 61

解说

$$\overline{aO_1} = \overline{dO_2} = \overline{OO_1} - \overline{Oa} = \overline{OO_2} - \overline{Od}$$
$$= R_1 + R - R_1 = R$$
$$\overline{bO_1} = \overline{cO_2} = \overline{O'O_1} - \overline{O'b} = \overline{O'O_2} - \overline{O'c}$$
$$= R_2 + R - R_2 = R$$

又 a,b,c,d 各点均分别在各有关连心线上,故均为切点.

如图 29 中求圆心 O_1,O_2 的辅助弧无交点（即 $R_1 + R_2 + 2R < OO'$）,则无解.

如仅有一交点（即两辅助弧相切,$R_1 + R_2 + 2R = OO'$）则得一解.

本图中有两交点（即 $R_1 + R_2 + 2R > OO'$）,故得两解.

（2）作弧连接两定圆于圆周上定点法.

已知:定圆 O_1 及 O_2,圆 O_2 上的定点 P.

作法 （图 30）连 O_2P 并延长之,在 $\overline{PO_2}$ 上截取 $\overline{PP'}$ 使等于圆 O_1 的半径. 连 $P'O_1$,并作 $\overline{P'O_1}$ 的中垂线交 $\overline{PO_2}$ 的延长线于点 O.

连 OO_1 交圆周于点 P''. 以 O 为圆心,$\overline{OP}$ 为半径作 $\overset{\frown}{PP''}$ 即为所求.

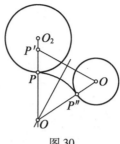

图 30

解说 $\overline{OP'} = \overline{OO_1}$(因为 O 位于 $\overline{P'O_1}$ 的中垂线上),$\overline{PP'} = \overline{O_1P''}$(作法),故等减后得 $\overline{OP} = \overline{OP''}$,而 P 及 P'' 均分别在两连心线上,故为切点.

(3)过定点作弧,连接两圆弧法.

已知:两定圆 O_1 及 O_2,圆外定点 P.

解析 (图31(a))

①若圆 O_3 过定点 P,切圆 O_1 于点 T_1,切圆 O_2 于点 T_2. 连 T_2T_1,并延长交圆 O_1 于点 M,交圆 O_2 于点 N. 再连 O_1O_2,延长交圆 O_1 及 O_2 于点 A,B,C,D. 上两延线相交于点 O.

②连 O_3O_1,则点 T_1 必在 $\overline{O_3O_1}$ 上;连 $\overline{O_3O_2}$,则点 T_2 必在 $\overline{O_3O_2}$ 上. 又分别连 MA,T_1B,T_2C,ND 及 MO_1,NO_2.

③显然

$$\angle 1 = \angle 2 = \angle 3 = \angle 4 = \angle 5 = \angle 6$$

则

$$\overline{O_1M} /\!/ \overline{O_2T_2}, \overline{O_1T_1} /\!/ \overline{O_2N}$$

点 O 为两定圆的相似外心,则点 O 可作.

④因为 A,M,T_1,B 四点共圆,所以 $\angle AMT_1$ 与 $\angle ABT_1$ 互补.

又因为 $\overline{T_1B} /\!/ \overline{ND}$,所以 $\angle ABT_1 = \angle O_2DN$,所以 $\angle AMT_1$ 与 $\angle O_2DN$ 互补.

⑤又因为 $\angle T_1BC = \angle AMT_1$,$\angle T_1T_2C = \angle O_2DN$,所以 $\angle T_1BC$ 与 $\angle T_1T_2C$ 互补,则 B,T_1,T_2,C 四点共圆.

⑥连 OP,交圆 O_3 于点 Q,设 $\overline{OQ} = x$,则

$$x \cdot \overline{OP} = \overline{OT_1} \cdot \overline{OT_2} = \overline{OB} \cdot \overline{OC}$$

所以 B,C,Q,P 四点共圆.

$\overline{OP},\overline{OB},\overline{OC}$ 为可作,故点 Q 亦可作.

⑦然后，过点 Q,P 可作得圆 O_3，切圆 O_1 于点 T_1（作法可按图 23(b)），则所作得的圆 O_3 亦必切圆 O_2 于点 T_2（在解说中证）.

作法　（图 31(b)）

①作两定圆的连心线交圆 O_1 于点 A,B；交圆 O_2 于点 C.

②分别自点 O_1,O_2 作两平行的半径，$\overline{O_1E}\parallel\overline{O_2F}$.

③连 FE 交连心线于点 O.

④连 OP，并过 P,B,C 三点作辅助圆交 $\overline{OP}$ 于点 Q.

⑤再过 P 及 Q 作圆 O_3 切圆 O_1 得切点 T_1（按图 23(b)的作法），则圆 O_3 亦切圆 O_2 于点 T_2. 圆 O_3 即为所求.

解说　根据作法，圆 O_3 为切圆 O_1 于点 T_1（理由见图 23(b)的解说）.

下面证明圆 O_3 必切圆 O_2 于点 T_2（图 31(c)）：

①点 O_3,T_1,O_1 必共一直线（因为 T_1 为切点）. 连 OT_1 交圆 O_1 于点 M，交圆 O_3 于点 T_2.

②连 O_3T_1,MO_1，并作圆 O_2 的半径使 $O_2N\parallel\overline{O_1T_1}$ 及 $\overline{O_2T'_2}\parallel\overline{O_1M}$.

③由于点 O 是 O_1 及 O_2 的相似外心，所以 O,M,T_1,T_2',N 五点共一直线.

④由作法中 B,C,P,Q 四点共圆，所以

$$\overline{OQ}\cdot\overline{OP}=\overline{OB}\cdot\overline{OC}$$

又 O 既为两圆的相似外心，则 T_1,T_2',B,C 四点共圆，同时 P,Q,T_1,T_2 四点共圆，所以

$$\begin{aligned}\overline{OB}\cdot\overline{OC}&=\overline{OT_1}\cdot\overline{OT_2'}=\overline{OT_1}\cdot\overline{OT_2}\\&=\overline{OQ}\cdot\overline{OP}\end{aligned}$$

所以 $\overline{OT_1T_2}$ 与 $\overline{OT_1T_2}$ 全线重合，点 T_2 与 $\overline{T_2'}$ 重合为一点.

⑤又 $\overline{MO_1}\parallel\overline{T_2O_2}$，所以 $\angle T_1MO_1=\angle NT_2O_2$，而

$$\begin{aligned}\angle T_1MO_1&=\angle MT_1O_1=\angle O_3T_1T_2\\&=\angle O_3T_2T_1=\angle NT_2O_2\end{aligned}$$

今 ON 既为直线，所以 O_3,T_2,O_2 三点共一直线，所以 T_2 为圆 O_3 和圆 O_2 的切点.

注　若定点 P 在两圆相离的中间位置时，外连接也可有二解，如图 31(d)的 O_3 及 O_4，但不能内连接.

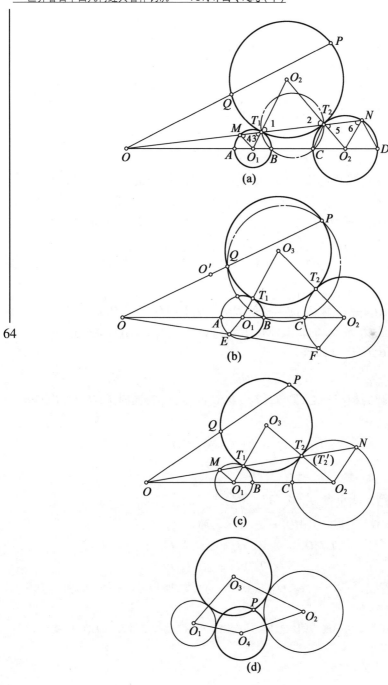

图 31

（Ⅱ）内连接法

（1）用定长半径作弧连接两圆弧法.

已知：定圆 O_1 及 O_2 半径为 R_1 及 R_2，接弧半径 R.

作法 （图 32）以 O_1 及 O_2 各为圆心，以 $R-R_1$ 及 $R-R_2$ 各为半径作辅助弧，两弧相交于点 O，连 OO_1 及 OO_2 并各予延长，分别交圆周于 a 及 b 两点.

以 O 为圆心，$\overline{Oa}$ 为半径作 $\overset{\frown}{ab}$ 即为所求.

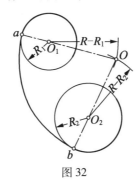

图 32

65

解说 $\overline{Oa}=R-R_1+R_1=R,\overline{Ob}=R-R_2+R_2=R.$

所以 $\overline{Oa}=\overline{Ob}=R.$ 又 a,b 两点均在各有关连心线的延长线上，故为切点.

如两辅助弧不能相交（即 $2R-R_1-R_2<O_1O_2$），则无解.

如两辅助弧有一交点（即 $2R-R_1-R_2=O_1O_2$），得一解.

如两辅助弧有两交点（即 $2R-R_1-R_2>O_1O_2$），得两解（本图即属此种情况，但仅画出其中的一解）.

（2）作弧连接两定圆于圆周上的定点法.

已知：两定圆 O_1 及 O_2，P 为圆 O_1 上的一定点.

作法 （图 33）连 PO_1 并延长之，自 P 截取 $\overline{Pa}$ 使等于圆 O_2 的半径. 连 aO_2 并作 $\overline{aO_2}$ 的中垂线交 $\overline{PO_1}$ 的延长线于点 O，连 OO_2 并延长交圆周于点 P'. 以 O 为圆心，以 $\overline{OP}$ 为半径作弧 $\overset{\frown}{PP'}$，即为所求.

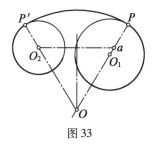

图 33

解说 $\overline{Oa} = \overline{OO_2}$(因为点 O 在 $\overline{O_2a}$ 的中垂线上),而 $\overline{Pa} = \overline{P'O_2}$(作法),等加后得 $\overline{OP} = \overline{OP'}$. 又 P 及 P' 均在各有关连心线的延长线上,故为切点.

以上两种内连接,两已知圆均为相离者,如两圆相交,其作法亦同. 现分别举例于下:

例(1) 已知:定圆 O_1 及 O_2 其半径 R_1 及 R_2(两圆相交),接弧半径 R.

作法 (图 34)以 O_1 及 O_2 各为圆心,以 $R_1 - R$ 及 $R_2 - R$ 各为半径作辅助弧,两弧相交于点 O 及 O'. 连 O_1O 并延长交圆周于 a,同法得 b,c,d 各点.

66

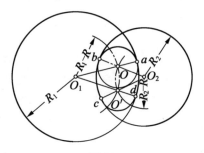

图 34

以 O 及 O' 各为圆心,$\overline{Oa} = \overline{O'c}$ 为半径作 $\overset{\frown}{ab}$ 及 $\overset{\frown}{cd}$ 即为所求.

解说

$$\overline{Oa} = \overline{O_1a} - \overline{O_1O} = R_1 - (R_1 - R) = R$$

$$\overline{Ob} = \overline{O_2b} - \overline{O_2O} = R_2 - (R_2 - R) = R$$

所以

$$\overline{Oa} = \overline{Ob} = R,同理 \overline{O'c} = \overline{O'd} = R$$

又 a,b,c,d 四点均在有关连心线的延长线上,故为切点(解数的讨论和图 32 同).

例（2）　已知：相交的两定圆 O_1 及 O_2，P 为圆 O_2 上的一定点①.

作法　（图 35）连 PO_2，在 $\overline{PO_2}$ 上自 P 截取 $\overline{Pa}$ 使等于圆 O_1 的半径.

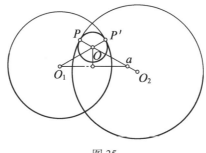

图 35

连 $\overline{O_1a}$ 并作其中垂线交 $\overline{PO_2}$ 于点 O.

连 $\overline{O_1O}$ 并延长交圆周于点 P'.

以 O 为圆心，$\overline{OP}$ 为半径作得 $\overset{\frown}{PP'}$ 即为所求.

解说　因为 $\overline{Oa} = \overline{OO_1}$（$O$ 在 $\overline{O_1a}$ 的中垂线上），$\overline{Pa} = \overline{O_1P'}$（作法），故等减后得 $\overline{OP} = \overline{OP'}$，又因 P 及 P' 均在连心线的延长线上，故为切点.

（3）过顶点作弧连接两定圆法.

已知：定圆 O_1 及 O_2，圆外定点 P.

作法　（图 36（a））

①作圆 O_1，O_2 的连心线和割线，两线相交于点 O，连 OP.

②过连心线在圆周上的交点 B，C 及定点 P 作辅助圆，交 $\overline{OP}$ 于点 Q.

③过 P，Q 作圆 O_3 切圆 O_2 于点 T_2.（在求切点时，以 $\overline{O'O_2}$ 为直径作圆，可得两个切点 T_2 及 T_2'，若取 T_2' 为切点，则为外连接（已见图 31（a））则圆 O_3 亦必切圆 O_1 于 T_1，即为所求.

解说　作图过程与图 31（a）是一样的，不过这里是内连接的情况，现略其解.

注　1. 上述内连接属于两定圆相外离，且定点在两定圆之外的图形. 若定点在两圆之间，则能外连接或混合连接，而不能内连接.

2. 若两定圆相交，而定点在两圆之内，则内连接中有二解（图 36（b）即是）. 若点在一圆

---

①　定点 P 若位于圆内弧段上，可作内连接（本图即属此种情况），若点 P 位于圆外弧段上，则属混合连接.

内一圆外时,则只能混合连接.

3. 若两定圆相内离时,不论定点在圆的内外,均不能作外连接或内连接. 若两定圆相内切,结果三圆公切于一点(定点在圆内则得内连接;在圆外则得外连接).

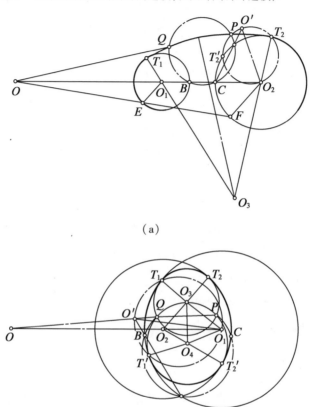

（a）

（b）

图 36

（Ⅲ）混合连接法

（1）用定长半径作弧连接两定圆法.

已知:定圆 O_1 及 O_2,半径为 R_1 及 R_2,接弧半径 R.

作法 （图37）以 O_1 为圆心,$R-R_1$ 为半径作弧,又以 O_2 为圆心,$R+R_2$ 为半径作弧,两弧相交于点 O.

连 OO_1 延长交圆周于点 a,连 OO_2 交圆周于点 b,以 O 为圆心,$\overline{Oa}$ 为半径作 $\overparen{ab}$ 即为所求.

解说 $\overline{Oa} = R_1 + R - R_1 = R, \overline{Ob} = R + R_2 - R_2 = R$

所以 $\overline{Oa} = \overline{Ob}$，而 a 及 b 各在有关连心线或连心线的延长线上，故为切点.

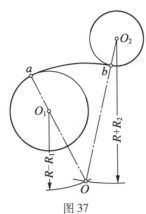

图 37

本混合连接法的解数可见表 1：

表 1

已知二定圆半径 R_1, R_2, 接弧半径 R	作法中两辅助圆半径的选择	解数的条件	解 数
$R > R_1$ 及 $R > R_2$	$R - R_1$ 及 $R + R_2$	$2R + R_2 - R_1 > O_1O_2$	二 解
		$2R + R_2 - R_1 = O_1O_2$	一 解
		$2R + R_2 - R_1 < O_1O_2$	无 解
	$R + R_1$ 及 $R - R_2$	$2R + R_1 - R_2 > O_1O_2$	二 解
		$2R + R_1 - R_2 = O_1O_2$	一 解
		$2R + R_1 - R_2 < O_1O_2$	无 解
$R_1 > R > R_2$	$R - R_2$ 及 $R + R_1$	$2R + R_1 - R_2 > O_1O_2$	二 解
		$2R + R_1 - R_2 = O_1O_2$	一 解
		$2R + R_1 - R_2 < O_1O_2$	无 解
$R_2 > R > R_1$	$R - R_1$ 及 $R + R_2$	$2R + R_2 - R_1 > O_1O_2$	二 解
		$2R + R_2 - R_1 = O_1O_2$	一 解
		$2R + R_2 - R_1 < O_1O_2$	无 解
$R < R_1$ 及 $R < R_2$			无 解

(2)作弧连接两定圆于圆周上定点法.

已知:定圆 O_1 及 O_2,P 为圆 O_1 上定点.

作法 (图38)连 PO_1 并延长之,自 P 以圆 O_2 的半径之长截 $\overline{PO_1}$ 的延长线得 $\overline{Pa}$,连 aO_2 并作 aO_2 的中垂线交 aO_1 的延长线于点 O,连 OO_2 交圆 O_2 于点 P'. 以 O 为圆心,$\overline{OP}$ 为半径作 $\overparen{PP'}$ 即为所求.

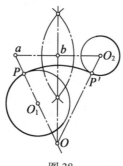

图38

解说 $\overline{Oa} = \overline{OO_2}$(因为 O 在 aO_2 的中垂线上),$\overline{Pa} = \overline{P'O_2}$(作法)等减后得 $\overline{OP} = \overline{OP'}$,而 P 及 P' 各在有关连心线上,故为切点.

以上两种混合连接法,均系两圆相离者,若两圆相交,其作法亦同,此分举例于下:

例(1) 已知:定圆 O_1 及 O_2,其半径为 R_1 及 R_2(两圆相交),接弧半径为 R.

作法 (图39)以 O_1 及 O_2 各为圆心,以 $R_1 + R$ 及 $R_2 - R$ 各为半径,分别作弧,两弧相交于点 O 及 O'. 连 OO_1 及 $O'O_1$ 交圆 O_1 于 b 及 c 两点,又连 OO_2 及 $O'O_2$ 并延长交圆 O_2 于 a 及 d 两点. 以 O 及 O' 各为圆心,$\overline{Oa}$ 及 $\overline{O'd}$ 各为半径分别作弧,则 $\overparen{ab}$ 及 $\overparen{cd}$ 即为所求.

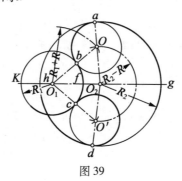

图39

解说
$$\overline{Ob} = \overline{OO_1} - \overline{O_1 b} = R_1 + R - R_1 = R$$
$$\overline{Oa} = \overline{aO_2} - \overline{OO_2} = R_2 - (R_2 - R) = R$$

所以 $\overline{Ob} = \overline{Oa} = R$,同理 $\overline{O'c} = \overline{O'd} = R$.

又 a,b,c,d 各点均分别在有关连心线上,故均为切点.

本作法的解数,是根据接弧半径 R 与定圆连心线上的线段 $\overline{hk}$,$\overline{fg}$(见图39)的长短关系而确定的,此分述如下:

如 $2R < \overline{fg}$,又 $2R < \overline{kh}$,则有四解.

如 $2R < \overline{fg}$(或 $\overline{kh}$),又 $2R = \overline{kh}$(或 $\overline{fg}$),则有三解.

如 $2R < \overline{fg}$(或 $\overline{kh}$),又 $2R < \overline{kh}$(或 $\overline{fg}$),则有二解(本图即属此例).

如 $2R = \overline{fg}$(或 $\overline{kh}$),又 $2R > \overline{kh}$(或 $\overline{fg}$),则有一解.

如 $2R = \overline{fg} = \overline{kh}$,则有二解.

如 $2R > \overline{fg}$,又 $2R > \overline{kh}$,则无解.

例(2)　已知:定圆 O_1 及 O_2(两圆相交),P 为圆周上一定点.

作法　(图40)连 $O_1 P$ 并延长至点 a,使 $\overline{Pa}$ 等于圆 O_2 的半径.连 aO_2 并作其中垂线交 $\overline{aP}$ 于点 O.连 $O_2 O$ 并延长交圆 O_2 于点 P'.以 O 为圆心,$\overline{OP}$ 为半径作弧得 $\overparen{PP'}$ 即为所求.

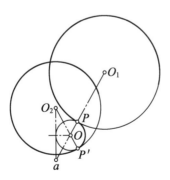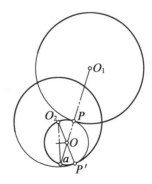

图 40

解说　$\overline{aO} = \overline{OO_2}$(因为 O 在 $\overline{aO_2}$ 的中垂线上),而 $\overline{Pa} = \overline{O_2 P'}$(作法),等减后得 $\overline{OP} = \overline{OP'}$,又 P 及 P' 各在有关连心线上,故为切点.

(3)过定点作弧连接两定圆法.

已知:两定圆 O_1 及 O_2,定点 P.

解析 (图41(a))

①设圆 O_3 为过定点 P 混合连接圆 O_1 及 O_2 于点 T' 及 T.

②连 O_1O_2 交圆周于 A,B,C,D 四点.

③连 TT' 与 $\overline{O_1O_2}$ 相交于点 O,交圆 O_1 于点 E,则 O 为圆 O_1 及 O_2 的相似内心.

④再连 AE,BT',TD;又连 PO,并延长交圆 O_3 于点 Q;连 PT 及 QT',则 $\triangle OT'Q \backsim \triangle OTP$. 所以

$$\overline{PO}:\overline{T'O} = \overline{TO}:\overline{OQ}$$

所以

$$\overline{QO} \cdot \overline{PO} = \overline{T'O} \cdot \overline{TO} \qquad (1)$$

⑤又因为 $\angle A$ 与 $\angle 1$ 互补,而 $\angle 1$ 与 $\angle 2$ 互补,所以

$$\angle A = \angle 2,\text{而}\ \angle A = \angle D$$

所以

$$\angle 2 = \angle D$$

所以

$$T',B,T,D\ \text{四点共圆}$$

则

$$\overline{OT} \cdot \overline{OT'} = \overline{OD} \cdot \overline{OB} \qquad (2)$$

⑥从(1)及(2)两式得

$$\overline{OQ} \cdot \overline{PO} = \overline{OD} \cdot \overline{OB}$$

所以 D,P,B,Q 四点共圆.

⑦今 D,P,B 三点及 $\overline{PO}$ 既为可知,则点 Q 为可作.

得点 Q 后,若作过 P,Q 而连接圆 O_2 的圆弧 O_3,则 O_3 必为所求.

作法 (图41(b))

(1)连 O_1O_2 交圆 O_1 于 B,并延长 $\overline{O_1O_2}$ 交圆 O_2 于点 D;过两圆心作两平行半径 $\overline{O_1F} /\!/ \overline{O_2G}$.

(2)连 GF 交 $\overline{O_1O_2}$ 于点 O,则 O 为两定圆的相似内心.

(3)连 $\overline{OP}$,过 D,P,B 三点作辅助圆交 $\overline{OP}$ 的延长线于点 Q,交圆 O_2 于点 H.

(4)过 P,Q 两点作弧连接圆 O_2 的圆 O_3(作法:连 DH 并延长交 $\overline{QP}$ 的延长线于点 O';连 $O'O_2$,并以 $\overline{O'O_2}$ 为直径作圆弧交圆 O_2 于点 T(及 T_1);连 TO_2 延

长交$\overline{PQ}$的中垂线于点 O_3;以$\overline{O_3T}$为半径,O_3 为圆心作弧即得),则圆 O_3 切圆 O_2 于点 T,切圆 O_1 于点 T'.

　　注　若取 T_1 作切点,则得$\overset{\frown}{T_1'PT_1Q}$为另一解(图 41(b)中的虚线弧).

　　若两圆相交、内切或内离者,均各有两解(图 41(c)为两圆相交的情况;图 41(d)为内离的情况);两圆外切者,则为一解(三圆切于一点).

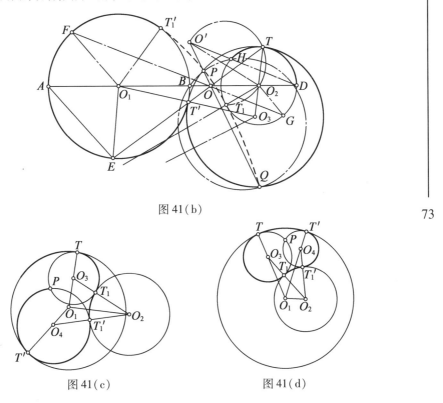

图 41(b)

图 41(c)　　　　　　　　　　图 41(d)

　　解说　①根据作法,因为$\overset{\frown}{O'TO_2}$为半圆,所以在图 41(c)中若连 $O'T$(图中未画),则$\overline{O'T}\perp\overline{TO_2}$,所以$\overline{O'T}$切圆 O_2 于点 T.

　　又因为$\overline{O'HD}$是切线$\overline{O'T}$上的点 O' 引至圆 O_2 的割线,所以

$$\overline{O'T}^2 = \overline{O'D}\cdot\overline{O'H} \tag{1}$$

　　②因为$\overline{O'PQ}$和$\overline{O'HD}$又同为辅助圆外的一点 O' 所引的两割线,所以

$$\overline{O'Q} \cdot \overline{O'P} = \overline{O'D} \cdot \overline{O'H} \tag{2}$$

从(1)及(2)两式可知

$$\overline{O'Q} \cdot \overline{O'P} = \overline{O'T}^2$$

即$\overline{O'T}$切圆O_3于点T(见图5的证明).

亦即圆O_3过P,Q且连接圆O_2于点T.

下证圆O_3亦必切圆O_1于点T'.

③若连TO,并延长$\overline{TO}$交圆O_3于点T',交圆O_1于点E;又延长$\overline{DO_1}$交圆O_1于点A,再连AE,DT,BT'(图中未画出).

因为P,T',Q,T四点共圆,所以

$$\overline{PO} \cdot \overline{QO} = \overline{T'O} \cdot \overline{TO} \tag{3}$$

又B,Q,D,P四点共圆(作法),所以

$$\overline{BO} \cdot \overline{DO} = \overline{PO} \cdot \overline{QO} \tag{4}$$

从(3)及(4)两式可知

$$\overline{BO} \cdot \overline{DO} = \overline{T'O} \cdot \overline{TO}$$

所以 $\qquad\qquad\qquad \triangle BT'O \backsim \triangle TDO$

④因为O为圆O_2及O_1的相似内心(作法),所以

$$\triangle EAO \backsim \triangle TDO$$

根据③④两步之证可知

$$\triangle EAO \backsim \triangle BT'O$$

所以 $\qquad\qquad\qquad \overline{AO} : \overline{T'O} = \overline{EO} : \overline{BO}$

即 $\qquad\qquad\qquad \overline{AO} \cdot \overline{BO} = \overline{EO} \cdot \overline{TO}$

所以A,E,B,T'四点共圆.

由此可知:T'既在圆O_3上,也在圆O_1上.

⑤如果再连$\overline{EO_1},\overline{T'O_1},\overline{T'O_3}$及$\overline{TO_2O_3}$,则在等腰$\triangle EO_1T'$和等腰$\triangle TO_3T'$中的对应顶角$\angle O_1 = \angle O_3$(因为$\overline{EO_1} /\!/ \overline{TO_2}$),所以

$$\triangle EO_1T' \backsim \triangle TO_3T'$$

所以 $\qquad\qquad\qquad \angle O_1T'E = \angle O_3T''T$

又因为$\overline{TT'E}$是一直线(第③步解说时所引),则$\overline{O_1T'O_3}$亦必为一直线.

故点 T' 是圆 O_3 和圆 O_1 的切点.

综合以上②③⑤步的证明,可知圆 O_3 为适合条件的连接弧.

(7.2)　用圆弧连接三圆弧法

(Ⅰ)外连接法

已知:三定圆 O_1,O_2,O_3,其半径分别为 $R_3 > R_2 > R_1$.

解析　(图 42)

(1)如果已作得圆 O_4 外切三定圆于点 T_1,T_2,T_3,若以 O_4 为圆心,以 $\overline{O_4O_1}$ 之长为半径作辅助圆 c,交 $\overline{O_2O_4}$ 于点 M,交 $\overline{O_3O_4}$ 于点 N.

再分别以 O_2,O_3 为圆心,$\overline{O_2M}$ 及 $\overline{O_3N}$ 为半径,可作得圆 a 及圆 b 切圆 c 于点 M 及 N.

不难看出:圆 a 的半径为 $\overline{MO_2} = R_2 - R_1$,圆 b 的半径为 $\overline{NO_3} = R_3 - R_1$.

今 R_1,R_2,R_3 均为已知,则圆 a 及圆 b 为可作.

(2)圆 a、圆 b 既为可作,则可依据"过圆外定点作弧连接两定圆法",而求得过点 O_1 外连接圆 a 及圆 b 的圆 c.

(3)圆 c 既为可求,则其圆心位置 O_4 为可知,那么所求圆弧必为可作.

75

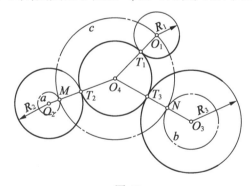

图 42

作法　(图 42)

(1)分别以 O_2 及 O_3 各为圆心,以 $R_2 - R_1$ 及 $R_3 - R_1$ 各为半径作两辅助圆 a 及圆 b.

(2)过点 O_1 作辅助圆 c 外连接上述两辅助圆于点 M 及 N(见图 41(b)的作法).

(3)连 O_3N 及 O_2M,并延长 $\overline{O_3N}$ 及 $\overline{O_2M}$ 相交于点 O_4,于是 $\overline{O_2O_4}$ 交圆 O_2 于点 T_2,$\overline{O_3O_4}$ 交圆 O_3 于点 T_3.

(4)以 O_4 为圆心,$\overline{O_4T_2}$ 为半径作弧,即为所求.

解说 根据作法,圆 c 既为过点 O_1 切圆 a 及圆 b 于点 M 及 N 的圆,若连 $\overline{O_1O_4}$ 交圆 O_4 于点 T_1,则

$$\overline{O_1O_4} = \overline{O_4N} = \overline{O_4M}$$

而

$$\overline{O_1T_1} = \overline{NT_3} = \overline{MT_2} = R_1(作法)$$

所以

$$\overline{O_4T_1} = \overline{O_4T_2} = \overline{O_4T_3}(等减 R_1)$$

且 T_1,T_2,T_3 三点分别在各有关两圆的连心线上,故为切点.

所以圆 O_4 为所求的圆.

(Ⅱ)内连接法

已知:三定圆 O_1,O_2,O_3,其半径分别为 R_1,R_2,R_3,且满足 $R_1 < R_2 < R_3$.

76　**作法** （图 43）

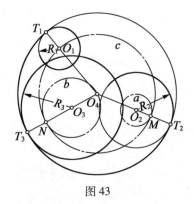

图 43

(1)分别以 $R_3 - R_1$ 及 $R_2 - R_1$ 为半径,以 O_3 及 O_2 为圆心,作辅助圆 a 及圆 b.

(2)过点 O_1 作圆 c 内连接圆 a 及圆 b 于点 M 及 N(见图 36(a)的作法).

(3)连 O_2M 及 O_3N,延长 $\overline{O_2M}$ 及 $\overline{O_3N}$,使相交于点 O_4,再反向延长 $\overline{O_2M}$ 交圆 O_2 于点 T_2.

(4)以 O_4 为圆心,以 $\overline{O_4T_2}$ 为半径作圆 O_4,则圆 O_4 即为所求.

解说 作图过程与外连接同,故略.

(Ⅲ)混合连接法

已知:圆 O_1,O_2,O_3 的半径为 R_1,R_2,R_3,且满足 $R_1 < R_2 < R_3$.

作法 (图44)

(1)分别以 $R_2 + R_1$ 及 $R_3 + R_1$ 为半径,以 O_2,O_3 为圆心作辅助圆 a 及圆 b.

(2)过点 O_1 作圆 c 内连接圆 a 及圆 b,得切点 M 及点 N.

(3)连 O_3N 及 O_2M,两线相交于点 O_4,$\overline{O_3N}$ 交圆 O_3 于点 T_3.

(4)以 O_4 为圆心,$\overline{O_4T_3}$ 为半径作弧即得所求.

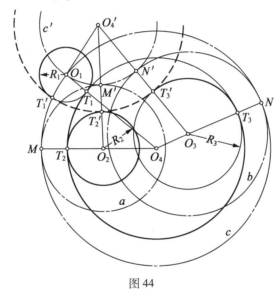

图44

注 1.本作法中的(2),若过 O_1 作圆 a、圆 b 的外连接弧,可得辅助圆 c' 及圆心 O_4',那么作图的结果则如图中的虚线圆弧的形式.为另一解.

2.若在本作法中的1,以 $R_2 - R_1$ 及 $R_3 + R_1$ 作为半径,则可得二解.

3.若以 $R_2 + R_1$ 及 $R_3 - R$ 作为半径,则又可得二解.

综合上述用圆弧连接三圆弧的混合连接法共有六解.

解说 本作法过程与外连接同,故理亦同.

第八节 线连接的实用实例

例(Ⅰ) 托架轮廓画法.(图45)

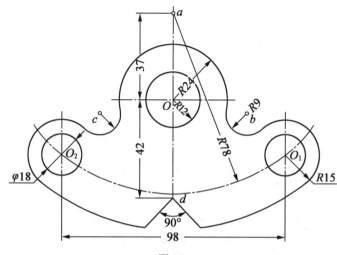

图 45

作法 （1）作纵横两轴相交于点 O，以 O 为圆心，以 24 mm 长为直径，及 24 mm 长为半径作同心圆.

（2）自点 O 起在纵轴上截取 $\overline{Oa}$ 使等于 37 mm 长. 以 a 为圆心，78 mm 为半径作弧.

（3）在纵轴两侧距纵轴 49 mm 作纵轴的平行线，分别交 78 mm 为半径的弧于 O_1 及 O_2.

（4）以 O_1 及 O_2 各为圆心，分别以 9 mm 及 15 mm 各为半径，作同心圆.

（5）（作以 9 mm 为半径外连接弧）以 O 为圆心，以 $(24+9)$ mm 为半径作弧，又以 O_1 及 O_2 各为圆心，以 $(15+9)$ mm 为半径作弧，得弧与弧的交点 b 及 c. 再以 b 及 c 各为圆心，9 mm 为半径作弧则得外连接弧.

（6）（作 O_1，O_2 的内连接弧）以 a 为圆心，以 $(78+15)$ mm 为半径作弧内连接两定圆.

（7）自点 O 起在纵轴上截取 $\overline{Od}=42$ mm，就点 d 作 90°张角，使纵轴为其分角线. 托架轮廓完成.

例(Ⅱ) 吊钩轮廓画法. （图 46）

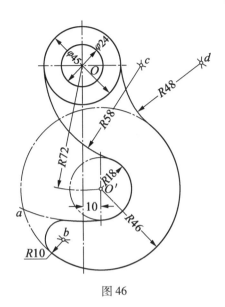

图 46

作法　（1）作纵轴两轴相交于 O，以 O 为圆心，24 mm 及 45 mm 各为直径，作同心圆.

（2）在横轴下方纵轴右方距纵轴 10 mm 作纵轴平行线.

（3）以 O 为圆心，72 mm 为半径作弧交上述纵轴平行线与 O'.

（4）以 O' 为圆心，18 mm 及 46 mm 各为半径作同心圆.

（5）（作内连接）以 O 为圆心，以 72＋18＝90 mm 为半径作弧内连接圆 O'，并与半径 R 为 46 mm 的圆相交于点 a.

（6）（作混合连接）以 O 为圆心，90＋10＝100 mm 为半径作弧，又以 O' 为圆心，46－10＝36 mm 为半径作弧，两弧相交于点 b，以 b 为圆心，10 mm 为半径作弧，即可将钩尖 a 改成圆弧.

（7）（作混合连接）以 O 及 O' 各为圆心，分别以 58－22.5＝35.5 mm 及 58＋18＝76 mm 为半径作弧，两弧相交于点 C，再以 C 为圆心，58 mm 为半径作弧，这样画出钩杆左边的轮廓线.

（8）（作外连线）以 O 及 O' 各为圆心，以 48＋22.5＝70.5 mm 及 48＋46＝94 mm 各为半径，分别作弧，两弧相交于点 d，再以 d 为圆心，48 mm 为半径作弧，画出钩杆右边的轮廓线.

吊钩轮廓完成.

例(Ⅲ) 连钩轮廓画法.(图 47)

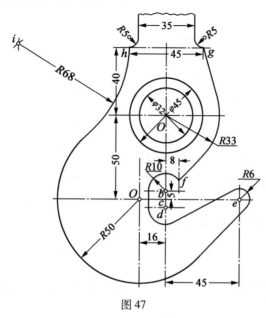

图 47

作法 (1)过 O 作互垂两轴,以 O 为圆心,以 16 mm 及 $\frac{45}{2}$ mm 和 33 mm 各为半径作同心圆和弧.

(2)在横轴下,距横轴 50 mm 处作横轴的平行线,交纵轴于 c,又在其上截取 $\overline{ca}=16$ mm,得点 a.

(3)以 a 为圆心,50 mm 为半径作圆弧.

(4)自点 c 在纵轴上截取 $\overline{cb}=\overline{cd}=5$ mm,以 b 及 d 各为圆心,10 mm 为半径作两小圆,并在此两小圆的左边作其外公切线.

(5)自 c 向右找点 e,使 $\overline{ce}=45$ mm,以 e 为圆心,6 mm 为半径作圆 e.

(6)作圆 e 及圆 d 的内公切线,并作圆 e 及圆 a 的外公切线.

(7)在点 c 的右侧 8 mm 处作纵轴的平行线交圆 b 于点 f,自点 f 作半径为 33 mm 圆弧的切线.

(8)自点 O 向上截纵轴 40 mm 处,作横轴的平行线.并在此线上找 g 及 h 两点,使 $gh=45$ mm 且以纵轴为对称.自点 g 作半径为 33 mm 的圆弧的切线.

(9)(过 h 作外连接弧)以 h 为圆心,以 68 mm 为半径作弧,又以 a 为圆心,

以 $50+68=118$ mm 为半径作弧,两弧相交于点 i,又以 i 为圆心,68 mm 为半径作弧连接圆 a.

(10) 在 $\overline{gh}$ 两端各内截 5 mm 作纵轴的平行线垂直于 $\overline{gh}$. 然后以 5 mm 为半径将直角改为圆弧.

连钩轮廓完成.

附线的连接图例

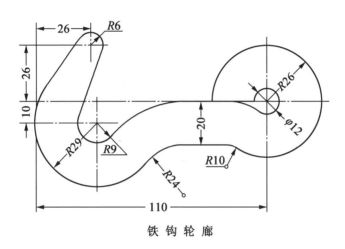

铁 钩 轮 廓

把 手 轮 廓

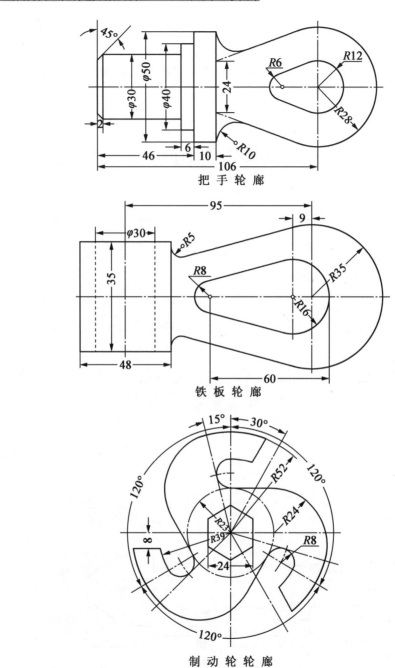

把 手 轮 廓

铁 板 轮 廓

制 动 轮 轮 廓

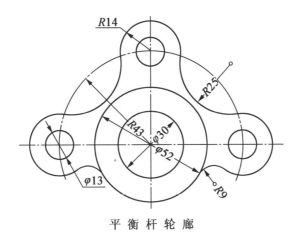

平 衡 杆 轮 廓

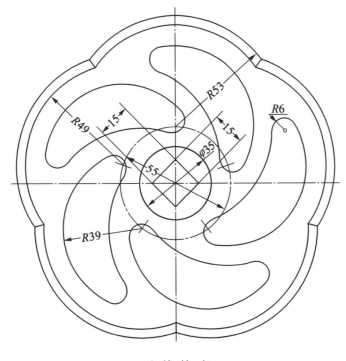

手 轮 轮 廓

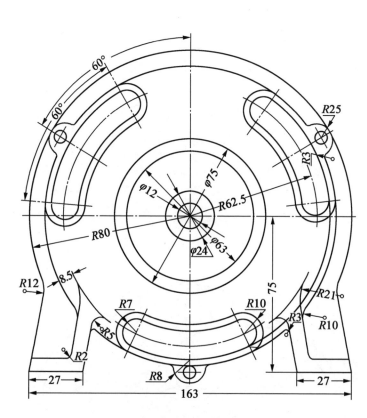

84

电 动 机 壳 轮 廓

第三章　比例、斜率和锥度

第一节　比　　例

绘制工业零件、建筑物等图样时,往往由于实际物体的过大或过小,图形不可能与原物同样大小,必须用放大或缩小的方法来处理. 放大或缩小后的图形与原物的轮廓的尺寸虽不同,而形状是相似的,其对应轮廓线的长度是成定比的. 故图形的放大或缩小,必须通过相似法而作得,此将有关相似法作图的几点常识简介如下:

(1.1)　两三角形相似的条件

凡具备下列条件之一者,则两三角形相似:

(1)两对应角相等者.

(2)一角相等,而夹此角的两边对应成比例者.

(3)三对应边成比例者.

两多边形相似的条件应满足:

对应角相等;

对应边成比例.

例如　若多边形 $abcde$ 和多边形 $a'b'c'd'e'$ 满足

$$\angle a = \angle a', \angle b = \angle b', \angle c = \angle c', \cdots, \angle e = \angle e'$$

$$\frac{m}{m'} = \frac{n}{n'} = \frac{p}{p'} = \frac{q}{q'} = \frac{r}{r'}$$

则此两多边形相似(图1).

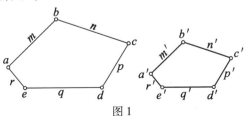

图1

(1.2) 比例的规格

按理来说,放大或缩小所采用的比例可以是任意的,甚至可用无理数的比.但是这样一来,不仅在设计时计算繁琐,而且施工、制作时,也产生许多麻烦.因此,对于比例的采用,各国均有规定.现在把苏联采用的比例规格及注意事项列举如下:

(Ⅰ)机械制造图中所采用的比例(ГОСТ 3451 − 52):

缩小的比例用:1:1,1:2,1:5,1:10,1:20,1:25,1:50,1:75.

放大的比例用:2:1,5:1,10:1.

此外还允许用:1:2.5,1:4,1:15 及 2.5:1,4:1 等,但建议最好不用.

机械图中所采用的比例,最好是用 1:1(轮廓线长为真实尺寸)这样可使我们直接感觉出成品的真实大小.

(Ⅱ)建筑图中所采用缩小的比例,一般用 1:100,1:200,1:500,1:1 000 等.

(Ⅲ)关于比例的表示方式,可写为 $M1:1,M1:2,M2:1$ 等. M 是比例尺(МАСШТАБ)一字的缩写,$M1:2$ 的意义,就是缩小后的图形为原物同单位大小的一半.$M2:1$ 是放大后的图形为原物的同单位大小的一倍.如果比例写在标题栏内的"比例"项目中时,"M"字母可省去不写.如在图中因为实际情况的限制,绘制了几种不同比例的零件时,应在零件表内分别注明其比例.最好在图旁也注明其比例.

(Ⅳ)单位常识:苏联国家规定测量长度都用十进位的米(m)制.在机械图中以毫米(mm)为单位.在建筑图中以厘米(cm)为单位(图上标注尺寸的单位,一律按此规定处理,故一般不写单位名称).

$$1 \text{ 米}(m) = 10 \text{ 分米}(dm) = 100 \text{ 厘米}(cm) = 1 000 \text{ 毫米}(mm)$$

$$1 \text{ 分米}(dm) = 10 \text{ 厘米}(cm) = 100 \text{ 毫米}(mm)$$

$$1 \text{ 厘米}(cm) = 10 \text{ 毫米}(mm)$$

1 米 = 3 市尺(我国的市尺),则 1 市尺 = $\frac{1}{3}$ 米,1 市分 = $\frac{1}{3}$ 厘米,我国也有人用市尺来制作米制单位的图,其比例常用 1:3,1:30,1:300 等.

这里要特别指出的,无论采用何种比例制图,图上必须用成品的真实尺寸数字来标注,切不可用缩小或放大后的尺寸数字来标注.

第二节　图形的放大和缩小

(2.1)　三棱尺(比例尺)的应用

三棱尺是通常用以作比例图的量尺(图2),它有三个面六种不同比例的刻度,这些刻度都是按一定比例缩小后的长度. 尺的种类大致有两种:一种是适用在机械图上的,上面刻着 1:1,1:2,1:5,1:10,1:20,1:50 等六种比例的刻度,其 1:1 是真实尺寸的刻度,1:2 是已将真实长度缩小了一半,1:5 是缩小为五分之一,因此使用时可按既定比例,在尺上直接找到缩小后的线段长度,甚为方便. 譬如要作 $M1:2$ 的 8 cm 的线段,则可在 1:2 棱面上,从 0 找到 8 cm 处的长度就是表示 $M1:2$ 的 8 cm 长.

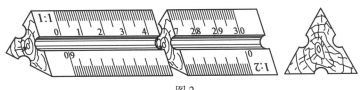
图2

另一种是适用在建筑图和测量上的,上面刻着 1:100,1:200,1:250,1:400,1:500,1:1 000 等六种比例的刻度. 其单位是米(m),在它的 1:100 棱面上的 1 m 是用 $\frac{1}{100}$ m = 1 cm 的实长来表示的(如果用这种尺来制机械图,则可视 1:100 为 1:1).

所用三棱尺,必须刻度正确而清楚,尺身平直,弯曲的尺是不准确的. 检查尺身是否平直,可用尖铅笔缘尺边轻轻划一直线,然后倒过尺头来,使与原棱边的所划直线的两端密合后,再划一线,视其全线是否完全重合,而测知其是否平直. 但须注意,三棱尺的棱边必须保护,不能经常用来划线.

使用三棱尺量线段时,棱边必须密合于被量直线. 同时看尺寸刻度时,视线应正对着刻度,不宜倾斜,这样才能定出正确的长度.

三棱尺的刻度都是缩小的比例,若用以放大,则用 1:1 的棱面按比例放大之. 如欲作 $M2:1$ 的 5 mm 长的直线段时,可在 1:1 棱面上找 10 mm(即 1 cm)之长表示之.

(2.2) 比例规的应用

比例规是用两片同样的金属杆做成的(图3).杆的两端很尖,杆身有一条空槽,用螺丝由空槽中将两杆相连贯.这个螺丝可以沿着空槽移动,移至一定位置,可以把它扭紧,这就是支点 O,两杆能绕支点 O 张开成一定角度,而将两杆尖端张开成一定距离,这样就形成了两个对顶的等腰三角形,如图中的 $\triangle OAB$ 和 $\triangle OA'B'$. 由于对顶角相等,则两等腰三角形相似. 所以 $\overline{AB}:\overline{A'B'}=\overline{OA}:\overline{OA'}=\overline{OB}:\overline{OB'}$. 规杆上还刻着一定的刻度,若移动支点 O,则能引起此两相似三角形各对应边比例的变化.

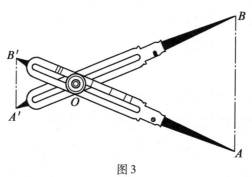

图3

例如 欲将一直线段放大 5 倍($M5:1$),可先将点 O 移至刻度 5 处固定之.然后张开两杆,使 $A'B'$ 的距离等于原线段之长. 此时两杆的另端 AB 即为原线段的 5 倍. 如欲将一线段缩小为 $\frac{1}{10}$,即($M1:10$),则可先将支点 O 移至刻度 10 处固定之. 然后张开 AB,使为原线段之长,则此时两杆的另端 $A'B'$ 的距离,即为原线段的 $\frac{1}{10}$.

(2.3) 角比例尺的应用

(Ⅰ)角比例尺,是利用同顶角的二相似三角形对应边成比例的原理,来作放大或缩小的图形.

已知:任意多边形 $ABCDE$(图4(a)).

求作:$M1:2$ 的图形.

作法 作任意角 O(图4(c)),在其一边上取

$$\overline{OA}=a,\overline{OB}=b,\overline{OC}=c,\overline{OD}=d$$

再在 $\angle O$ 的另边上取 $\overline{OA'} = \dfrac{a}{2}$，连 AA'，分自 B, C, D，各点作 $\overline{AA'}$ 的平行线，交 OA' 于 B', C', D' 各点. 这样 $M1\!:\!2$ 的角比例尺已作成.

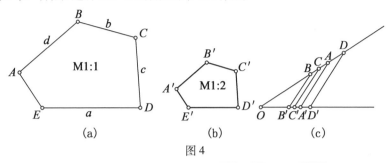

图 4

然后，取适当点 A'（图 4(b)），自 A' 作 $\overline{A'B'}/\!/\overline{AB}$，并使 $\overline{A'B'}$ 等于角比例尺上的 $\overline{OA'}$，同法作 $\overline{B'C'}/\!/\overline{BC}$，使 $\overline{B'C'} = \overline{OB'}$，余类推，最后连 $E'A'$，则得缩小后的 $M1\!:\!2$ 的多边形 $A'B'C'D'E'$（如欲作图 4(a) 的 $M2\!:\!1$ 的图形，只要在作角比例尺时取 $\overline{OA} = 2a, \overline{OB} = 2b, \overline{OC} = 2c, \overline{OD} = 2d$，其余作法均与上同）.

解说　由于角比例尺中的 $AA'/\!/BB'/\!/CC'/\!/DD'$，则
$$\triangle OAA' \backsim \triangle OBB' \backsim \triangle OCC' \backsim ODD'$$

所以
$$\frac{\overline{OA'}}{\overline{OA}} = \frac{\overline{OB'}}{\overline{OB}} = \frac{\overline{OC'}}{\overline{OC}} = \frac{\overline{OD'}}{\overline{OD}} = \frac{1}{2}$$

即
$$\frac{\overline{A'B'}}{\overline{AB}} = \frac{\overline{B'C'}}{\overline{BC}} = \frac{\overline{C'D'}}{\overline{CD}} = \frac{\overline{D'E'}}{\overline{DE}} = \frac{1}{2}$$

又由作法：$\overline{A'B'}/\!/\overline{AB}, \overline{B'C'}/\!/\overline{BC}, \overline{C'D'}/\!/\overline{CD}$ 及 $\overline{D'E'}/\!/\overline{DE}$，所以
$$\angle B' = \angle B, \angle C' = \angle C, \angle D' = \angle D$$

若连 AC 及 $A'C'$（图中未画出），则 $\triangle A'B'C' \backsim \triangle ABC$（一对应角相等夹此角之二边对应成比例）

若连 EC 及 $E'C'$（图中未画出），同理可得 $\triangle EDC \backsim \triangle E'D'C'$.

由对应角等减可得 $\angle ACE = \angle A'C'E'$，由对应边的比例代换可得 $\dfrac{\overline{A'C'}}{\overline{AC}} = \dfrac{\overline{E'C'}}{\overline{EC}}$，故 $\triangle AEC \backsim \triangle A'E'C'$.

这样，多边形 $ABCDE$ 被分割成的三个三角形，与多边形 $A'B'C'D'E'$ 分割成

的三个三角形,彼此一一对应相似,且排列位置是一样的,故多边形 $A'B'C'D'E'$ 以 $M1:2$ 相似于多边形 $ABCDE$.

(Ⅱ)角比例尺也可利用同顶角的两等腰三角形的腰与底成比例的原理来制作.

已知:任意多边形 $ABCDE$(图 5(a)).

求作:$M1:2$ 的图形.

作法 作 Ol(图 5(b)),以 O 为圆心,以 e 为半径作弧 EE' 交 Ol 于点 E,以 E 为圆心,$\dfrac{e}{2}$ 为半径作弧,两弧相交于点 E',连 OE' 成 Ol',然后,以 O 为圆心,分别以 b,c,d 为半径作弧交 Ol 及 Ol' 于 $B,B';C,C';D,D'$. 则角比例尺已成.

再取适当点 A'(图 5(c)),作 $\overline{A'E'}\ /\!/\ \overline{AE}$ 使 $\overline{A'E'}$ 等于图 5(b)中的 EE' 的距离. 自 E' 作 $\overline{E'D'}\ /\!/\ \overline{ED}$,使 $\overline{E'D'}$ 等于 DD' 的距离,余类推,最后连 $A'B'$,得多边形 $A'B'C'D'E'$,即为所求.

(本作法不宜用作放大图形).

90　　**解说** 若连角比例尺中的 EE',DD',BB',CC',则各等腰三角形的底均为腰长之半. 即

$$\frac{\overline{A'E'}}{\overline{AE}}=\frac{\overline{E'D'}}{\overline{ED}}=\frac{\overline{D'C'}}{\overline{DC}}=\frac{\overline{C'B'}}{\overline{CB}}=\frac{1}{2}$$

又　　$\overline{A'E'}\ /\!/\ \overline{AE},\overline{E'D'}\ /\!/\ \overline{ED},\overline{D'C'}\ /\!/\ \overline{DC},\overline{C'B'}\ /\!/\ \overline{CB}$

则 $\angle E'=\angle E,\angle D'=\angle D,\angle C'=\angle C$.

若连图 5(c)中的 $C'A',C'E'$,及图 5(a)中的 CA,CE,则 $\triangle A'E'C' \backsim \triangle AEC$,$\triangle C'D'E' \backsim \triangle CDE$,所以

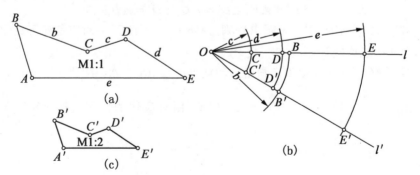

图 5

$$\angle A'C'E' = \angle ACE, \angle D'C'E' = \angle DCE$$

通过等减即得 $\qquad \angle A'C'B' = \angle ABC$

又通过对应边的比例代换可得：$\dfrac{\overline{A'C'}}{\overline{AC}} = \dfrac{\overline{B'C'}}{\overline{BC}}$，所以 $\triangle A'C'B' \backsim \triangle ABC$.

这样多边形 $ABCDE$ 被分割成的三个三角形与多边形 $A'B'C'D'E'$ 被分割成的三个三角形，彼此一一对应相似，且排列位置是一样的，故多边形 $A'B'C'D'E'$ 以 $M1:2$ 相似于多边形 $ABCDE$.

（2.4）　相似法作图的应用

已知：任意多边形 $ABCDE$（图 6）.

求作：$M1:3$ 的图形.

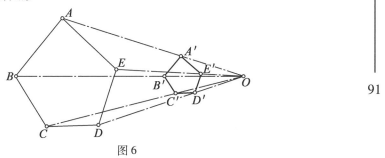

图 6

作法　取适当点 O①，自 O 联结 AO，BO，CO，DO 及 EO，在 AO 上取 $\overline{A'O} = \dfrac{1}{3}$ $\overline{AO}$，过 A' 作 AB 的平行线 $\overline{A'B'}$ 交 BO 于点 B'，同法作 $\overline{B'C'}/\!/\overline{BC}$，$\overline{C'D'}/\!/\overline{CD}$，$\overline{D'E'}/\!/$ $\overline{DE}$，最后连 $A'E'$，则所成多边形 $A'B'C'D'E'$ 即为所求.

（本法作放大图形时，则延长 $\overline{OA}$ 至点 A'，按既定比例，使 $\overline{OA'}$ 为 $\overline{OA}$ 的若干倍，其余作法同上）.

解说　由于 $\overline{A'B'}/\!/\overline{AB}$，$\overline{B'C'}/\!/\overline{BC}$，$\overline{C'D'}/\!/\overline{CD}$，$\overline{D'E'}/\!/\overline{DE}$，则 $\triangle OA'B' \backsim$ $\triangle OAB$，$\triangle OB'C' \backsim \triangle OBC$，$\cdots$，$\triangle OD'E' \backsim \triangle ODE$.

---

①　本法对图形的缩小或放大，在实际应用中，甚为方便. 关于所取点 O 的位置，可在已知图形外（图 6）. 亦可在已知图形的边上（图 7）. 角顶点上（图 8）或图形内（图 9）.

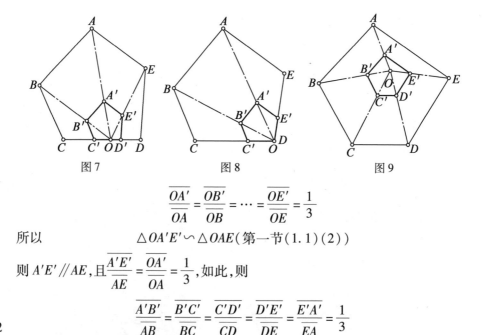

图7　　　　　　　图8　　　　　　　图9

$$\frac{\overline{OA'}}{\overline{OA}} = \frac{\overline{OB'}}{\overline{OB}} = \cdots = \frac{\overline{OE'}}{\overline{OE}} = \frac{1}{3}$$

所以　　　　　　　$\triangle OA'E' \backsim \triangle OAE$(第一节(1.1)(2))

则 $A'E' // AE$,且$\frac{\overline{A'E'}}{\overline{AE}} = \frac{\overline{OA'}}{\overline{OA}} = \frac{1}{3}$,如此,则

$$\frac{\overline{A'B'}}{\overline{AB}} = \frac{\overline{B'C'}}{\overline{BC}} = \frac{\overline{C'D'}}{\overline{CD}} = \frac{\overline{D'E'}}{\overline{DE}} = \frac{\overline{E'A'}}{\overline{EA}} = \frac{1}{3}$$

又因各对应边平行,故多边形各对应角相等,则多边形 $A'B'C'D'E'$,即以 $M1:3$ 为多边形 $ABCDE$ 的相似形.

(2.5)　坐标法的应用

已知:四边形 $ABCD$(图10(a)),求作:$M2:1$ 的图形.

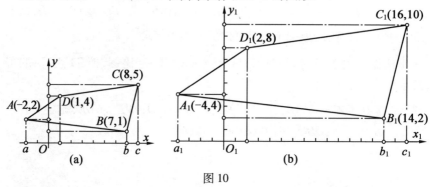

图10

作法　取适当点 O,过 O 作互垂的 x,y 两轴,然后量图形各顶点至 x,y 轴的距离得 $A(-2,2),B(7,1),C(8,5),D(1,4)$.再另取适当点 O_1,过 O_1 作相互垂直的两轴 x_1,y_1(图10(b)),将原各顶点坐标放大一倍得 $A_1(-4,4)$,

$B_1(14,2)$，$C_1(16,10)$，$D_1(2,8)$；将 A_1，B_1，C_1，D_1 各点描于新坐标平面上. 并依次联结各点，即得 $M2:1$ 的图形.

解说　若连 Aa，A_1a_1；Bb，B_1b_1；Cc，C_1c_1；Dd，D_1d_1. 显然，直角梯形 $ABba\backsim$ 直角梯形 $A_1B_1b_1a_1$，直角梯形 $ADda\backsim$ 直角梯形 $A_1D_1d_1a_1$，余仿此. 则

$$\angle DAa = \angle D_1A_1a_1，\quad \angle BAa = \angle B_1A_1a_1$$

等减之，则多边形内角 $\angle A = \angle A_1$，仿此得

$$\angle B = \angle B_1，\quad \angle C = \angle C_1，\quad \angle D = \angle D_1$$

又

$$\overline{AD} = \sqrt{(4-2)^2 + (1+2)^2} = \sqrt{13}$$

$$\overline{A_1D_1} = \sqrt{(8-4)^2 + (2+4)^2} = 2\sqrt{13}$$

故 $\overline{AD} = \overline{A_1D_1} = 1:2$，仿此其余各对应边之比亦为均为 $1:2$，故此二多边形对应角相等，对应边成比例，则多边形 $A_1B_1C_1D_1$ 以 $M2:1$ 相似于多边形 $ABCD$.

第三节　分数比例尺

在实际制作缩小图形时，常遇到线段长度不足整数既定单位，而在缩尺上无法找到精确的刻度. 例如，要按 $M1:5\,000$ 在图上画出代表 347 m 长的线段，就必须画一条长为 $\dfrac{347(\text{m})}{5\,000} = 6.94(\text{cm})$ 的线段，而 $0.04(\text{cm}) = \dfrac{4}{10}(\text{mm})$，是不能从刻度上正确定出的. 这时可用分数比例尺来解决.

作法　（图 11）取一线段等于既定的缩小比例单位（图中为 $M1:5\,000$）. 将比缩小后的单位线段分为 10 等份，并自各分点作垂线（垂线之长可以任取）.

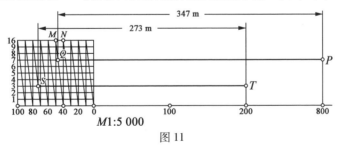

图 11

然后分垂线为 10 等份，并自垂线上的各分点作水平线，各水平线与各垂线相交如图. 这样每一水平线段都被垂直线截成 10 等份，每等份成为 $\dfrac{1}{10}$ 单位，再自分点 90 至垂线上的分点 10 连成对角线，仿此又连其他九根对角线，则既定

比例的分数比例尺已成(分数比例尺又名对角线尺).

用法:如欲根据既定比例(图例为 1:5 000),取 347 m 缩小后的长度,(图 11)则自点 300 看到分点 40,再沿着过分点 40 所引的对角线向上找到与过点 7 所引的水平线之交点 Q,从 Q 至 300 处的水平线 $\overline{QP}$ 之长,即为 347 m 缩小为 $\dfrac{1}{5\ 000}$ 的长度,又如 $\overline{ST}$ 为表示 $M1:5\ 000$ 的 273 m 长.

解说 图 18 - 1 为 $M1:5\ 000$ 的分数比例尺,其既定单位长度自点 O 到点 100,是用 2 cm 长表示的,则既定单位的 $\dfrac{1}{10}$,如点 O 到点 10 的距离是用 0.2 cm 来表示的,即 $\dfrac{100\ m}{10}=10\ m$. 我们要想表示 1 m 的实长,就必须把 10 m 再分为 10 等份,这样的分度,本不易作出,但在分数比例尺中却很明确.

以图中的 $\overline{QP}$ 为例,$\overline{QP}$ 的实长为 $\dfrac{347(m)}{5\ 000}=6.94(cm)$. 其理由是

$$300(m)按 M1:5\ 000 缩小为 6(cm)$$
$$40(m)按 M1:5\ 000 缩小为 0.8(cm)$$
而 $$7(m)按 M1:5\ 000 缩小为 0.14(cm)$$

点 Q 在 $\mathrm{Rt}\triangle M40N$ 的斜边上,而 $MN=\dfrac{2}{10}(cm)$,由于各水平线均平行于 MN,故各直角三角形均相似,所以 $10:7=\dfrac{2}{10}(cm):x$,则 $x=0.14(cm)$.

所以 $QP=6(cm)+0.8(cm)+0.14(cm)=6.94(cm)$.

第四节 斜 率

在制图工作中,常需绘出与水平线(或垂直线)相交成一定角度的斜线. 例如压延工厂所生产的各种型钢的轮廓中,大都有这种斜线. 斜线与水平线(或垂直线)相交成一定角度时,其表示方法可分两种:一种是用度、分、秒来表示;另一种是用斜率来表示. 前者在实际绘制时很难精确,制图中通常采用后者.

(4.1) 斜率的意义

在直角三角形中,直角边 a 与直角边 b 的比,就是斜边对于直角边 b(水平线或垂直线)的斜率. 斜率又可称为斜度.

例如 在 $\mathrm{Rt}\triangle ABC$(图12)中,若 $\overline{AB}=b$,$\overline{BC}=a$,则 $\overline{AC}$ 对于 $\overline{AB}$(水平线)的

斜率为 $a:b$. 而 $a:b$ 亦为三角学中 $\angle A$ 的正切函数值，$\tan A = \dfrac{a}{b}$（本表示法在

$\angle A \leqslant 45°$，亦即 $\dfrac{a}{b} \leqslant 1$ 时适用）.

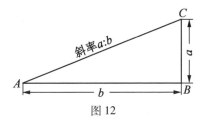

图 12

又如：在 Rt$\triangle EFG$ 中（图 13），若 $\overline{EF} = m$，$\overline{FG} = n$，则 $\overline{EG}$ 对于 $\overline{FG}$（垂直线）的

斜率为 $m:n$. 由此可知 $\dfrac{m}{n}$ 为三角学中 $\angle G$ 的正切函数值，$\tan G = \dfrac{m}{n}$.（本表示法，

在 $\angle G \leqslant 45°$，亦即 $\dfrac{m}{n} \leqslant 1$ 时适用）.

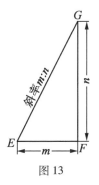

图 13

（4.2）　如何确定一直线的斜率

已知：水平线 AC，垂直线 BC 及任意直线 l，求 l 的斜率（图 14）. 延长 l 使交
水平线于点 A，交垂直线于点 B，然后以既定单位测量 $\overline{AC}$，得 $\overline{AC} = m$，又用同单
位去测量 $\overline{BC}$，得 $\overline{BC} = n$，如 $m \geqslant n$，则 l 对于水平线 AC 的斜率为 $n:m$，若 $m \leqslant n$，
则 l 对于垂直线 BC 的斜率为 $m:n$.

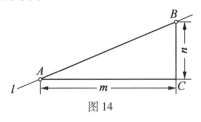

图 14

(4.3)　如何作定斜率的直线

（Ⅰ）过水平线（或垂直线）上定点作定斜率的直线法

已知：l 为水平线，A 为线上定点.

求：过 A 作斜率为 1:8 的直线.

作法　（图15）用适当长为单位，在 l 上自点 A 向左（右）截 8 个单位长，得点 $B(B')$. 然后自 $B(B')$ 作垂线 $CB(C'B')$ 使各等于 1 个单位长. 连 $CA(C'A')$，并延长之，即得斜率为 1:8 的直线.

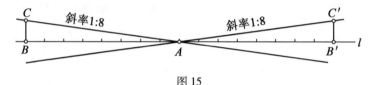

图 15

解说　因为 $CB:AB = 1:8$，所以 AC 对于 l 的斜率为 1:8，余准此.

（Ⅱ）过垂直线（或水平线）外定点作定斜率的直线法

已知：l 为垂直线，P 为线外定点.

求：过点 P 作斜率为 1:3 的直线.

作法　（图16）过点 P 引水平线交 l 于点 D，以 $\overline{PD}$ 为一个单位，自 D 上下各截取三个单位得点 C 及 C'. 连 PC 及 PC' 即为所求.

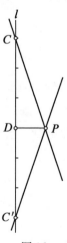

图 16

96

解说　（同上例）

（4.4）　斜率的表示法

斜率的表示法有下列几种：

(1) 分数……如（图12）$\overline{AC}$的斜率表示为$\dfrac{a}{b}\left(\dfrac{a}{b}\right.$为既约分数$\left.\right)$.

例如　$\dfrac{1}{5}$

(2) 比例……$\overline{AC}$的斜率亦可表示为$a:b$.

例如　1:5

(3) 小数……以a除以b所得的商（小数）表示之.

例如　0.2

(4) 百分数……$\dfrac{a}{b}$可化为$\dfrac{\dfrac{a}{b}\times100}{100}$，用百分数表示之.

例如　$\dfrac{3}{8}=\dfrac{\dfrac{3}{8}\times100}{100}=\dfrac{37.5}{100}=37.5\%$

(5) 角度……以$\dfrac{a}{b}$的值反查三角学中的正切函数表即得角度.

例如　$\dfrac{3}{8}=0.375$反查正切函数表即为$20°33'21''$.

以上五种表示法，通常是用比例及百分数表示. 在比例及百分数前应冠以"斜率"二字. 例如"斜率1:8"，"斜率20%"等. 标注斜率的位置，应沿着斜线边缘书写，如图19-1.

（4.5）　斜率的应用示例

例（Ⅰ）　按照已知尺寸，作槽钢断面上部轮廓（架板部分）.
作法　（图17）

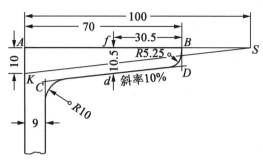

图 17

（1）作架板上宽 $\overline{AB}=70$ mm，自点 A 作垂线垂直于 $\overline{AB}$，并距垂线 9 mm 作此垂线的平行线.

（2）在 $\overline{AB}$ 上找点 f，使 $\overline{Bf}=30.5$ mm. 过点 f 作 $\overline{AB}$ 的垂线 $\overline{fd}=10.5$ mm.

（3）过 d 作对于 AB 斜率为 10% 的直线.（先延长 $\overline{AB}$ 至 S，使 $\overline{AS}=100$ mm 在过点 A 的垂线上，取 $\overline{AK}=10$ mm，连 KS，再过点 d 作 KS 的平行线即得.）

（4）自点 B 作 AB 的垂线交斜线于点 D，斜线于距 AK 9 mm 的平行线相交于点 C.

（5）分别用 R 为 5.25 mm 及 R 为 10 mm 改 $\angle D$ 及 $\angle C$ 为圆弧.

则槽钢断面上部轮廓即成.

例（Ⅱ） 作铁路钢轨断面下部轮廓（架板部分）.

作法 （图 18）

（1）先作钢轨中心垂线，并以此垂线为对称轴，作相距 13 mm 的两垂线（钢轨壁），再作架板下宽为 114 mm 的水平线.

（2）自架板水平线向上在中心线上，找得 24 mm 的一点. 过此点作两对称的斜率为 1:3 的直线.

（3）在水平线上定两点，使各距中心线为 39.54 mm. 分自两点作两对称的垂线. 此二直线与斜线分别相交.

（4）自架板外缘（即 114 mm 水平线的两端）分作垂线，使等于 9 mm，连接此垂线上端与第（3）步所得之交点.

（5）以 R 为 7 mm 改钢轨壁垂线与斜线的交角为圆弧，又以 R 为 4 mm 改架板外缘的角为圆弧.

则钢轨下部轮廓即完成.

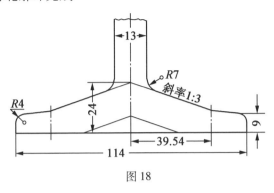

图 18

第五节　锥　　度

在机械制造图中,表示机械加工的圆锥面,需注明锥角 2α,或锥角之半(斜角) α(图 19),以便旋工在加工时,按照既定锥角的一半(α),将车床上的副刀架加以调整. 这样才能车出符合于设计所要求的圆锥体.

（5.1）　锥度的意义

正圆锥体的底圆直径与其高之比,叫作锥度. 如图 19 中的 $D:h$. 而圆台的锥度为两底之差与其高之比. 如图 19 中的 $(D-d):h'$.

由于 $\dfrac{D}{2}:\dfrac{D-d}{2}=h:h'$, $D:(D-d)=h:h'$,所以 $D:h=(D-d):h'$,这就是说锥度是依锥角大小而定,不因母线的长短而改变.

（5.2）　锥度与斜率的关系

从图 19 中可知锥度等于母线与其轴夹角 α 的正切的二倍, $\left(\text{即}\dfrac{D-d}{h'}=2\tan\alpha\right)$. 因此,锥度为 $2:5$,则与之相适应的斜率为 $1:5$(图 20).

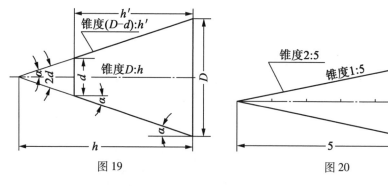

图 19

图 20

(5.3) 锥度的作法

试作 1∶3 的锥度.

作法 （图 21）

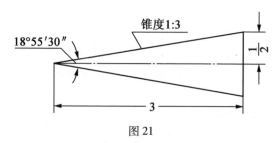

图 21

先作轴线使等于 3 单位,过轴线的一端作轴线的垂线,使等于 $\frac{1}{2}$ 个单位,延长垂线至轴的另侧,使其长亦为 $\frac{1}{2}$ 个单位. 自轴的另端引垂线两端点的连线,即得 1∶3 的锥度.

(5.4) 锥度的表示法

关于锥度的表示法,通常是用比例或百分数来表示,在比例或百分数前冠以"锥度"二字. 如"锥度 1∶5""锥度 20%"等. 根据 ГOCT3458 – 52 的规定,标注锥度的位置,应沿着轴线边缘书写,如图 19 中的锥度 $D∶h$,或写在母线附近,但必须用标注锥度的专用线来表示,且是项专用线必须平行于轴线,如图 21 中的锥度 1∶3. 在机械制造图中为了便于机械加工圆锥面,一般常用锥角的一半(即斜角)来标注的. 如图 21 中的 18°55′30″就应注其斜角 9°27′45″. 因为这个角度是施工对圆锥面加工时进刀的角度.

下表为机械制造所采用的连接件的标准锥度(表1)：

表1

锥　度	锥角2α	斜角α	标注法	锥　度	锥角2α	斜角α	标注法
1:200	0°17′13″	0°8′37″	1:200	1:5	11°25′16″	5°42′38″	1:5
1:100	0°34′23″	0°17′12″	1:100	1:3	18°55′30″	9°27′45″	1:3
1:50	1°8′45″	0°34′23″	1:50	1:1.866	30°	15°	30°
1:30	1°54′35″	0°57′18″	1:30	1:1.207	45°	22°30′	45°
1:20	2°51′51″	1°25′56″	1:20	1:0.866	60°	30°	60°
1:15	3°49′6″	1°54′33″	1:15	1:0.652	75°	37°30′	75°
1:10	5°43′29″	2°51′45″	1:10	1:0.500	90°	45°	90°
1:8	7°9′10″	3°34′35″	1:8	1:0.289	120°	60°	120°

注　在特殊情况下，锥度也可采用1:1.5,1:7,1:12 和110°.

附斜率图例

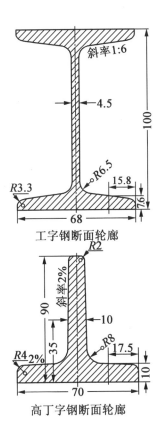

工字钢断面轮廓

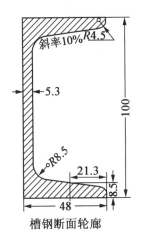

槽钢断面轮廓

高丁字钢断面轮廓

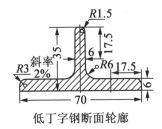

低丁字钢断面轮廓

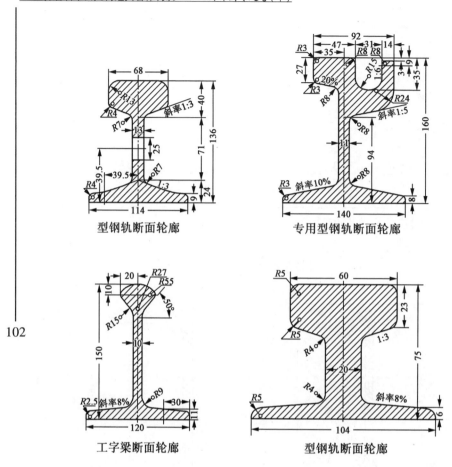

型钢轨断面轮廓

专用型钢轨断面轮廓

工字梁断面轮廓

型钢轨断面轮廓

第四章 曲 线

  几何曲线,在机械制造及建造设计中,被广泛地采用. 其中有的是用圆规画的,有的是用曲线板画的. 用圆规画的是由数段圆弧连接而成的平滑曲线,如扁圆、卵圆及渐伸线中的一部分. 用曲线板画的,大都是非圆曲线. 对于非圆曲线,可视为由无数多个无限小的圆弧在曲率半径逐渐改变的情况下所形成,如图的渐伸线、阿基米德螺线、圆锥曲线、摆线、正弦曲线等. 曲线的种类很多,本章所举的,仅制图中常用的几种. 在介绍各种曲线前,先将描迹和圆周放直问题,分述于章首.

第一节 描 迹

  非圆曲线既为无数多个无限小的圆弧在曲率半径逐渐改变的情况下所形成(图1),则其半径和圆心的数量为无限多,半径的长度和圆心位置也是时时在改变,因此从理论上来说,是无法用圆规来画的. 一般对于这种曲线的画法,是按所求曲线的几何性质,先找出许多适合于该曲线的迹点,然后用曲线板把各迹点描成光滑曲线. 这种工作叫作描迹.

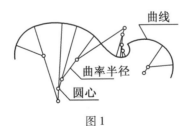

图 1

(1.1) 曲线板

  曲线板是专用来描迹的工具,它的轮廓线是由各种不同曲率的曲线所组成. 大致分为普通曲线板和专用曲线板两类. 专用曲线板是成套的,有铁道、造船、航空等专用曲线板,普通曲线板也有各样的形状,有凹有凸,板上大致有下

面几种特殊的点(图2):

图 2

　　a. 弯点——弯点又称拐点或转折点,是一凹一凸的两弧,在弯点相接,其两弧心位置在曲线的两侧,弧心连线通过弯点,过弯点有一公共切线.

　　b. 切点——切点是两凸弧(或两凹弧)的接点,两弧心位于曲线的同侧,弧心连线和切点在一直线上,过切点有一公共切线.

　　c. 尖点——两弧相切于一点成尖顶状,弧心连线和切点成一直线,过尖点有一公共切线.

　　d. 结点——两弧相交的交点,弧心连线不通过此交点,过此交点没有公共切线.

104

(1.2)　如何描述

　　描迹时应先找到适合于所求曲线上足够数量的迹点,所找迹点越多,则所描的曲线精确程度越高. 在找迹点时应注意,曲率越大迹点应越多. 在曲率大的地方,若迹点稀少,则影响曲线的精确度,甚至结果与所求曲线不符(图3).

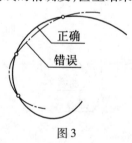

正确
错误

图 3

　　既找得足够数量的迹点后,如图4(Ⅰ)的1,2,3,4,…,12等点. 作为既找到的迹点,其描迹步骤:

　　(1)先用铅笔徒手将1,2,3,4,…,12各点连成流畅的曲线(图4,Ⅱ). 以便描迹时有所参考.

　　(2)从点1或点12开始用曲线板描迹(图中自点1始). 选择曲线板边缘

能正确连线密合于三点以上,如点 1,2,3,则可自点 1 描至点 2,3 之间(图 4,Ⅲ).

(3)转移曲线板,如找到点 2,3,4,5,各点相密合的边缘时,则可自点 2,3 之间的弧端继续向前描过点 3,4 而至点 4,5 之间(图 4,Ⅳ).

(4)再转移曲线板,若找到与 4,5,6,7 各点相密合的曲线板边缘时,则继续自上一步的弧端描过点 5,6 而至点 6,7 之间(图 4,Ⅴ).仿上述方法循序向前找适合于三点以上的曲线板的边缘的弧段,继续描下去,直至点 12 描完为止(图 4,Ⅵ).

注　1. 使用曲线板上墨时,要小心不要碰到未干的墨线(上墨可用曲线笔或普通鸭嘴笔).最好在曲线板底面两端各贴厚约 2－8 mm 的小纸块.小纸块应距曲线板边缘 3－5 mm,这样曲线板与圆纸可保持一定的空间.既可防止碰污墨线,又可在前一线未干时移动曲线板继续描迹,以节省时间.

2. 上墨时,在两弧段连接处最好留一小空隙,描完后,再用蘸水笔徒手连接之.以防止接头处有不光滑的现象发生.

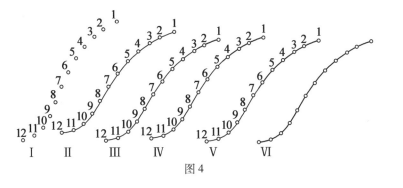

图 4

第二节　放直圆周

把圆周改成直线,一般可根据公式 πD(或 $2\pi R$)计算之. 若求 n 等分圆周的一等分弧长,可用 $\dfrac{\pi D}{n}$ 计算之(D 为圆的直径, R 为圆的半径, π 通常用近似值 3. 141 6,或 3. 141 592 7 等,视需要而选定).

直接用作图法来放直圆周,作法甚多,此选择几种作法简便或精确度较高的介绍于下:

作法(Ⅰ)　今欲放直已知直径为 $\overline{A1}$ 的圆周(图 5).

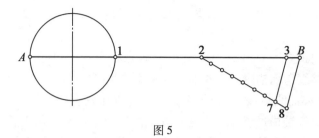

图 5

先延长直径$\overline{A1}$,至点 3,使$\overline{A3} = 3 \cdot \overline{A1}$. 在$\overline{A3}$上取$\overline{32} = \dfrac{\overline{A3}}{3}$,自点 2 作任意一射线,在射线上以适当长为单位截取 8 个等分点. 连点 3,7 并自点 8 作$\overline{37}$的平行线交$\overline{A3}$的延长线于点 B,则$\overline{AB}$之长即为所求圆周的放直(近似).

解说 由作法即知$\overline{8B} /\!/ \overline{73}$,所以$\overline{27} : \overline{78} = \overline{23} : \overline{3B}$,即 $7:1 = D : \overline{3B}$,所以$\overline{3B} = \dfrac{D}{7}$,又因为$\overline{A3} = 3D$,所以$\overline{AB} = \dfrac{22}{7}D$. 而$\dfrac{22}{7}D = 3.142\,86D$.

若 π 以 3.141 59 计,则本作法的近似误差为 3. 142 86D – 3. 141 59D = 0. 001 27D(过剩近似值).

106

作法(Ⅱ) 今欲放直已知直径为$\overline{AB}$的圆周(图 6).

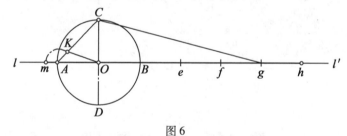

图 6

先延长直径$\overline{AB}$成直线 ll',自 B 起以圆的半径递截 $\overline{Bl'}$得 e, f, g, h 等四个等分点. 过圆心 O 作$\overline{AB}$的垂线$\overline{CD}$(直径). 连 $\overline{cg}$ 及 $\overline{AC}$,过 O 作$\overline{cg}$的平行线交$\overline{AC}$于点 K. 以 A 为圆心$\overline{AK}$为半径作弧交 Al 于点 m,则$\overline{mh}$即为所求.

解说 若直径为 D,则

$$\overline{AO} = \overline{CO} = \frac{D}{2}$$

$$\overline{AC} = \sqrt{\left(\frac{D}{2}\right)^2 + \left(\frac{D}{2}\right)^2} = \frac{\sqrt{2}}{2}D$$

根据作法 $\overline{OK}\,/\!/\,\overline{gc}$，所以 $\triangle AOK \backsim \triangle Agc$，则

$$\overline{AO}:\overline{AK} = \overline{Ag}:\overline{AC},\ \text{即}\ \frac{D}{2}:\overline{AK} = \frac{5}{2}D:\frac{\sqrt{2}}{2}D$$

所以

$$\overline{AK} = \frac{\sqrt{2}}{10}D = 0.141\,42D$$

则

$$\overline{mh} = \overline{mA} + \overline{Ah} = \overline{AK} + \overline{Ah} = 3D + 0.141\,42D = 3.141\,42D$$

若 π 以 3.141 59 计，则本作法的近似误差为 $3.141\,42D - 3.141\,59D = -0.000\,17D$（不足近似值）.

作法（Ⅲ） 先延长已知直径 $\overline{AB}$ 成直线 ll'（图 7），分 $\overline{AB}$ 为五等份，得分点 1,2,3,4,5，并在 Bl 上取 $\overline{56}$ 使等于 $\frac{1}{5}$ 直径得点 6. 以 A 为圆心，$\overline{A3}$ 之长为半径作弧交 Al 于点 E，过 A 作圆的切线交 $\overset{\frown}{3E}$ 于点 $3'$. 再以点 6 为圆心，$\overline{63'}$ 之长为半径作弧交 Bl' 于点 F，则 $\overline{EF}$ 为所求的圆周放直.

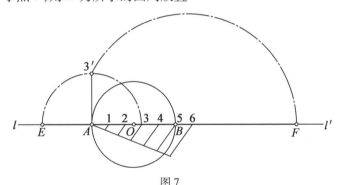

图 7

解说 由作法可知 $\overline{EA} = \overline{A3'} = \overline{A3}$，$\overline{6F} = \overline{63'}$，而 $63'$ 为直角三角形 $A63'$ 的斜边（$63'$ 图中未画出）. 所以

$$\overline{63'} = \sqrt{\overline{A3'}^{\,2} + \overline{A6}^{2}}$$

$$= \sqrt{\left(\frac{3}{5}D\right)^{2} + \left(\frac{6}{5}D\right)^{2}}$$

$$= \frac{D}{5}\sqrt{9 + 36}$$

$$= \frac{6.708\,204}{5}D$$

$$= 1.341\ 64D$$

而
$$\overline{EF} = \overline{EA} + \overline{A6} + \overline{6F}$$

$$= \frac{3}{5}D + \frac{6}{5}D + 1.341\ 64D$$

$$= 3.141\ 64D$$

若 π 以 $3.141\ 59$ 计,则本作法所得的 $\overline{EF}$ 对于圆周的过剩近似值为 $3.141\ 64D - 3.141\ 59D = 0.000\ 05D$.

以上所举三法,都是全圆周放直的作图法,求 n 等分圆周的一等分弧长,可将放直全圆的直线段 n 等分之. 关于任意一弧段的放直问题,请参看下节.

第三节　改圆弧为直线和改直线为圆弧

(3.1)　改圆弧为直线法

已知:$\overset{\frown}{ab}$ 及弧心 O(图 8).

作法　连 $\overset{\frown}{ab}$ 的两端得 $\overline{ab}$,并延长 $\overline{ab}$ 至点 c,使 $\overline{bc} = \dfrac{\overline{ab}}{2}$. 过点 b 作 $\overset{\frown}{ab}$ 的切线,以 c 为圆心,以 $\overline{ca}$ 为半径作弧交上述切线于 d,则 $\overline{bd}$ 即为 $\overset{\frown}{ab}$ 的近似长度.

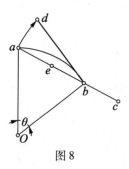

图 8

解说　(参考图 9)本作法中 $\overset{\frown}{ab}$ 所对的圆心角 θ 越小,则所求得的 $\overline{bd}$ 越接近正确. 现举两种不同大小的圆心角加以演算,以资说明.

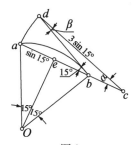

图 9

（1）若圆心角为30°，令半径 $R=1$，则

$$\overset{\frown}{ab}=\frac{2\pi}{360°}\times 30°=\frac{\pi}{6}=0.523\ 6$$

令 $\theta=30°$，若过 O 作 $\overline{Oe}\perp \overline{ab}$，则 $\overline{ae}=\overline{eb}=\overline{bc}=\sin 15°$，那么 $\overline{ac}=\overline{cd}=3\sin 15°$.

又 $\angle abd=15°$（弦切角），$\angle dbc=180°-15°$

所以 $$\frac{3\sin 15°}{\sin(180°-15°)}=\frac{\sin 15°}{\sin\beta}$$

即 $$\frac{3\sin 15°}{\sin 15°}=\frac{\sin 15°}{\sin\beta}$$

所以

$$\sin\beta=\frac{\sin 15°}{3}=\frac{0.258\ 82}{3}=0.086\ 27$$

则

$$\beta=4°56'55''$$

$$\alpha=15°-4°56'55''=10°3'5''$$

则 $$\frac{\overline{bd}}{\sin 10°3'5''}=\frac{3\sin 15°}{\sin 15°}=3$$

所以 $$\overline{bd}=3\times\sin 10°3'5''=3\times 0.174\ 53=0.523\ 59$$

由此可知，本作法所得的 $\overline{bd}$，在圆心角为30°半径为1时，与 $\overset{\frown}{ab}$ 长比较，其近似误差为 $0.523\ 59-0.523\ 6=-0.000\ 01$

（2）若 $\theta=60°$，令 $R=1$，则 $\overset{\frown}{ab}=60°\times\frac{\pi}{180°}=1.047\ 2$.

同（1）例之理

$$\frac{3\sin 30°}{\sin 30°}=\frac{\sin 30°}{\sin\beta}$$

所以 $\qquad \sin\beta = \dfrac{\sin 30°}{3} = \dfrac{0.5}{3} = 0.166\,66\cdots = 0.1\dot{6}$

所以 $\qquad\qquad\qquad\qquad \beta = 9°35'23''$

则 $\qquad\qquad\qquad \alpha = 30° - 9°35'23'' = 20°24'37''$

则 $\qquad\qquad\qquad \dfrac{\overline{bd}}{\sin 20°24'37''} = \dfrac{3\sin 30°}{\sin 30°}$

所以 $\qquad \overline{bd} = 3 \times \sin 20°24'37'' = 3 \times 0.348\,72 = 1.046\,16$

由此可知本作法在 θ 为 60°,半径为 1 时,所得的 $\overline{bd}$ 长与 $\overset{\frown}{ac}$ 长比较,其近似误差为 $1.046\,16 - 1.047\,2 = -0.001\,04$.

根据上列演算,说明当 $\overset{\frown}{ab}$ 越小时,则本作法所求得的 $\overline{bd}$ 越接近正确. 故当 $\overset{\frown}{ab}$ 较大时,应先将 $\overset{\frown}{ab}$ n 等分,取其一等分弧段按本作法放直得 $\overline{bd}$,然后再 n 倍 $\overline{bd}$,而求得其全长. 因此,本法亦可用作放直整个圆周之用.

(3.2)　改直线为圆弧法

110

已知:$\overline{ab}$ 为定长,$\overset{\frown}{am}$ 及弧心 O.

求作:在 $\overset{\frown}{am}$ 上截取一弧段使其近似等于 $\overline{ab}$.

作法 (图 10)先作 $\overset{\frown}{am}$ 的切线 ab,使 $\overline{ab}$ 为已知直线段之长. 分 $\overline{ab}$ 为四等份,得分点 1,2,3. 以近切点 a 的第一分点 1 为圆心,以 $\dfrac{3}{4}\overline{ab}$(即 $\overline{1b}$ 之长)为半径,作弧交 $\overset{\frown}{am}$ 于点 c,则 $\overset{\frown}{ac}$ 近似等于 $\overline{ab}$ 之长.

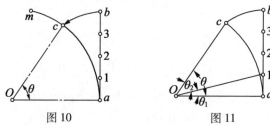

图 10　　　　　　　图 11

解说　今举一例加以演算,以观其误差情况:

若令 $\overset{\frown}{am}$ 的半径 $R = 1$,$\overline{ab} = \dfrac{1}{2}$,试求 $\overset{\frown}{ac}$ 与 $\overline{ab}$ 长度的误差. 欲求 $\overline{ac}$ 之长,先求圆心角 θ,若连 $\overline{O1}$,则 $\theta = \theta_1 + \theta_2$,今 $\overset{\frown}{ab}$ 即为 $\dfrac{1}{2}$,则

$$\overline{a1} = \frac{1}{2} \times \frac{1}{4} = \frac{1}{8}, \overline{1b} = \overline{1c} = \frac{1}{2} \times \frac{3}{4} = \frac{3}{8}, \overline{O1} = \sqrt{1^2 + \left(\frac{1}{8}\right)^2}$$

那么 $\tan\theta_1 = \frac{1}{8} : 1 = 0.125$，则 $\theta_1 = 7°8'$（弱）．

按余弦定律
$$\cos\theta_2 = \frac{\overline{Oc}^2 + \overline{c1}^2 - \overline{c1}^2}{2 \cdot \overline{Oc} \cdot \overline{O1}}$$

则
$$\cos\theta_2 = \frac{1 + \left[\sqrt{1 + \left(\frac{1}{8}\right)^2}\right]^2 - \left(\frac{3}{8}\right)^2}{2\sqrt{1 + \left(\frac{1}{8}\right)^2}} = \frac{\frac{120}{64}}{\frac{\sqrt{65}}{4}}$$

$$= \frac{15}{2\sqrt{65}} = 0.93026$$

则 $\theta_2 = 21°32'$（强），所以
$$\theta = 7°8' + 21°32' = 28°40'$$

那么
$$\widehat{ac} = 28\frac{2°}{3} \times \frac{\pi}{180°} = \frac{86°}{3} \times \frac{\pi}{180°}$$

$$= \frac{135.088\ 37}{270} = 0.500\ 327$$

由此可知，本作法所得的 $\widehat{ac}$ 与定长 $\overline{ab}$ 长度，在 $R = 1$，$\overline{ab} = \frac{1}{2}$ 时，其误差为

$0.500\ 327 - 0.5 = 0.000\ 327$，读者若按此法计算，便可知道当半径既定，$\overline{ab}$ 较长

时，其误差程度也越大．故当 $\overline{ab}$ 较大时，应先 n 等分 $\overline{ab}$，而后取一等份按本法求

得近似弧段后，再 n 倍之，可得出较精确的全长．

第四节 不同半径的两弧的互换

若将上节改圆弧为直线和改直线为圆弧的两种方法，结合起来运用，就能

把两个不同半径的定弧互换．现举例说明之：

已知：定圆 O，半径为 r．$\widehat{am}$ 弧心为 O'，半径为 R．

求作：在 $\widehat{am}$ 上截取一弧段使等于定圆 O 的周长．

作法 （图 12）先将图 O 的圆周 n 等分（图中 $n = 8$）得一等分弧段 $\widehat{a1}$．过点

111

a 作两弧的公切线 ac,在 ac 上截取 $\overline{ad}$ 使等于 $\overset{\frown}{a1}$ 的放直((3.1)改圆弧为直线).

然后又将 $\overline{ad}$ 用(3.2)改直线为圆弧法,在 $\overset{\frown}{am}$ 上截得 $\overset{\frown}{a1'}$,这样 $\overset{\frown}{a1'}$ 近似等于 $\overset{\frown}{a1}$ 长.

再在 $\overset{\frown}{am}$ 上以 $\overset{\frown}{a1'}$ 之长为半径递截 n 次,即 n 倍 $\overset{\frown}{a1'}$ 得 $\overset{\frown}{ab}$,则 $\overset{\frown}{ab}$ 近似等于圆 O 的周长.

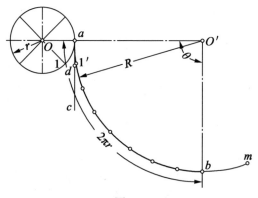

图 12

注 这种作法的特点,是能在已知弧上截取一弧段使等于另一弧段长.

关于在已知弧上截取弧段使等于另一圆周的方法,一般是用求圆心角的公式:$\theta = \dfrac{r}{R}360°$ 来决定所求弧段之长. 这里 θ 指所求弧所对的圆心角,r 为已知圆的半径,R 为所求弧的半径(参看图12). 至于公式的来源为:

圆 O 的周长为 $2\pi r$,圆 O' 的周长为 $2\pi R$,而 $2\pi R$ 所对的圆心角为 $360°$,则其每一度所对的弧长为 $\dfrac{2\pi R}{360°}$,那么 θ 所对的弧长应为 $\dfrac{2\pi R}{360°}\theta$,而 $\dfrac{2\pi R}{360°}\theta = 2\pi r$,所以 $\theta = \dfrac{2\pi r}{2\pi R}360° = \dfrac{r}{R}360°$. 用此公式求得 θ 后,可用量角器来量得其圆心角,定出所求的 $\overset{\frown}{ab}$.

第五节 圆锥曲线

(5.1) 何谓圆锥体

一直线与定轴相交成定角 α,此直线与定轴恒保持角 α 而绕轴旋转一周所得的空间轨迹, 即为圆锥面. 若以一平面截圆锥面, 所截得的立体, 就是圆锥体. 旋转的直线称为母线. 由于母线是直线, 两端可以任意延长, 故圆锥体可成对顶的两个部分(图13).

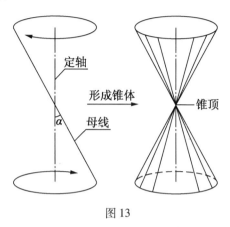

图13

（5.2）　何谓圆锥曲线

用一平面截圆锥面, 其截口形成的曲线, 就称为圆锥曲线. 此平面称为截平面(图15,56,82).

（5.3）　圆锥曲线的种类

截平面截圆锥面时, 由于截平面与定轴的交角不同, 截口形成的圆锥曲线, 也各不同, 其中除圆以外, 大致可分为下列三种:

（1）椭圆——截平面与定轴的交角为 β, 而 $\beta > \alpha$(图15,图16).

（2）抛物线——截平面与定轴的交角为 β, 而 $\beta = \alpha$, 即截平面平行于母线(图56,59).

（3）双曲线——截平面平行于定轴, 即 $\beta = 0$, 或截平面与定轴的交角 β, 符合于 $\alpha > \beta \geqslant 0$(图82,83)

注　上述三种圆锥曲线形成的理由, 可参考本章(6.2),(9.2)及(10.2)各节中的证明.

第六节　椭　　圆

（6.1）　椭圆定义

在平面上,一动点到两定点距离之和恒保持定长而运动,则此动点的轨迹叫作椭圆.

例如:(图14)P_1,P_2,P_3,……为动点 P 的迹点,f_1,f_2 为两定点.

若$\overline{P_1f_1} + \overline{P_1f_2} = \overline{P_2f_1} + \overline{P_2f_2} = \overline{P_3f_1} + \overline{P_3f_2}$ =定长. 则此动点运动的轨迹为椭圆.

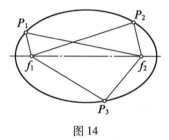

图 14

（6.2）　椭圆的形成及其理由

在第五节中提到椭圆的形成,是截平面 ab 截圆锥面时与定轴 xy 的交角 β 大于母线与轴的交角 α,则截口所形成的曲线为椭圆(图15). 其理由见下列解说.

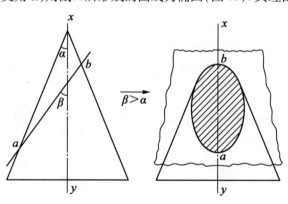

图 15

解说　（图16）,设 sdd' 为圆锥面,xy 为定轴,ab 为截平面. 作圆锥 sab 的内

切球 O' 及旁切球 O,两球切截平面 ab 于点 f_2 及 f_1,连 f_1f_2 并延长交锥面于点 a 及 b.

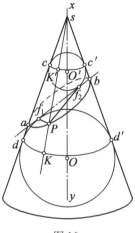

图 16

内切球 O' 与锥面相切得圆环 $CK'C'$;旁切球 O 与锥面相切得圆环 dKd'. 显然此二圆环的所在平面是平行的. 连 sa 及 sb,则母线 sa 必切球 O' 于点 C,及球 O 于点 d;母线 sb 必切球 O' 于点 C',及球 O 于点 d'. 并且 C 及 C' 必在圆环 $CK'C'$ 上;d 及 d' 必在圆环 dKd' 上.

今在截口 aPb 上任取一点 P,则 P 必在圆锥面上. 连 Pf_1 及 Pf_2,则 $\overline{Pf_1}$ 及 $\overline{Pf_2}$ 各为二球的切线.

过点 P 连接圆锥顶点 s,并延长 Ps 交两平行圆环于 K 及 K'(K 及 K' 亦必在圆锥面上),则直线 Ps 切两球于 K 及 K'.

于是:$\overline{Pf_1}$,$\overline{PK}$;$\overline{Pf_2}$,$\overline{PK'}$;$\overline{af_2}$,$\overline{ad}$;$\overline{af_2}$,$\overline{ac}$;$\overline{bf_2}$,$\overline{bc'}$;$\overline{bf_1}$,$\overline{bd'}$ 等线段,均分别为自球外一点至同球的切线段,故必两两相等. 所以

$$\overline{Pf_1} + \overline{Pf_2} = \overline{PK} + \overline{PK'}$$

$$= \overline{KK'} = \overline{dc} = \overline{d'c'}$$

而

$$\overline{cd} = \overline{ad} + \overline{ac}$$

则

$$\overline{cd} = \overline{af_1} + \overline{af_2}$$

$$\overline{c'd'} = \overline{bd'} + \overline{bc'}$$

则
$$\overline{c'd'} = \overline{bf_1} + \overline{bf_2}$$

又因$\overline{c'd'} = \overline{cd}$,所以$\overline{af_1} + \overline{af_2} = \overline{bf_1} + \overline{bf_2}$,即

$$2\,\overline{af_1} + \overline{f_1f_2} = 2\,\overline{bf_2} + \overline{f_1f_2}$$

因此,$2\,\overline{af_1} = 2\,\overline{bf_2}$,则$\overline{af_1} = \overline{bf_2}$,令

$$\overline{af_1} + \overline{f_1f_2} + \overline{bf_2} = \overline{ab}$$

所以
$$\overline{ab} = 2\,\overline{af_1} + \overline{f_1f_2} = \overline{af_1} + \overline{af_2} = \overline{cd}$$

而$\overline{cd} = \overline{KK'}$,所以$\overline{ab} = \overline{KK'}$,但

$$\overline{KK'} = \overline{PK} + \overline{PK'} = \overline{Pf_1} + \overline{Pf_2}$$

所以
$$\overline{ab} = \overline{Pf_1} + \overline{Pf_2}$$

结论:P 既是在截口上任取的一点,这就说明截口上其他各点到两定点 f_1 及 f_2 的距离之和均为定长$\overline{ab}$. 故截口为椭圆.

注 1. 当截平面垂直于定轴,即$\beta = 90°$时,则 f_1 与 f_2 重合在定轴上,$\overline{Pf_1} = \overline{Pf_2} =$定长,即一动点到一定点的距离恒为定长. 故此动点运动的轨迹为圆. 这是当$\beta > \alpha$情况下的特例.

2. 椭圆也可以从圆柱体上截得,其理由为:圆柱体的准线交于无限远点,可把圆柱体看作是高为无限大的圆锥体. 其准线可视为该圆锥体的母线. 这时 $\alpha = 0$(图 17). 当截平面 ab 截圆柱体时,则两内切球 O 及 O' 的半径必相等. 根据上述解说,同理可证得$\overline{Pf_1} + \overline{Pf_2} = \overline{ab}$. 即截平面截圆柱体所得的截口为椭圆.

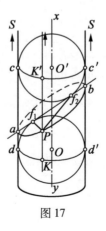

图 17

(6.3) 椭圆方程

根据椭圆定义:$Pf_1 + Pf_2 =$ 定长,P 为动点,f_1 及 f_2 为二定点,令 f_1 及 f_2 位于平面坐标的 x 轴上,并以 y 轴成对称(图 18).

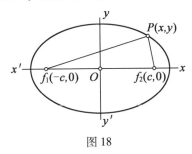

图 18

令 $\overline{f_1 f_2} = 2c$,则 f_1 的坐标为 $(-c, 0)$,f_2 的坐标为 $(c, 0)$,动点 P 的坐标 (x, y),$\overline{Pf_1} + \overline{Pf_2} = 2a =$ 定长,则

$$\overline{Pf_1} = \sqrt{(x+c)^2 + y^2}, \quad \overline{Pf_2} = \sqrt{(x-c)^2 + y^2}$$

故

$$\sqrt{(x+c)^2 + y^2} + \sqrt{(x-c)^2 + y^2} = 2a$$

$$\sqrt{(x+c)^2 + y^2} = 2a - \sqrt{(x-c)^2 + y^2}$$

两边平方并简化之得 $a \sqrt{(x-c)^2 + y^2} = a^2 - cx$.

再平方并简化之得 $x^2(a^2 - c^2) + a^2 y^2 = a^2(a^2 - c^2)$.

因 $a > c$,若令 $a^2 - c^2 = b^2$,并以之代入上式得

$$x^2 b^2 + a^2 y^2 = a^2 b^2$$

两边除以 $a^2 b^2$ 得:$\dfrac{x^2}{a^2} + \dfrac{y^2}{b^2} = 1$(椭圆最简方程).

(6.4) 椭圆的几何性质

(Ⅰ)有关名词简介(图 19):

(1)焦点——两定点 f_1 及 f_2.

(2)动点——椭圆上的任意一点 P.

(3)动径——动点到两定点的连线. 如 $\overline{Pf_1}$,$\overline{Pf_2}$.

(4)动径角——两动径的交角. 如 $\angle f_1 P f_2$.

(5)长轴——两焦点的连线延长与椭圆相交所得之 $\overline{ab}$(为椭圆的对称轴).

(6)短轴——长轴的垂直平分线与椭圆相交所得的$\overline{cd}$(亦为椭圆的对称轴).

(7)椭圆心——长短轴的交点 O.

(8)切线——曲线(椭圆)上有一割线,割线的一端点沿曲线(椭圆)向另一端点移动达于极线位置时,则此割线即为过该点的切线(如 TT'即为过点 P 的切线).

(9)法线——过切点与切线垂直的直线. 如 nn'.

(10)弦——椭圆上任意两点的连线. 如$\overline{mm'}$.

(Ⅱ)有关作图的几点几何性质:

(1)根据定义不难看出(图 19):

①长轴之长等于二动径之和,即$\overline{Pf_1} + \overline{Pf_2} = \overline{ab}$.

②短轴端点到焦点的连线$\overline{Cf_1}$或$\overline{Cf_2}$,等于长轴之半,即

$$Cf_1 = Cf_2 = \frac{\overline{ab}}{2} = \overline{ao} = \overline{bo}$$

③短轴端点到任一焦点距离的平方,等于焦点到椭圆心距离的平方与短轴之半的平方和. 即$\overline{Cf_1}^2 = \overline{Cf_2}^2 = \overline{f_1O}^2 + \overline{CO}^2$.

118

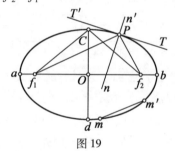

图 19

(2)切线与二动径的夹角相等.

已知:P 为椭圆上的切点(图 20). TT'为过点 P 的切线.

求证:$\angle f_1PT = \angle f_2PT'$

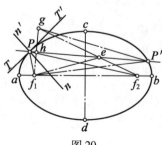

图 20

证明:过点 P 作任意割线 $\overline{PP'}$,自点 f_1 引 $\overline{PP'}$ 的垂线 $\overline{f_1g}$ 交 $\overline{PP'}$ 于点 h,使 $\overline{f_1h} = \overline{hg}$. 连 gf_2 交 $\overline{PP'}$ 于点 e. 连 ef_1,则 $\overline{ef_1} = \overline{eg}$(因 $\overline{PP'}$ 为 $\overline{f_1g}$ 的中垂线).

所以 $\angle f_1eh = \angle geh$,而 $\angle geh = \angle f_2ep'$(对顶角).

所以 $\angle f_1eh = \angle f_2eP'$,而点 e 在 P 及 P' 之间,P' 是椭圆上的任意点(因 PP' 是过 P 所作的任意割线). 故当 P' 在椭圆上任意位置时,均符合上述关系. 即 $\angle f_1eh$ 总等于 $\angle f_2eP'$. 若 P' 无限趋近于 P 时,则割线 PP' 就成为过点 P 的切线. 此时点 e 亦必无限趋近于点 P,则 $\angle f_1ef$ 成为 $\angle f_1PT$,$\angle P'ef_2$ 成为 $\angle f_2PT'$,故 $\angle f_1PT = \angle f_2PT'$.

(3)过椭圆上任意一点与二动径的夹角相等之直线,为椭圆之切线.

已知:P 为椭圆上任意一点,$\overline{Pf_1}$ 与 $\overline{Pf_2}$ 为二动径,若 $\angle TPf_2 = \angle T'Pf_1$.

求证:TT' 为过椭圆上点 P 之切线.

证明:过椭圆上点 P 的直线不外两种情形,一为椭圆的切线(与椭圆仅有一个公共点),另一为椭圆的割线(与椭圆有两个公共点).

今设 TT' 与椭圆有两个公共点 P 及 P'(参看图21),若自 f_1 作 PP' 的垂线 f_1g 交 PP' 于点 h,使 $\overline{f_1h} = \overline{hg}$. 连 gP,则 $\angle f_1Ph = \angle gPh$,而 $\angle f_1Ph = \angle TPf_2$(已知),所以

$$\angle gPh = \angle TPf_2$$

但由于 TT' 为直线,则 f_2Pg 必为直线. 显然

$$\overline{gP} + \overline{Pf_2} = 2a(2a \text{ 为长轴之长}) \tag{1}$$

又若连 $P'f_1$,$P'g$ 及 $P'f_2$,则 $\overline{P'g} = \overline{P'f_1}$,显然

$$\overline{P'g} + \overline{P'f_2} = 2a \tag{2}$$

由(1)及(2)两式等量代换得

$$\overline{P'g} + \overline{P'f_2} = \overline{Pg} + \overline{Pf_2} = \overline{gf_2} \tag{3}$$

式(3)显然是不能成立的. 其理由是:从假设可知 P' 为椭圆上点 P 外的另一点,gPf_2 为一直线(已证). 所以 $P'gf_2$ 为三角形. 三角形二边之和不可能等于第三边. 故与假设(TT' 与椭圆有两个公共点)矛盾,则 TT' 与椭圆只有一个公共点,故为过点 P 的切线.

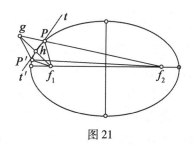

图 21

（4）法线平分动径角

因法线过切点垂直于切线，而切线与二动径的夹角相等（见几何性质(2)）。则等角的余角必等，故法线平分动径角。如图 20 中的 $\angle f_1 Pn = \angle f_2 Pn$.

（5）过切点平分动径角的直线为法线（图 26 - 7）。

已知：TT' 为切线，P 为切点，$\angle f_2 Pn = \angle f_1 Pn$，

求证：nn' 为过椭圆上点 P 的法线。

证明：由已知 $\angle f_2 Pn = \angle f_1 Pn$，又 $\angle f_2 PT' = \angle f_1 PT$（见几何性质(2)）

故等加后得：$\angle T'Pn = \angle TPn$（$= 90°$）。

所以 $nn' \perp TT'$，则 nn' 即为过点 P 的法线。

（6）平行弦中点的轨迹为一直线，并且通过椭圆心。

设平行弦系之方程为（图 22）：$y = mx + K$，m 为弦的斜率，K 为 y 轴上的截距。

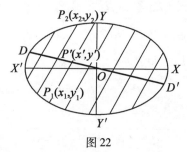

图 22

令弦 $P_1 P_2$ 之 K 值为 K_1，则此弦之方程为

$$y = mx + K_1 \tag{1}$$

设 P_1 的坐标为 (x_1, y_1)，P_2 的坐标为 (x_2, y_2)，P' 的坐标为 (x', y')，并以 P' 为 $P_1 P_2$ 的中点。则

$$x' = \frac{1}{2}(x_1 + x_2) \tag{2}$$

因 (x_1,y_1) 与 (x_2,y_2) 为弦 P_1P_2 与椭圆之交点,故欲得其值,可解下列联立方程

$$\begin{cases} y = mx + K_1 \\ b^2 x^2 + a^2 y^2 = a^2 b^2 \end{cases} \tag{3}$$

消去 y 得方程

$$(a^2 m^2 + b^2) x^2 + 2a^2 K_1 m x + a^2 K_1^2 - a^2 b^2 = 0 \tag{4}$$

此方程的根为 x_1 与 x_2 ,而从式(2)知 x' 等于二根和之半.

又从式(4)已知二根之和为

$$x_1 + x_2 = -\frac{2a^2 K_1 m}{a^2 m^2 + b^2} \tag{5}$$

将式(5)代入式(2)得

$$x' = -\frac{a^2 m}{a^2 m^2 + b^2} K_1 \tag{6}$$

因 (x',y') 适合于式(1),故

$$y' = mx' + K_1 \tag{7}$$

从(6)与(7)两式消去 K_1 ,并去其符标,即得此轨迹的方程为

$$b^2 x + a^2 m y = 0$$

显然此轨迹为一直线,并通过椭圆心,如图中之直线 DD' .

（6.5）　椭圆作图

（Ⅰ）如何找长短轴及焦点

（1）已知长轴和焦点求短轴法：

设长轴 $\overline{ab}$,焦点 f_1 及 f_2 .

作法　（图23）作 $\overline{ab}$ 的中垂线交 $\overline{ab}$ 于 O ,以 f_1 （或 f_2 ）为圆心, $\overline{aO}$ （或 $\overline{bO}$ ）为半径作弧交 $\overline{ab}$ 的中垂线于点 c 及 d ,则 $\overline{cd}$ 即为所求短轴.

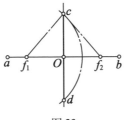

图23

解说 连 cf_1 及 cf_2,则 $\overline{cf_1} = \overline{cf_2} = \overline{aO}$(作法),且 $\overline{cd}$ 为 $\overline{ab}$ 的中垂线,显然 c,d 都是椭圆上的迹点,则 $\overline{cd}$ 为短袖.

(2)已知长轴和短轴求焦点法:

设长轴 $\overline{ab}$ 及短轴 $\overline{cd}$ 互为垂直平分相交于点 O.

作法 (图24)以 c 为圆心,$\overline{aO}$ 为半径,作弧交 $\overline{ab}$ 于 f_1 及 f_2,则 f_1 及 f_2 为所求的二焦点.

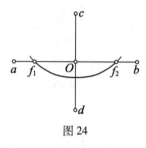

图 24

解说 若连 cf_1 及 cf_2,则 $\overline{cf_1} = \overline{cf_2} = \overline{aO}$(作法),而 $\overline{cf_1} + \overline{cf_2} = \overline{ab}$,根据几何性质(1)可知 f_1 及 f_2 为焦点.

(3)已知短袖和焦点求长轴法:

设短轴 $\overline{cd}$,焦点 f_1,f_2.

作法 (图25)连 f_1f_2,并延长之,以 O 为圆心,$cf_1 = cf_2$ 为半径作弧交 f_1f_2 的延长线于 a 及 b,则 $\overline{ab}$ 即为所求长轴.

解说 若连 cf_1 及 cf_2,则 $cf_1 = cf_2 = aO = bO = \frac{1}{2}ab$,所以 $\overline{ab}$ 为长轴(见几何性质(1)).

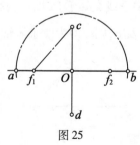

图 25

(4)已知椭圆求椭圆心法:

已知:椭圆如图26,求椭圆心.

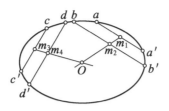

图 26

作法　作两两互相平行的弦 $aa' /\!/ bb', cc' /\!/ dd'$, 分别取各弦的中点 m_1, m_2 及 m_3, m_4.

连 $m_1 m_2$ 并延长之, 连 $m_3 m_4$ 亦延长之, 二延长线相交于 O, 则点 O 即为所求椭圆心.

解说　因为 m_1, m_2 为两平行弦的中点, 则直线 $m_1 m_2$ 必通过椭圆心(见椭圆几何性质(6)). 同理直线 $m_3 m_4$ 亦必过椭圆心. 但椭圆心只有一个, 故上述各平行弦中点的连线的交点 O 必为椭圆心.

(5)已知椭圆求长短轴法:

已知椭圆如图 27, 求长短袖.

作法　先按上述(4)的方法求得椭圆心 O.

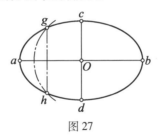

图 27

以 O 为圆心, 适当长为半径, 作弧交椭圆于点 g 及 h, 连 $\overline{gh}$ 并过点 O 作 $\overline{gh}$ 的平行线交椭圆于点 c 及 d, 则 $\overline{cd}$ 即为所求短袖.

过 O 作 $\overline{cd}$ 的垂线(或作 $\overline{gh}$ 的垂线)交椭圆于点 a 及 b, 则 $\overline{ab}$ 即为所求长轴.

解说　椭圆是以长短两轴成轴对称的封闭曲线. 而椭圆心 O 必在两轴上, 以 O 为圆心, 作弧交椭圆所得的 g 及 h 两点, 必为长轴 $\overline{ab}$(或短轴 $\overline{cd}$)的对称点, 而对称点连线的中垂线必为对称轴, 故过点 O 所作 $\overline{gh}$ 的垂线即为对称轴之一. 根据椭圆性质, 其长短二轴是互垂的, 所以过点 O 作 $\overline{gh}$ 的平行线即为另一对称轴.至于所得的两轴,谁为长轴,谁为短轴,当可视其实际长短而定.

（Ⅱ）如何做椭圆的切线

（1）过椭圆上一定点作切线法:

已知:椭圆上定点 P.

作法 （图28）连 Pf_1 及 Pf_2 得动径角 f_1Pf_2,作 $\angle f_1Pf_2$ 的平分线 Pn,过点 P 作 Pn 的垂线 TT',则 TT' 即为所求切线.

解说 因为 Pn 为 $\angle f_1Pf_2$ 的平分线,故 Pn 为过 P 的法线(几何性质5).

又因为 $TT' \perp Pn$ 并过点 P,故 $\angle TPf_1 = \angle T'Pf_2$,则 TT' 为所求切线(几何性质3).

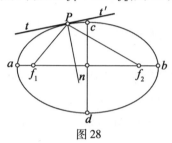

图 28

（2）自椭圆外一定点作椭圆的切线法:

已知:P 为椭圆外一定点.

解析 （图29）设 PT 为自椭圆外定点 P 所引椭圆的切线,T 为切点.连 f_1T 并延长与自 f_2 所作 PT 的垂线相交于点 e.

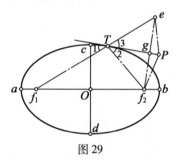

图 29

因为 $\angle 1 = \angle 2$（见几何性质2）,而

$$\angle 1 = \angle 3（对顶角）$$

所以 $$\angle 2 = \angle 3$$

所以 $$\text{Rt}\triangle Tf_2g \cong \text{Rt}\triangle Teg$$

则 $$\overline{Te} = \overline{Tf_2}$$

因此 $\overline{f_1e} = \overline{f_1T} + \overline{Tf_2} = \overline{ab}$. 若又连 Pe 及 Pf_2,则 $\overline{Pe} = \overline{Pf_2}$（中垂线上任一点至

线段两端等距).

又因点 f_2 及点 P 均为已知,故 $\overline{Pf_2}$ 之长亦为已知.

如此,$\overline{f_1e}$ 及 $\overline{Pe}$ 均为定长,故点 e 可作,则过点 P 之切线亦为可作.

作法　(图30)以 f_1 为圆心,$\overline{ab}$ 为半径作弧,又以 P 为圆心,$\overline{Pf_2}$ 之长为半径作弧,两弧相交于点 e 及 e'.连 f_1e 交椭圆于点 T,则 T 为所求切点,连 PT,则 $\overline{PT}$ 即为所求切线.

同法可作得第二根切线 $\overline{PT'}$.

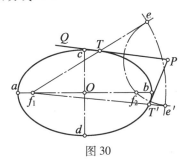

图 30

解说　若连 Tf_2(图中未画出),则 $\overline{Te} = \overline{Tf_2}$(因为 $\overline{f_1e} = \overline{ab}$,而 $\overline{f_1T} + \overline{Tf_2} = \overline{ab}$,等减 $\overline{f_1T}$ 即得).

若连 Pe 及 Pf_2,则 $\overline{Pe} = \overline{Pf_2}$(作法),所以 $\triangle TeP \cong \triangle Tf_2P$(SSS),所以 $\angle eTP = \angle f_2TP$(对顶角),所以 $\angle f_2TP = \angle f_1TQ$.

根据几何性质(3),则 $\overline{PT}$ 为所求切线.

(3)作平行于定直线的椭圆切线法

已知:l 为椭圆外定直线.

作法　(图31)

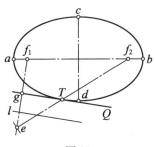

图 31

过点 f_1 作 l 的垂线,并以 f_2 为圆心,$\overline{ab}$ 为半径作弧交上述垂线于点 e.

连 f_2e 交椭圆于点 T. 过 T 作 l 的平行线 TQ,即为所求切线.

解说 若连 f_1T(图中未画出),则 $\overline{f_1T}=\overline{Te}$(因为 $\overline{f_2e}=\overline{ab}$,而 $\overline{f_2T}+\overline{f_1T}=\overline{ab}$,等减 $\overline{f_2T}$ 即得). 所以

$$\mathrm{Rt}\triangle f_1Tg\cong\mathrm{Rt}\triangle eTg(\mathrm{SSS})$$

所以 $\qquad\qquad\angle f_1Tg=\angle eTg$(全等三角形的对应角)

而 $\qquad\qquad\qquad\angle eTg=\angle QTf_2$(对顶角)

所以 $\qquad\qquad\angle f_1Tg=\angle f_2TQ$,且 $TQ\parallel l$

因此 TQ 是所求切线.

(Ⅲ)椭圆的作法

(1)园艺工人法

已知:长轴 $\overline{ab}$ 及焦点 f_1、f_2 作椭圆.

作法 (图 32)

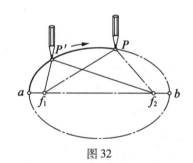

图 32

取绳(线)之长等于长轴 $\overline{ab}$,将绳(线)两端分别固定于两焦点 f_1、f_2[①].

以动杆(铅笔之类)套绳内拉紧,移动一周,则动点(笔尖)在平面上的轨迹为椭圆.

解说 $Pf_1+Pf_2=\overline{ab}$,$\overline{P'f_1}+\overline{P'f_2}=\overline{ab}$,即一动点至二定点的距离和为定长,故动点 P 的轨迹是椭圆.

(2)分割长轴定点描述法.

———————————

① 也可取绳(线)之长等于 $(\overline{ab}+\overline{f_1f_2})$,将绳的两端连接,然后将绳套在两焦点的椿(针)上,再取动杆(铅笔)套在绳(线)圈内移动.

已知:长轴$\overline{ab}$及焦点f_1,f_2.

作法　（图33）

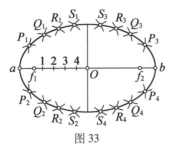

图33

在长轴上的二焦点之间任取点$1^{①}$,以f_1及f_2各为圆心,以$\overline{a1}$为半径作弧;再以f_1及f_2各为圆心,以$\overline{b1}$为半径作弧,则有关各弧两两相交于P_1,P_2,P_3,P_4各点.

又在两焦点间任取另一点2,按上述作法求得Q_1,Q_2,Q_3,Q_4各点.同法可得R_1,R_2,R_3,R_4等点,所求得的各点都是椭圆上的迹点.

用曲线板将各迹点连接成光滑曲线(见第一节描迹),即得所求的椭圆.

解说　以点P_1为例,若连P_1f_1及P_1f_2(图中未画出),则$\overline{P_1f_1}=\overline{a1}$,$\overline{P_1f_2}=\overline{b1}$ 127 (作法),所以$\overline{P_1f_1}+\overline{P_1f_2}=\overline{a1}+\overline{b1}=\overline{ab}$.所以$P_1$为椭圆上的迹点.同理其余各点均为椭圆上的迹点,则联结各点成光滑曲线必为椭圆.

（3）辅助圆法.

已知:长轴$\overline{ab}$,短轴$\overline{cd}$.

作法　（图34）

---

①　1.所任取的1,2,3,……各点,必须在f_1,f_2之间,不能在f_1,f_2之外,如点1取在af_1（或bf_2）之间,则$\overline{a1}<\overline{af_1}$,$\overline{b1}>\overline{bf_1}$,即$\overline{b1}>\overline{af_2}$,以$f_1$及$f_2$各为圆心,以$\overline{a1}$及$\overline{b1}$各为半径作弧,两弧无交点.

2.所取的点1,若越靠近焦点,则所得的迹点P_1,P_2及P_3,P_4越接近点a及点b,反之,若点1取在点4的位置时,则所得的迹点位置在S_1,S_2,S_3,S_4处,描述时势必发生困难.

3.所取相邻两点间的距离越小,则所得的迹点也越密,曲线的精确程度也越高.

4.所取各点不必超过椭圆心O,若以O为所选的定点,则其迹点位置为短轴的两端点（见本节（6.5）（1））.

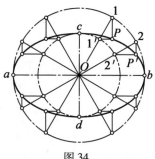

图 34

以椭圆心 O 为圆心,以 $\overline{ab}$ 及 $\overline{cd}$ 各为直径作同心圆.

自圆心 O 作射线交圆周于 $1'$ 及 1;$2'$ 及 2 等点,然后过 $1'$,$2'$ 等点作 $\overline{ab}$ 的平行线,过 1,2 等点作 $\overline{cd}$ 的平行线,则各有关平行线两两相交于 P,P' 等点,即为所求椭圆的迹点,用曲线板平滑连接(描述)各迹点,即得椭圆.

解说 (参考图 35),以点 P 为例:

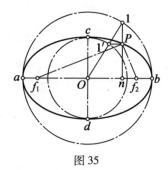

图 35

为了证明点 P 为椭圆的迹点(若连 Pf_1 及 Pf_2),则需证明 $\overline{Pf_1} + \overline{Pf_2} = \overline{ab}$,此证明如下:

延长 $\overline{1P}$ 交 ab 于点 n,则 Rt$\triangle 1P1' \backsim$ Rt$\triangle 1nO$,$\overline{1P}:\overline{1n} = \overline{11'}:\overline{1O}$ 分比之得 $\overline{Pn}:\overline{1n} = \overline{1'O}:\overline{1O}$,而

$$\overline{1'O} = \overline{cO},\overline{1O} = \overline{bO}$$

所以

$$\overline{Pn}:\overline{1n} = \overline{cO}:\overline{bO} \tag{1}$$

又因为 $\triangle Pnf_1$ 及 $\triangle Pnf_2$ 均为直角三角形,所以

$$\overline{Pf_2^2} = \overline{Pn^2} + (\overline{Of_2} - \overline{On})^2 \tag{2}$$

$$\overline{Pf_1^2} = \overline{Pn^2} + (\overline{Of_1} + \overline{On})^2 = \overline{Pn^2} + (\overline{Of_2} + \overline{On})^2 \tag{3}$$

128

从式(1)得 $$\overline{Pn} = \frac{\overline{1n} \cdot \overline{cO}}{\overline{bO}}$$

平方上式得 $$\overline{Pn}^2 = \frac{\overline{1n}^2 \cdot \overline{cO}^2}{\overline{bO}^2} \tag{4}$$

又 $\overline{1n}^2 = \overline{an} \cdot \overline{bn} \cdots$（自圆上一点作直径的垂线,分直径为二,此垂线为所分直径二线段的比例中项）,即

$$\overline{1n}^2 = (\overline{aO} + \overline{On})(\overline{bO} - \overline{On})$$
$$= (\overline{bO} + \overline{On})(\overline{bO} - \overline{On}) = \overline{bO}^2 - \overline{On}^2$$

将 $\overline{1n}^2$ 代入式(4)得

$$\overline{Pn}^2 = \frac{(\overline{bO}^2 - \overline{On}^2) \cdot \overline{cO}^2}{\overline{bO}^2} \tag{5}$$

以 $\overline{Pn}^2$ 代入(2)及(3)两式得

$$\overline{Pf_2}^2 = \frac{(\overline{bO}^2 - \overline{On}^2)\overline{cO}^2}{\overline{bO}^2} + (\overline{Of_2} - \overline{On})^2 \tag{6}$$

$$\overline{Pf_1}^2 = \frac{(\overline{bO}^2 - \overline{On}^2)\overline{cO}^2}{\overline{bO}^2} + (\overline{Of_2} + \overline{On})^2 \tag{7}$$

然 $\overline{cO}^2 = \overline{cf_2}^2 - \overline{Of_2}^2$（Rt$\triangle cOf_2$ 的斜边为 $\overline{cf_2}$,图中未画出）,即

$$\overline{cO}^2 = \overline{bO}^2 - \overline{Of_2}^2（因为 \overline{cf_2} = \overline{bO}） \tag{8}$$

若以 $\overline{cO}^2$ 代入(6)及(7)两式,再开方并简化之得

$$\overline{Pf_2} = \frac{\overline{bO}^2 - \overline{Of_2} \cdot \overline{On}}{\overline{bO}}, \overline{Pf_1} = \frac{\overline{bO}^2 + \overline{Of_2} \cdot \overline{On}}{\overline{bO}}$$

等加后得 $$\overline{Pf_2} + \overline{Pf_1} = 2\,\overline{bO} = \overline{ab}$$

因此,由上述作法,所求得的点 P,是符合椭圆定义的,故为椭圆的迹点.

(4)制简单工具作椭圆法.

作法　（图36）

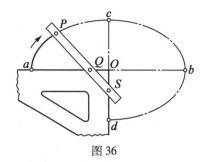

图 36

取厚马纸一条,在其一端穿孔 P,固定一铅笔心于 P 孔内. 在马纸条上的 Q 处插一大头针,使 PQ 等于短轴之半(大头针的针尖向上,以防针尖损坏图纸). 又在纸条的 S 处插一大头针,使 PS 等于长轴之半.

然后,取三角板一块,使直角顶重合于椭圆心 O,两直角边分别与椭圆的长、短轴重合,并固定三角板使勿移动.

将上述硬纸条复于三角板上,令 Q 及 S 处两大头针紧靠两直角的边缘. 于是注意 Q,S 两针时时保持紧靠二直角边而移动纸条,则 P 孔内的铅笔心在圆纸上便可绘出椭圆周的四分之一. 翻转三角板同法可得椭圆的其余三分.

解说 (参看图 37)根据作法得知:$\overline{PQ}=b$(短半轴),$\overline{PS}=a$(长半轴). 按照作法所述点 P 的运动规律,借坐标加以解析,以观察点 P 运动轨迹是否是椭圆. 自 P 作 x 轴的垂线相交于点 G,并延长之,使与自点 S 所作 x 轴的平行线相交于点 H.

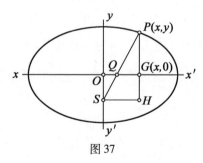

图 37

由于 $\triangle PQG \backsim \triangle PSH$,则

$$\overline{PG}:\overline{QG}=\overline{PH}:\overline{SH}$$

又因

$$\overline{QG}=\sqrt{\overline{PQ}^2-\overline{PG}^2}=\sqrt{b^2-y^2}$$

$$\overline{PH}=\sqrt{\overline{PS}^2-\overline{SH}^2}=\sqrt{a^2-x^2}$$

130

将$\overline{QG}$及$\overline{PH}$代入上列比例式得

$$y:\sqrt{b^2-y^2}=\sqrt{a^2-x^2}:x$$

即

$$\sqrt{(b^2-y^2)(a^2-x^2)}=xy$$

两边平方并展开括号得

$$a^2b^2-b^2x^2-a^2y^2+x^2y^2=x^2y^2$$

简化上式得：$\dfrac{x^2}{a^2}+\dfrac{y^2}{b^2}=1$，故点 P 依照上述规律运动所得的轨迹确系椭圆.

（5）分割短轴定点描迹法.

已知：长轴$\overline{ab}=2a$，短轴$\overline{cd}=2b$.

作法 （图 38）

使长短两轴，相互垂直平分于点 O. 并在短轴上取$\overline{MO}=\overline{M'O}=a-b$. 在 M 与 M' 之间任取若干点 $1,2,3,4,\cdots$①. 以各点为圆心，以 $a-b$ 为半径作弧交长轴于 $1',2',3',4',\cdots$，联结 $11',22',33',44',\cdots$，并延长至 $1'',2'',3'',4'',\cdots$，使$\overline{11''}$，$\overline{22''},\overline{33''},\overline{44''},\cdots$等于 a，平滑联结 $1'',2'',3'',4''$等点，即得所求椭圆.

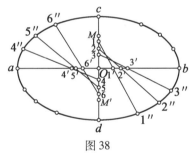

图 38

解说　本作法的理论根据与"制简单工具作椭圆法"是一样的，不另赘述.

（6）平行四边形法.

已知：长短二轴$\overline{ab},\overline{cd}$相互垂直平分于点 O.

作法 （图 39）

---

① 　在短轴上所任取若干点，应适当靠近点 O，这样所得的迹点，可以接近于长轴两端. 因椭圆长轴两端的曲率变化较大.

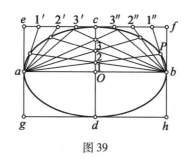

图 39

分别过长轴两端 a,b 作短轴的平行线,过短轴的两端 c,d 作长轴的平行线,两组平行线相交于点 e,f,g,h.

然后,分短轴之半 $\overline{CO}$ 为 4 等份(图中 $n=4$),得分点 $1,2,3$. 再将 $\overline{ec}$ 及 $\overline{cf}$ 各 n 等分(图中 $n=4$). 得分点 $1',2',3'$ 及 $1'',2'',3''$. 过 a 作射线 $a1,a2,a3$ 及 $a1',$ $a2',a3'$. 过 b 作射线 $b1,b2,b3$ 及 $b1'',b2'',b3''$. 则同数码的射线的交点,即为椭圆的迹点. 平滑联结各迹点即得椭圆之半. 其余的一半作法相同.

解说 取上述作法中所作出的任意一迹点,置于平面坐标上加以解析. 若 n 为无限大,则被分的份数为无限多. 其各有关直线的交点可视为连续动点,今观察解析后的动点轨迹是否为椭圆.

依照上述作圆规律(参考图 40),设点 E 为 $\overline{CO}$ 上的任意一个分点.

令
$$\frac{EO}{CO}=\lambda \quad (0\leqslant\lambda<1)$$

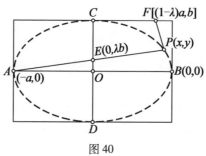

图 40

$$\overline{CO}=b,\overline{OB}=a(已知)$$

则点 E 坐标为 $(O,\lambda b)$,点 F 坐标为 $((1-\lambda)a,b)$,直线 AP 的方程

$$\frac{y}{x+a}=\frac{\lambda b}{a} \tag{1}$$

132

直线 BP 的方程

$$\frac{y}{x-a} = \frac{b}{(1-\lambda)a - a} = \frac{b}{-\lambda a} \qquad (2)$$

消去(1)(2)两式中的 λ ,即可得出动点的轨迹.

由式(1)得: $\lambda = \dfrac{ay}{b(x+a)}$,由式(2)得: $\lambda = \dfrac{-b(x-a)}{ay}$.

消去 λ 得

$$\frac{ay}{b(x+a)} = \frac{-b(x-a)}{ay}$$
$$a^2 y^2 = -b^2(x^2 - a^2)$$
$$a^2 y^2 = -b^2 x^2 + a^2 b^2$$

所以

$$b^2 x^2 + a^2 y^2 = a^2 b^2$$

两边同除以 $a^2 b^2$ 得: $\dfrac{x^2}{a^2} + \dfrac{y^2}{b^2} = 1$. 故依照上述规律所得的迹点,确系椭圆的

迹点.

注 如已知椭圆长短两轴的投影 $\overline{ab}$ 及 $\overline{cd}$,求作椭圆(即求作原椭圆的投影),亦可依照上述作法作得(图41).至于其为椭圆的理由,与上述解说相同.仅需将直角坐标改用斜坐标即可证得.

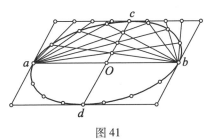

图 41

(7)长短两轴定比法.

已知:长轴 $\overline{ab} = 2a$,短轴 $\overline{cd} = 2b$.

作法(I):(图 42)

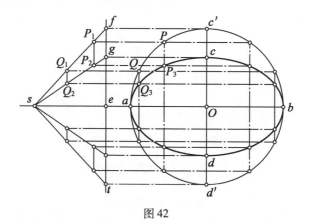

图 42

以椭圆心 O 为圆心,以长半轴 a 为半径作辅助圆交短轴 $\overline{cd}$ 的延长线于点 c', d'.

在长轴的延长线上任取两点 s 及 e.

过 e 作 se 的垂线与过 c 及 c' 所作长轴的平行线交于 g 及 f. 连 sg 及 sf.

134

在周围上任取若干点,如 P, Q 等点,过 P 作长轴平行线交 $\overline{sf}$ 于 P_1,自 P_1 作短轴的平行线交 sg 于 P_2,自 P_2 作长轴的平行线交自 P 所作长轴的垂线于 P_2,则 P_2 即为椭圆上的迹点. 同法可求得迹点 Q_2 及其余诸迹点(图中未注出).

解说 (图43)以迹点 P_2 为例,参照原图延长 $\overline{P_1 P_2}$ 交 $\overline{se}$ 于点 T,根据作法,辅助圆 O 的方程应为

$$x^2 + y^2 = a^2$$

且

$$\overline{fe} = a, \overline{ge} = b$$

由于 $\overline{fe} /\!/ \overline{P_1 T}$,则

$$\overline{fe} : \overline{ge} = \overline{P_1 T} : \overline{P_2 T}$$

即 $a : b = y : y_3$,所以

$$y = \frac{ay_3}{b}, x = x_3$$

将 y 及 x 的值代入圆的方程得:$\dfrac{a^2 y_3^2}{b^2} + x_3^2 = a^2$. 所以

$$a^2 y_3^2 + b^2 x_3^2 = a^2 b^2$$

两边除以 $a^2 b^2$ 并去其符标得:$\dfrac{x^2}{a^2} + \dfrac{y^2}{b^2} = 1$. 故依照上述作图所得的 P_3,确系

椭圆上的迹点.

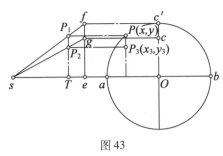

图 43

作法（Ⅱ）　（图 44）

以 $\overline{Ob}$ 及 $\overline{Od}$ 为矩形的两边作矩形 $OdQb$，连矩形的对角线 OQ，以 O 为圆心，a（长轴之半）为半径作辅助圆. 在 $\overline{aO}$ 上任取若干点，如 $1,2,3,\cdots$ 各点，过各点作长轴的垂线交辅助圆于 $1',2',3',\cdots$ 各点.

然后，在 $\overline{Ob}$ 上取 $\overline{O1''}=\overline{11'}$，$\overline{O2''}=\overline{22'}$，$\overline{O3''}=\overline{33'}$，$\cdots$. 再过 $1'',2'',3'',\cdots$ 各点作长轴的垂线交对角线 $\overline{OQ}$ 于 $s_1,s_2,s_3,\cdots$ 各点. 又自对角线上的各点作长轴的平行线. 各平行线与 $\overline{aO}$ 上同数码的垂线相交，得交点 $P_1,P_2,P_3,\cdots$，均为椭圆的迹点.

上述作图所得曲线为椭圆周的四分之一，其余部分的迹点，可通过对称法找得.

135

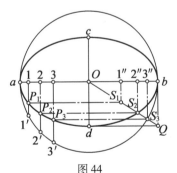

图 44

解说　令长轴之长为 $2a$，短轴之长为 $2b$，以所得的迹点中的点 P_1 为例，$\overline{1P_1}=\overline{1''S_1}$，$\overline{11'}=\overline{O1''}$（作法），而

$$\overline{O1''}:\overline{1''S_1}=\overline{Ob}:\overline{bQ}=a:b$$

所以

$$\overline{11'}:\overline{1P_1}=a:b$$

依照上面作法（Ⅰ）的解说，可知 P_1 为椭圆的迹点.

第七节　近似椭圆

某些工业零件如法蓝盘、链条环、主动轴上的偏心轮等,常用到近似椭圆作轮廓线的方法.

近似椭圆和椭圆都是闭合曲线,但近似椭圆的作法,是由圆弧连接而得,本应编入线连接章内;但因其形状类似椭圆,也有人在制椭圆轮廓线时(指不一定需要精确的椭圆轮廓时),常用近似椭圆来代替,故暂列于此.

近似椭圆是四段圆弧连接而成的,按其作法可分为扁圆及卵圆两种,此分别介绍于后:

(7.1)　扁圆

扁圆除由四段圆弧连接而成外,它有两条相互垂直平分的对称轴,一名长轴,一名短轴.

(1)三等分长轴作扁圆法.

已知:长轴$\overline{ab}$

作法　(图45)三等分$\overline{ab}$得分点 1 及 2,以 1 及 2 各为圆心,$\dfrac{\overline{ab}}{3}$为半径分别作圆,两圆相交于点 3 及点 4.

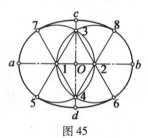

图 45

连 31 及 32 并各延长交圆周于点 5 及点 6. 连 41 及 42 并各予延长交圆周于点 7 及点 8.

再以点 3 及点 4 各为圆心,以$\overline{35}=\overline{36}=\overline{47}=\overline{48}$为半径作弧,则所作得的$\overset{\frown}{56}$及$\overset{\frown}{78}$平滑联结$\overset{\frown}{57}$及$\overset{\frown}{68}$. 即得所求扁圆.

解说　本法所作得的扁圆,其短轴之长是随长轴之长而决定的,关于短轴之长,可按下列计算法而求出:

设长轴$\overline{ab}=2a$,根据作法,则

$$\overline{14}=\overline{24}=\overline{12}=\frac{1}{3}\cdot 2a$$

所以　　　　　　　　　　$\angle 124=60°$

联结43交圆周于点c,d,则$\overline{cd}$即为短轴.

短轴之半

$$\overline{cO}=\overline{4c}-\overline{4O}=\frac{2}{3}2a-\frac{2a}{3}\cdot\sin 60°$$

$$=\frac{4a}{3}-\frac{2a}{3}\cdot\frac{\sqrt{3}}{2}=\frac{(4-\sqrt{3})a}{3}$$

所以短轴　　　$\overline{cd}=2\overline{cO}=\frac{2(4-\sqrt{3})}{3}a=1.511\ 96a$

故依照本法所作得的扁圆,其短轴之长为长轴之长的

$$\frac{1.511\ 96a}{2a}=0.755\ 98\ 倍(近似值)$$

又作法中的四段圆弧是平滑连接的,以接点 7 为例,$\overparen{5a7}$的圆心 1 与$\overparen{7c8}$的圆心 4 和接点 7 同在一直线上. 故点 7 为两圆弧的切点,其余 5,6,8 各接点亦均为切点,所以四段圆弧是平滑连接的.

(2)已知长轴及长轴上两对称弧心作扁圆法.

已知:长轴$\overline{ab}$,及$\overline{ab}$上两对称弧心 1,2.

作法　(图46)

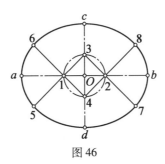

图 46

过$\overline{ab}$的中点 O 作$\overline{ab}$的垂线. 以 O 为圆心以$\overline{1O}=\overline{O2}$为半径作弧交垂线于 3 及 4.

连 32 及 31;41 及 42 并各予延长.

以点 1 及点 2 各为圆心,以 $\overline{1a} = \overline{2b}$ 为半径,分别作弧,则各弧与各有关延长线相交于 5,6 及 7,8 各点.

再以 3 及 4 各为圆心,以 $\overline{35} = \overline{37} = \overline{46} = \overline{48}$ 为半径作弧,则四段圆弧平滑连接而成扁圆.

解说 本作法中的四段圆弧是平滑连接的,以点 6 为例,$\overparen{5a6}$ 的弧心为点 1 与 $\overparen{6c8}$ 的弧心为点 4,而 4,1,6 三点在一直线上,故点 6 为切点.同理 5,7,8 各点皆为有关弧的切点.又本作法所作得的扁圆,其短轴之长,系由长轴之长及长轴上两弧心位置而定.关于短轴之长可通过下列计算而得:

设长轴 $\overline{ab} = 2a$,令 $m = \dfrac{\overline{O1}}{\overline{Oa}}(0 < m < 1)$,则

$$\overline{O1} = ma(\text{参看图 47})$$

$$\overline{a1} = a - ma = a(1 - m)$$

而

$$\overline{41} = \sqrt{2} \cdot ma$$

又

$$\overline{4c} = \overline{46} = \overline{41} + \overline{16} = \overline{41} + \overline{a1}$$

所以

$$\overline{4c} = \sqrt{2} \cdot ma + a(1 - m)$$

因为

$$\overline{cO} = \overline{4c} - \overline{O4}$$

所以

$$\overline{cO} = \sqrt{2} \cdot ma + a(1 - m) - ma$$

$$= a(\sqrt{2}m + 1 - 2m)$$

$$= a[1 + (\sqrt{2} - 2)m]$$

故 短轴之长 $= 2\overline{cO} = 2a[1 + (\sqrt{2} - 2)m] = 2a(1 - 0.585\,79m)$

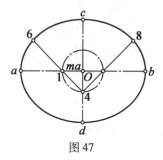

图 47

上述计算式的应用举例:

138

例（1） 设长轴 $\overline{ab}=10$，$m=\dfrac{1}{3}\left(\text{即}\,\overline{O1}:\overline{Oa}=\dfrac{1}{3}\right)$.

则短轴之长 $=10\left(1-0.585\,79\times\dfrac{1}{3}\right)=10(1-0.195\,26)=8.047\,4$（长度单位近似值）.

例（2） 设长轴 $\overline{ab}=10$，若需作扁圆使其短轴为 6，则用上式求 m，以定弧心位置.

以长短轴之值代入上述计算式得

$$6=10\left[1+(\sqrt{2}-2)m\right]$$

$$(\sqrt{2}-2)m=\dfrac{3}{5}-1=-0.4$$

$$m=\dfrac{0.4}{2-\sqrt{2}}=\dfrac{0.4(2+\sqrt{2})}{(2-\sqrt{2})(2+\sqrt{2})}$$

$$=0.2\times3.414\,2=0.682\,84$$

则 $\overline{O1}=ma=0.682\,84\times\dfrac{10}{2}=3.414\,2$（长度单位），则两弧心位置可以确定.

（3）已知长短轴作扁圆法.

已知：长轴 $\overline{ab}$ 及短轴 $\overline{cd}$.

作法 （图 48）

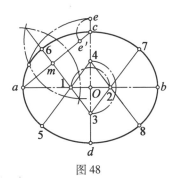

图 48

作相互垂直平分的长短二轴 $\overline{ab}$ 及 $\overline{cd}$ 相交于点 O. 并延长 $\overline{cO}$. 以 O 为圆心，$\overline{Oa}$ 为半径作弧交 $\overline{cO}$ 的延线于 e.

以 c 为圆心，$\overline{ce}$ 为半径作弧交 ac 的连线于点 e'，作 $\overline{ae'}$ 的垂线交长轴于点 1，交短轴或短轴的延长线于点 3；

在长轴上以 O 为对称心取得点 1 的对称点 2;

在短轴上以 O 为对称心取得点 3 的对称点 4.

连 31,32 及 41,42,并各予延长. 分别以点 3 及点 4 各为圆心,以 $\overline{3c} = \overline{4d}$ 为半径,作弧,交有关各延长线于 5,6,7,8 各点.

再以点 1 及点 2 各为圆心,以 $\overline{1a} = \overline{2b}$ 为半径,分别作弧,则四弧分别接于 5,6,7,8 各点.

根据上述作法,为什么以点 1 及点 2 各为圆心,以 $\overline{1a} = \overline{2b}$ 为半径的弧能与先作的 $\overset{\frown}{6c7}$ 及 $\overset{\frown}{5d8}$ 平滑连接. 其理由可参考下列解说.

解说 若要证明上述作法中四弧能平滑连接于 5,6,7,8 各点,以点 6 为例,必须先证明 $\overline{1a} = \overline{16}$. 现证明如下:

设 $\overline{aO} = a, \overline{cO} = b$(图 49).

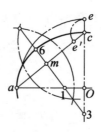

图 49

第一步:先求 $\overline{1a}$ 之长

$$\overline{ac} = \sqrt{a^2 + b^2}, \overline{ce} = \overline{ce'} = a - b(\text{作法})$$

则

$$\overline{ae'} = \overline{ac} - \overline{ce'} = \sqrt{a^2 + b^2} - (a - b)$$

所以

$$\overline{am} = \frac{\sqrt{a^2 + b^2} - (a - b)}{2}$$

因为

$$\triangle am1 \backsim \triangle aOc$$

则

$$\overline{am} : \overline{1a} = \overline{aO} : \overline{ac}$$

即

$$\frac{\sqrt{a^2 + b^2} - (a - b)}{2} : \overline{1a} = a : \sqrt{a^2 + b^2}$$

所以

$$\overline{1a} = \frac{a^2 + b^2 - (a - b)\sqrt{a^2 + b^2}}{2a} \tag{1}$$

第二部:求 $\overline{16}$ 的长

$$\overline{1O} = \overline{aO} - \overline{1a} = a - \frac{a^2 + b^2 - (a-b)\sqrt{a^2+b^2}}{2a}$$

$$= \frac{a^2 - b^2 + (a-b)\sqrt{a^2+b^2}}{2a}$$

因为 $\triangle 3O1 \backsim \triangle aOc$,则 $\overline{1O} : \overline{3O} = \overline{cO} : \overline{aO}$,即

$$\frac{a^2 - b^2 + (a-b)\sqrt{a^2+b^2}}{2a} : \overline{3O} = b : a$$

所以

$$\overline{3O} = \frac{a^2 - b^2 + (a-b)\sqrt{a^2+b^2}}{2b}$$

因为 $\quad \triangle aOc \backsim \triangle 3O1$,则 $\overline{cO} : \overline{ac} = \overline{1O} : \overline{31}$

即 $\quad b : \sqrt{a^2+b^2} = \dfrac{a^2 - b^2 + (a-b)\sqrt{a^2+b^2}}{2a} = \overline{31}$

所以 $\quad \overline{31} = \dfrac{(a^2-b^2)\sqrt{a^2+b^2} + (a-b)(a^2+b^2)}{2ab}$

141

而根据作法:$\overline{3c} = \overline{36}$,所以

$$\overline{16} = \overline{3c} - \overline{31} = \overline{3O} + \overline{Oc} - \overline{31}$$

以 $\overline{3O}, \overline{31},$ 及 $\overline{Oc}$ 之值代入上式得

$$\overline{16} = b + \frac{a^2 - b^2 + (a-b)\sqrt{a^2+b^2}}{2b} -$$

$$\frac{(a^2-b^2)\sqrt{a^2+b^2} + (a-b)(a^2+b^2)}{2ab}$$

$$= \frac{2ab^2 + a^3 - ab^2 + a(a-b)\sqrt{a^2+b^2}}{2ab} -$$

$$\frac{(a^2-b^2)\sqrt{a^2+b^2} + (a-b)(a^2+b^2)}{2ab}$$

$$= \frac{b^2\sqrt{a^2+b^2} - ab\sqrt{a^2+b^2} + a^2b + b^2}{2ab}$$

$$= \frac{a^2 + b^2 - (a-b)\sqrt{a^2+b^2}}{2a} \qquad\qquad (2)$$

由(1),(2)两式可知 $\overline{1a} = \overline{16}$.

又因 $3,1,6$ 三点在一直线上,故 $\overgroup{a6}$ 与 $\overgroup{c6}$ 能平滑连接于点 6.

(7.2) 卵圆

机械工程中用的主动轴和土木工程中用的拱式涵管等,常是卵圆轮廓线构成的. 卵圆有一个对称轴,也是由四段圆弧连接而成的闭合曲线.

(1)已知卵圆之长和宽,作卵圆法.

已知:卵圆之长 bd,宽为 ac.

作法 (图50)

作互垂的二直线相交于 O,以 O 为圆心, $\dfrac{ac}{2}$ 为半径作半圆,交互垂两线与 a,b,c 三点. 自 b 截垂线得 $\overline{bd}$,使 $\overline{bd}$ 等于卵圆之长. 在 $\overline{bd}$ 上截取 $\overline{dO'}$,使 $\overline{dO'}$ 小于 $\dfrac{ac}{2}$,以 O' 为圆心, $\overline{O'd}$ 为半径作圆,过 O' 作圆 O' 的直径 $\overline{ef}$,使 $\overline{ef}/\!/ac$,连 ae 及 cf,并延长之,交圆 O' 于 g 及 h,又连 gO' 及 hO',并延长之,交 $\overline{ac}$ 的延长线于 O_1 及 O_2,以 O_1 及 O_2 各为圆心, $\overline{O_1c} = \overline{O_2a}$ 为半径作弧,则得所求卵圆.

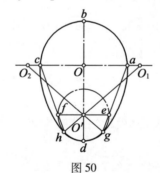

图 50

解说 因为 $\qquad\qquad\qquad\qquad \overline{ef}/\!/ac$

所以 $\qquad\qquad\qquad\qquad\qquad \angle cae = \angle feg$

而 $\qquad\qquad\qquad\qquad\qquad\quad \angle feg = \angle O'ge$

所以 $\qquad\qquad\qquad\qquad\qquad \angle O_2ga = \angle O_2ag$

所以 $\qquad\qquad\qquad\qquad\qquad \overline{O_2a} = \overline{O_2g}$

同理 $\qquad\qquad\qquad\qquad\qquad \overline{O_1c} = \overline{O_2h}$

又 $O_1,O',h;O_2,O',g;O_1,O,c;O_2,O,a$ 均分别在一直线上,故 c,a,h,g 各

点皆为切点,而四段圆弧能平滑连接.

注 本作法中 $\overline{dO'}$ 的长度是在小于 $\dfrac{ac}{2}$ 的范围内任选的,故所得的卵圆之解不定.

(2)已知卵圆之宽作卵圆法.

已知卵圆宽为 ab.

作法 (图 51)

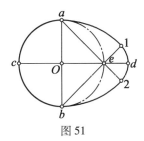

图 51

作 $\overline{ab}$ 的中垂线交 $\overline{ab}$ 于点 O. 以 O 为圆心, $\overline{ab}$ 为直径作圆交 $\overline{ab}$ 的中垂线于 c 及 e 两点. 连 ae 及 be 并延长之.

然后以 a 及 b 各为圆心, $\overline{ab}$ 之长为半径作弧,两弧分别交有关延长线于点 1 及点 2.

再以 e 为圆心, $\overline{e1}=\overline{e2}$ 为半径作弧,则四段圆弧平滑连接成 $acbd$ 的卵圆.

解说 本作法所得的卵圆,其长随其已知宽而定,关于其长度可按下列算法求得:

若令 $\overline{ab}=1$(长度单位),则

$$\overline{ae}=\sqrt{\left(\frac{1}{2}\right)^{2}+\left(\frac{1}{2}\right)^{2}}=\frac{\sqrt{2}}{2}=\frac{1.414\ 21}{2}=0.707\ 105$$

$$\overline{e2}=\overline{a2}-\overline{ae}=1-0.707\ 105=0.292\ 895$$

而 $\overline{e2}=\overline{ed}$(等长半径), $\overline{cd}=\overline{ce}+\overline{ed}$

所以 $\overline{cd}=1+0.292\ 895=1.292\ 895$(长度单位)

故按照本作法所作的卵圆,其长为宽的 1.292 895 倍(近似值).

又作法中的四段圆弧是平滑连接的,其理由:

因为 $\overparen{a1}$ 的弧心 b, $\overparen{12}$ 的弧心 e,和点 1 在同一直线上,故点 1 为切点. 同理:点 $a,e,2$; a,O,b 均各分别在一直线上,则点 2,及 a,b 均为切点.

第八节　椭圆、扁圆、卵圆实用示例

例(1)　椭圆偏心轮轮廓画法.

作法　（图52）

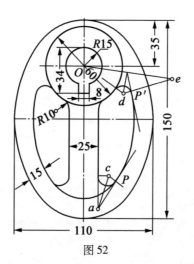

图 52

144

（1）按已知椭圆长轴150 mm 及短轴110 mm作外框轮廓线的椭圆（先求焦点——(6.5)（Ⅰ)).

（2）用 150 − 15 ×2 = 120 mm 为长轴,及 110 − 15 ×2 = 80 mm 为短轴,作上述椭圆的同心同轴的椭圆（如图中的内框椭圆).

（3）在长轴上找点 O,使距长轴一端35 mm. 以 O 为圆心,15 mm 及 30 mm 各为半径作同心圆. 并按 8 mm 及 34 mm 的尺寸完成贯轴的孔槽（如图上部).

（4）以长轴为对称轴,作相距 25 mm 的二平行线.

（5）过内框椭圆上的点 P（P 的位置距长轴为 20 mm）作椭圆的切线(6.5(Ⅱ)),切线与上述平行线相交于点 a.并平分$\angle a$.自点 P 作法线交$\angle a$ 的平分线于点 C,以 C 为圆心,$\overline{CP}$之长为半径作弧,将$\angle a$ 改成圆弧平滑连接.

（6）过内框椭圆上的点 P'（P'的位置距长轴为 34 mm）作椭圆的法线,并在法线上截取 $P'e$,使$\overline{P'e}$ =30 mm（即等于30 mm 为半径的圆的半径长). 连 eO,并作 $\overline{eO}$的中垂线交法线于点 d,以 d 为圆心,$\overline{dP'}$为半径作圆,将椭圆与圆平滑连接起来.

（7）用 10 mm 为半径,将上述平行线与圆平滑连接起来.

（8）用法将上述（5）（6）（7）步骤的对称部分亦改成圆弧连接,则椭圆偏心轮轮廓全部完成.

例（2） 扁圆手柄轮廓画法.

作法 （图53）

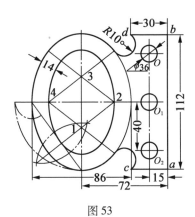

图53

（1）以 112 mm 为长轴,及 86 mm 为短轴作扁圆（（7.1）（3））.

（2）以（1）步作扁圆过程中所得的弧心 1,2,3,4 各为圆心,以（1）步作扁圆过程中所用半径各减 14 mm 为半径,分别作（1）步所作扁圆中各弧段的同心弧.成手柄内框扁圆.

（3）自长轴两端点分作长轴的垂线,使其长为 72 mm,得 a 及 b,连 ab,并在其上截取 $\overline{ac} = \overline{bd} = 30$ mm.

（4）用 10 mm 为半径,分别作弧过 c,d 并与外框扁圆相切.

（5）距 $\overline{ab}$ 15 mm 作 $\overline{ab}$ 的平行线,交短轴的延长线于 O,并自 O 向两侧截此平行线 O_1 及 O_2. 使 $OO_1 = OO_2 = 40$ mm.

（6）以 O_1,O,O_2 各为圆心,15 mm 为直径,分别作圆.

则手柄轮廓全部完成.

例（3） 卵形拱式涵管断面轮廓画法——土木工程用.

作法 （图54）

（1）作纵横两轴相交于点 O,以点 O 为圆心,以 $\dfrac{74.4}{2}$ cm 为半径,作圆交纵横两轴于 a,c,b,d 四点.

（2）连 ac,及 bc,并各予延长. 以点 a 及 b 各为圆心,$\overline{ab} = 74.4$ cm 为半径作

弧分别交$\overline{ac}$及$\overline{bc}$的延长线于点 P 及 Q.

(3)以 C 为圆心,$\overline{CQ} = \overline{CP}$为半径作弧. 则涵管内壁卵圆已完成.
(以上作法,是已知卵圆之宽作卵圆法. 参见(7.2)(2)).

(4)以 O 为圆心,以$\dfrac{74.4}{2} + 12.8 = 50 \text{ cm}$ 为半径(12.8 cm 为已知涵管侧壁的厚度)作半圆$\overset{\frown}{gh}$.

(5)在纵轴上截取 se 得点 e(s 为$\overset{\frown}{QP}$与纵轴的交点),使$\overline{se} = 6.4 \text{ cm}$(6.4 cm 为已知涵管顶壁的厚度). 以 c 为圆心,以$\overline{ce}$为半径作过点 e 之弧.

(6)在横轴上截取$\overline{gt} = \overline{ce}$得点 t. 连 tc,并作 tc 的中垂线. 交横轴于点 1. 又在横轴上以 O 为对称心找得点 1 的对称对点 2.

(7)连 $1c$ 及 $2c$,并延长使交第(5)步所作的过点 e 之弧于点 3 及点 4,则$\overline{13} = \overline{24} = \overline{1g} = \overline{2h}$(因$\overline{1t} = \overline{1c}$,而$\overline{tg} = \overline{ce} = \overline{c3}$).

146　(8)以点 1 及点 2 各为圆心,$\overline{1g} = \overline{13} = \overline{2h} = \overline{24}$为半径作弧,得$\overset{\frown}{g3}$及$\overset{\frown}{4h}$,则$\overset{\frown}{g3}$连接$\overset{\frown}{34}$于点 3,连接$\overset{\frown}{gh}$于点 g(因弧心点 c 点 1,及点 3 为一直线;弧心点 O,点 1,及点 g 也是一直线,故能平滑连接). 同理,$\overset{\frown}{4h}$亦能平滑连接$\overset{\frown}{gh}$及$\overset{\frown}{34}$.

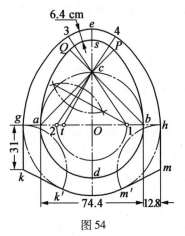

图 54

(9)分自点 g 及点 h 作横轴的垂线 gk 及 hm,使$\overline{gk} = \overline{hm} = 31 \text{ cm}$(31 cm 为已知),并以点 k 及点 m 各为圆心,$\overline{kg} = \overline{hm}$为半径,作弧交$\overset{\frown}{gh}$于点 k' 及点 m'.

（10）连 kk' 及 mm'，则 $\overline{kk'}$ 及 $\overline{mm'}$ 分别切 $\overset{\frown}{gh}$ 于 k' 及 m'.

则涵管轮廓全部完成.

附椭圆、扁圆、卵圆图例

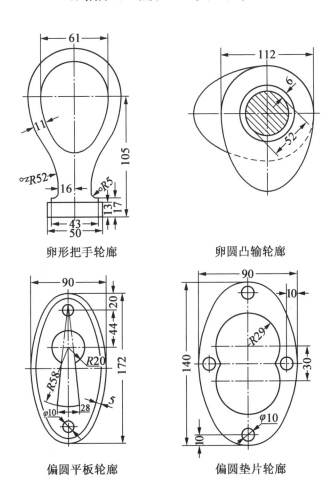

卵形把手轮廓

卵圆凸输轮廓

偏圆平板轮廓

偏圆垫片轮廓

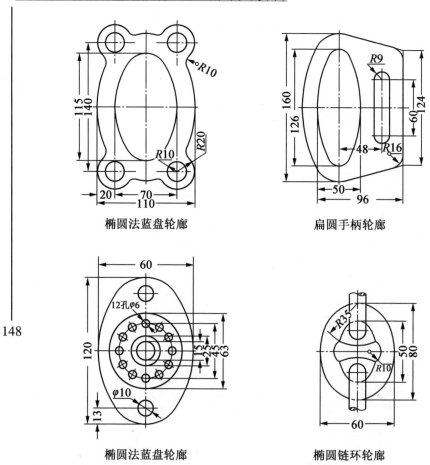

椭圆法蓝盘轮廓　　　　扁圆手柄轮廓

椭圆法蓝盘轮廓　　　　椭圆链环轮廓

148

第九节　抛　物　线

（9.1）　抛物线定义

在平面上,一动点到一定直线及一定点恒保持等距离而运动,则此动点的轨迹是抛物线.

例如　（图55）

P 为动点,f 为定点,l 为定直线.

若

$$\overline{PC} = \overline{Pf}, \overline{P_1C_1} = \overline{P_1f}, \overline{P_2C_2} = \overline{P_2f}, \overline{P_3C_3} = \overline{P_3f}, \cdots$$

则此动点的轨迹为抛物线.

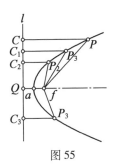

图 55

（9.2） 抛物线的形成及理由

在本章(5.3)节中提到抛物线的形成,是截平面 ab 截圆锥面时,与定轴 xy 的交角 β 等于母线与定轴的交角 α,则截口所形成的曲线为抛物线(图 56). 其理由见下列解说:

149

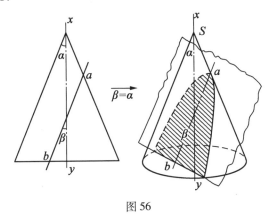

图 56

解说 （图 57）

设 shh' 为正圆锥体,xy 为定轴,ab 为截平面,平行于母线 $\overline{sh}$ 交底圆于 $\overline{PP''}$. 设想过 xy 轴作一平面,使垂直于截平面 ab(图中未画出),交截平面得交线 $\overline{ab}$,此设想平面与圆锥面的交线为 $\overline{sh}$ 及 $\overline{sh'}$,与圆锥底面的交线为 $\overline{hh'}$,与 $\overline{PP''}$ 交于点 b. 由于此设想平面同时垂直于底圆平面及截平面,所以 $Pb \perp ab$.

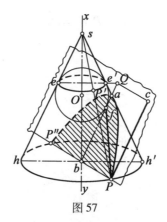

图 57

在所设想的平面上的 xy 轴上找一点 O 为圆心,作圆切母线 $\overline{sh}$ 于点 e,切 $\overline{sh'}$ 于点 e',切 $\overline{ab}$ 于点 f(因 $\overline{sh}$,$\overline{sh'}$ 及 $\overline{ab}$ 均在所设想的平面上).

将此圆(截平面与圆锥体不动)绕定轴旋转一周,则圆 O 成为锥体的内切球,于是切点 e 的轨迹成一圆环平面 $eP'e'$,此圆环平面与圆锥底面是平行的(因圆环平面垂直于定轴).此二平行环上任意点都在圆锥面上,同时截平面截圆锥体的截口也必然在圆锥面上.

若连 Ps 得母线 $\overline{Ps}$,则 $\overline{Ps}$ 过 $eP'e'$ 圆环于 P'.

然后,扩张圆环 $eP'e'$ 的所在平面,则扩张平面与截平面的交线为 $\overline{Qc}$,而 $\overline{Qc}\,/\!/\,\overline{Pb}$(两平行平面为第三平面所截,则两交线平行).

若在截平面上连 $\overline{Pf}$,则 $\overline{Pf}=\overline{PP'}$(球外一点到同球的切线相等).

又自 P 作 $\overline{ab}$ 的平行线交 $\overline{Qc}$ 于 c,则 $\overline{Pc}\perp\overline{Qc}$,于是

$$\overline{PP'}=\overline{e'h'}\ (\text{两平行环间的母线段相等})$$

$$\overline{e'h'}=\overline{e'a}+\overline{ah'}$$

而 $\overline{e'a}=\overline{aQ}$(因为 $\overline{ee'}\,/\!/\,\overline{hh'}$,$\overline{Qb}\,/\!/\,\overline{sh}$,所以 $\angle Qe'a=\angle ah'b$,$\angle e'Qa=\angle abh'$,而 $\angle abh'=\angle ah'b$,所以 $\angle aQe'=\angle ae'Q$,则 $\triangle aQe'$ 为等腰三角形)

$$\overline{ah'}=\overline{ab}$$

所以

$$\overline{PP'}=\overline{e'h'}=\overline{e'a}+\overline{ah'}=\overline{aQ}+\overline{ab}=\overline{Qb}$$

而 $\overline{Qb}=\overline{Pc}$,所以 $\overline{Pc}=\overline{PP'}=\overline{Pf}$.

根据上述解说,点 P 可视为截口上任取的点,而此点至定点 f 及定直线 CQ 恒保持相等距离,故此截口为抛物线.

注 当 $\beta = \alpha$ 截平面过圆锥顶点时,则所得的截口为一直线,这是其中的特殊情况.

(9.3) 抛物线方程

根据抛物线定义:在平面上,一动点至一定直线及一定点恒保持等距离而运动,则此动点的轨迹为抛物线.

用定点 f 到定直线 l 距离的中点作为坐标原点 O(图 58),以直线 Of 为 x 轴,过 O 作 x 轴的垂线为 y 轴,令 f 到 l 的距离为 p.

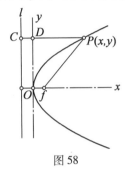

图 58

151

设 $P(x,y)$ 为抛物线上的任意一点.自点 P 作 l 的垂线垂足为 c,交 y 轴于点 D,连 Pf.

根据定义

$$\overline{Pf} = \overline{PC}$$

$$\overline{Pf} = \sqrt{\left(x - \frac{p}{2}\right)^2 + y^2}$$

$$\overline{Pc} = \overline{PD} + \overline{DC} = x + \frac{p}{2}$$

所以

$$\sqrt{\left(x - \frac{p}{2}\right)^2 + y^2} = x + \frac{p}{2}$$

两边平方得

$$x^2 - px + \frac{p^2}{4} + y^2 = x^2 + px + \frac{p^2}{4}$$

即:$y^2 = 2px$——抛物线最简方程.

注 如 $x = a, y = b$,则 $2p = \dfrac{b^2}{a}$;如主轴为 y 轴,则抛物线方程为

$$x^2 = 2py, 2p = \frac{a^2}{b}$$

(9.4)　抛物线的几何性质

(Ⅰ)有关名词简介(图59)

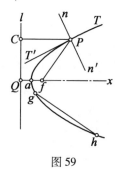

图 59

(1)焦点——定点 f.

(2)准线——定直线 l(一名导线).

152

(3)主轴——过点 f 垂直于准线的直线,如 Qx(即抛物线的对称轴).

(4)顶点——抛物线与主轴的交点如点 a.

(5)动点——抛物线上任意一点,如点 P.

(6)动径——动点到焦点的连线 $\overline{Pf}$,动点到准线的垂线 $\overline{PC}$.

(7)动径角——两动径的夹角,如 $\angle fPC$.

(8)切线——与椭圆的切线定义同,如图中的 TT' 即为过点 P 的切线.

(9)法线——过切点垂直于切线的直线,如 nn'.

(10)弦——抛物线上任意两点的连线,如 $\overline{gh}$.

(Ⅱ)有关作图的几点几何性质

(1)顶点至焦点与至准线的距离相等(图59).

当动点 P 运动到顶点 a 的位置时,仍应符合抛物线定义,即 $\overline{aQ} = \overline{af}$.

(2)切线平分动径角.

已知:(图60)$\angle CPf$ 为动径角,P 为切点,TT' 为切线.

求证:$\angle cPT' = \angle T'Pf$.

证　过点 P 引割线 SS' 交抛物线于点 P',交准线于 e',连 $P'f$,并作 $\overline{P'C'} \perp l$,则

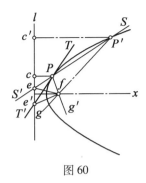

图 60

$$\triangle ecP \backsim \triangle e'c'P'$$

所以

$$\overline{eP} : \overline{eP'} = \overline{cP} : \overline{c'P'}$$

然

$$\overline{cP} = \overline{Pf}$$

$$\overline{c'P'} = \overline{P'f}$$

所以

$$\overline{eP} : \overline{eP'} = \overline{Pf} : \overline{P'f}$$

若连 $\overline{ef}$，则 $\overline{ef}$ 为 $\triangle PP'f$ 外角 $\angle Pfg$ 的平分线，即 $\angle efP = \angle efg$.

将割线 SS' 绕切点 P 而旋转，使 P' 无限趋近于 P，即 P' 以 P 为极限，则割线变为切线 TT'，$\overline{c'P'}$ 变为 $\overline{cP}$，$\overline{P'f}$ 变为 $\overline{Pf}$，而 $\angle Pfg$ 变为 $\angle Pfg'$，那么 $\angle Pfg$ 的平分线 $\overline{fe}$ 变为 $\angle Pfg'$ 的平分线 $\overline{fe'}$（即 $\overline{fe'} \perp \overline{Pfg'}$）.

于是 $\triangle fe'P \cong \triangle ce'P$（因为 $\overline{e'P}$ 为公共边斜，$\overline{Pc} = \overline{Pf}$，$\angle Pce' = \angle e'fP = 90°$），
所以

$$\angle cPT' = \angle fPT'$$

注　在图 60 中 $\triangle P'fP$ 的一边 $\overline{P'P}$ 的延长线上，找一点 e，连 $\overline{ef}$，若 $\overline{eP} : \overline{eP'} = \overline{Pf} : \overline{P'f}$，则 $\overline{ef}$ 为此三角形外角 $\angle Pfg$ 的平分线.

已知：$\dfrac{\overline{eP}}{eP'} = \dfrac{\overline{Pf}}{P'f}$（参考图 61）.

153

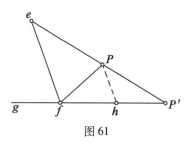

图 61

求证:$\overline{ef}$ 为 $\angle Pfg$ 的平分线.

证明:在 $\overline{fP'}$ 上取 $\overline{fh} = \overline{fP}$,连 $\overline{hP}$,则 $\dfrac{\overline{eP}}{\overline{eP'}} = \dfrac{\overline{fh}}{\overline{fP'}}$,所以 $\dfrac{\overline{PP'}}{\overline{eP'}} = \dfrac{\overline{hP'}}{\overline{fP'}}$,因此

$$\triangle P'ef \backsim \triangle P'Ph$$

所以
$$\overline{Ph} /\!/ \overline{ef}$$

则
$$\angle hPf = \angle Pfe,\ \angle Phf = \angle efg$$

而
$$\angle hPf = \angle Phf,\ \angle Pfe = \angle efg$$

故 $\overline{ef}$ 为 $\angle Pfg$ 的平分线..

(3)动径角的分角线是抛物线的切线.

已知:P 为抛物线上任意一点,$\overline{PC}$ 及 $\overline{Pf}$ 为二动径,TPT' 为 $\angle CPf$ 的角平分线(图 62).

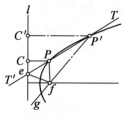

图 62

求证:TT' 为过抛物线上点 P 的切线.

证明:过抛物线上点 P 平分动径角的直线,不外两种情形:一为抛物线的切线(与抛物线仅有一个公共点);另一为抛物线的割线(与抛物线有两个公共点).

今假设 TT' 与抛物线有两个公共点 P 及 P',TT' 交准线于 e,若连 ef,由已知 $\angle CPT' = \angle fPT'$,$\overline{PC} = \overline{Pf}$,$\overline{Pe}$ 为公共边,则 $\triangle ePC \cong \triangle ePf$,所以

$$\angle PCe = \angle Pfe = 90° \tag{1}$$

若再连 $P'f$,并适当延长至 g,过 P' 作 $\overline{P'C'} \perp l$,则由于 $\overline{P'C'} /\!/ \overline{PC}$,显然

154

$$\overline{eP}:\overline{eP'}=\overline{PC}:\overline{P'C'}=\overline{Pf}:\overline{P'f}$$

根据几何性质(2)中的注,可知$\overline{fe}$即为$\triangle fP'P$外角($\angle Pfg$)的平分线.

而$\angle Pfg=\angle fP'P+\angle fPP'<180°$,则

$$\frac{\angle Pfg}{2}<90° \tag{2}$$

但根据式(1),$\angle PCe=\angle Pfe=\dfrac{\angle Pfg}{2}=90°$,显然式(2)是不可能的.故符合条件的直线,不可能与抛物线有两个公共点,则TT'必为抛物线的切线.

(4)法线平行于二动径端点的连线.而切线为此连线的中垂线.

已知:P为抛物线上的切点,TP为过切点P的切线.$\overline{cf}$为二动径端点的连线.Pn为过点P的法线(图63).

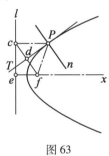

图63

求证:(1)PT垂直平分$\overline{cf}$;(2)Pn平行于$\overline{cf}$.

证 设PT与$\overline{cf}$相交于点d.

因为$\overline{cP}=\overline{Pf}$,则$\angle Pcf=\angle Pfc$(等腰三角形两底角必等),而$\angle dPf=\angle dPc$(切线平分动径角),所以

$$PT\text{垂直平分}\overline{cf} \qquad\text{证(1)}$$

又因$\angle cdP=\angle fdP$为直角.而$\angle dPn=$直角(法线定义),所以

$$Pn/\!/\overline{cf} \qquad\text{证(2)}$$

(5)平行弦中点的轨迹,为一平行于主轴的直线.

设平行弦系之方程为

$$y=mx+K(m\text{为弦的斜率},K\text{为}y\text{轴上的截距})(\text{图64})$$

155

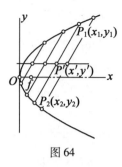

图 64

令弦 $\overline{P_1P_2}$ 之 K 值为 K_1,则此弦之方程为

$$y = mx + K_1 \tag{1}$$

设 P_1 的坐标为 (x_1, y_1),P_2 的坐标为 (x_2, y_2),$\overline{P_1P_2}$ 中点 P' 的坐标为 (x', y'),则

$$x' = \frac{1}{2}(x_1 + x_2) \tag{2}$$

156

因 (x_1, y_1) 及 (x_2, y_2) 为弦 $\overline{P_1P_2}$ 与抛物线之交点,故欲得其值,可解下列联立方程组

$$\begin{cases} y = mx + K_1 \\ y^2 = 2px \end{cases} \tag{3}$$

消去 y 得方程

$$m^2 x^2 + 2(mK_1 - p)x + K_1^2 = 0 \tag{4}$$

此方程的根为 x_1 与 x_2,而从式(2)知 x' 等于此二根和之半,又从式(4)知二根之和为

$$x_1 + x_2 = \frac{-2(mK_1 - p)}{m^2} \tag{5}$$

以式(5)代入式(2)得

$$x' = \frac{-(mK_1 - p)}{m^2} \tag{6}$$

因 (x', y') 适合于式(1),故

$$y' = mx' + K_1 \tag{7}$$

从(6)及(7)两式消去 K_1,并去其符标,即得平行弦中点轨迹的方程为:$y = \frac{p}{m}$,很显然,此轨迹为一直线,并平行于抛物线主轴.

（9.5）　抛物线作圆

（Ⅰ）已知抛物线，如何找主轴、焦点、顶点及准线

（1）已知抛物线，找主轴及顶点法.

作法　（图65）

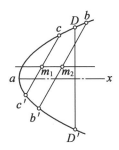

图 65

在已知抛物线上，作任意两平行弦 $\overline{cc'} /\!/ \overline{bb'}$，并找到 $\overline{cc'}$ 及 $\overline{bb'}$ 的中点为 m_1 及 m_2.

连 m_1m_2 并延长之，作 m_1m_2 的垂线交抛物线得 $\overline{DD'}$. 作 $\overline{DD'}$ 的中垂线 ax 交抛物线于点 a，则 ax 即为此抛物线的主轴，而 a 即为抛物线的顶点.

解说　因 m_1m_2 为平行弦中点的连线，故 m_1m_2 必平行于抛物线的主轴（见几何性质（5））.

因 $DD' \perp m_1m_2$，亦必垂直于主轴，故 D 及 D' 为抛物线上既找得的两对称点. 从而可知所作 $\overline{DD'}$ 的中垂线 ax（只能有一根）必为主轴，则点 a 必为抛物线的顶点.

（2）已知抛物线如何找焦点及准线法.

作法　（图66）

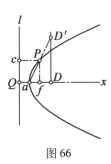

图 66

先用上述（1）的方法找得已知抛物线的主轴 ax 及顶点 a.

157

在 ax 轴上取适当长 $\overline{aD}$ 得点 D,并过 D 作 ax 的垂线 $\overline{DD'}$,使 $\overline{DD'}$ 等于 $2\,\overline{aD}$ (即 $\overline{aD}=1$ 单位, $\overline{DD'}=2$ 单位)连 aD' 交抛物线于 P. 自 P 作 ax 的垂线交 ax 于点 f,则点 f 即为所求焦点.

延长主轴至点 Q,使 $\overline{aQ}=\overline{af}$,自 Q 作主轴的垂线 l,则 l 即为所求的准线.

解说　因为 $\overline{DD'}\,/\!/\,\overline{Pf}$,则 $\triangle aDD' \backsim \triangle afP$,所以 $\overline{DD'}:\overline{aD}=\overline{Pf}:\overline{af}=2:1$,即 $\overline{Pf}=2\,\overline{af}$. 而 $\overline{Qf}=2\,\overline{af}$(作法),所以 $\overline{Qf}=\overline{Pf}$.

若自 P 作 l 的垂线 $\overline{Pc}$,则 $\overline{Pc}=\overline{Qf}=\overline{Pf}$,而 P 在抛物线上, f 在主轴上, $Pf\perp ax$,所以点 f 是在 $\overline{Pc}=\overline{Pf}$ 的情形下唯一的点,即为焦点. 而 $\overline{aQ}=\overline{af}$, l 过点 Q 并垂直 ax,故 l 为准线.

(Ⅱ)如何作抛物线的切线

(1)过抛物线上定点作切线法.

已知: P 为抛物线上一定点.

作法　(图67)

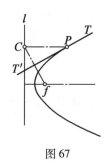

图67

过点 P 作准线 l 的垂线 $\overline{PC}$,连 C 至焦点 f 得 $\overline{Cf}$,过 P 作 $\overline{Cf}$ 的垂线 TPT',则 TPT' 为所求切线.

解说　若连 Pf,则 $\overline{Pf}=\overline{PC}$,即 $\triangle PCf$ 为等腰三角形.

而 TPT' 为过 P 所作 $\overline{Cf}$ 的垂线,故 TPT' 为 $\triangle PCf$ 顶角的分角线,则 TPT' 为过点 P 的切线(几何性质(3)).

(2)过抛物线外的一定点作切线法.

已知: P 为抛物线外一定点.

作法　(图68)

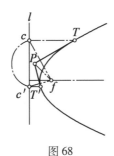

图 68

以 P 为圆心, P 至焦点 f 之长为半径作弧交准线 l 于 c 及 c'. 分别连 cf 及 $c'f$. 过 P 作$\overline{cf}$及$\overline{c'f}$的垂线, 自 c 及 c' 分作准线 l 的垂线分交$\overline{cf}$及$\overline{c'f}$的垂线于 T 及 T', 则 PT 及 PT' 均为所求抛物线的切线.

解说 若连 Pc(图中未画出), 则$\overline{Pc}=\overline{Pf}$(作法), 所以$\overline{PT}$为$\overline{cf}$的中垂线(等腰三角形顶角至底边的垂线必为底边中垂线).

故若连 Tf(图中未画出), 则$\overline{Tf}=\overline{Tc}$(线段的中垂线上任一点至线段两端等距). 因此符合抛物线定义的点 T, 必在抛物线上, 而$\overline{PT}$为动径角($\angle cTf$)的分角线, 故为切线, 点 T 为切点. 同理可证$\overline{PT'}$亦为切线.

(3) 作平行于定直线的抛物线的切线法.

已知: 抛物线及定直线 mn.

作法 (图 69)

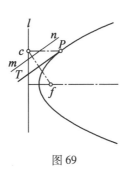

图 69

自焦点 f 作定直线 mn 的垂线交准线 l 于点 c. 自点 c 作准线 l 的垂线交抛物线于点 P, 过 P 作 mn 的平行线 PT, 则 PT 为所求切线.

解说 因为 $PT /\!/ mn$, 而 $mn \perp \overline{cf}$, 所以 $PT \perp \overline{cf}$.

若连 Pf, 则$\overline{Pf}=\overline{Pc}$.

显然 PT 为 $\angle cPf$ 的分角线, 故 PT 为切线(几何性质(3)).

159

（Ⅲ）抛物线的作法

（1）在主轴上定点描迹法.

已知：焦点 f 及准线 l，作抛物线.

作法 （图 70）

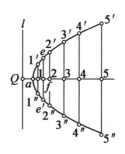

图 70

过 f 作 l 的垂线，垂足为 Q（即作主轴），平分 $\overline{Qf}$ 得点 a，在主轴上认定 $1,2$，$3,4,5,\cdots$ 诸点（aQ 部分不定点），过各定点作主轴的垂线（过 f 亦可作主轴的垂线）. 然后，以 f 为圆心，分别以 $\overline{Q1}$ 为半径作弧交过点 1 的垂线于 $1'$ 及 $1''$；以 $\overline{Qf}$ 为半径作弧交过 f 的垂线于点 e 及 e'；以 $\overline{Q2}$ 为半径作弧交过点 2 的垂线于点 $2'$ 及 $2''$；同法可作得 $3',3'',4',4'',5',5'',\cdots$ 迹点.

平滑联结各迹点即得抛物线.

解说 若连 $1'f$，并自 $1'$ 作准线 l 的垂线（图中未画出），则 $\overline{1'f} = \overline{Q1}$（作法），而 $\overline{Q1}$ 之长等于点 $1'$ 至准线的距离，故 $1'$ 为至焦点 f 及准线 l 等距的点，符合抛物线定义，故为抛物线的迹点之一. 同理其余各点亦为抛物线上的迹点. 因此描迹所得的曲线为抛物线.

（2）在准线上定点描迹法

已知：焦点 f 及准线 l，作抛物线.

作法 （图 71）

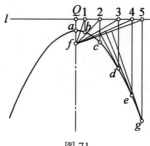

图 71

过焦点 f 作准线 l 的垂线交 l 于点 Q.

去 $\overline{fQ}$ 的中点 a,则 a 为抛物线的顶点.

在 l 上任取若干点,如 $1,2,3\cdots$.

连 $\overline{f1},\overline{f2},\overline{f3},\cdots$ 为线段,作 $\overline{f1},\overline{f2},\overline{f3},\cdots$ 线段的中垂线,又自点 $1,2,3\cdots$ 作 l 的垂线与上述有关线段的中垂线交于 $b,c,d,\cdots$ 各点,则 a,b,c,d 等点即为抛物线的迹点,平滑联结各迹点,即得抛物线(对称轴另侧的迹点,同法可求得).

解说　以迹点 d 为例,若连 $\overline{df}$,则 $\overline{df}=\overline{d3}$(因点 d 在 $\overline{f3}$ 的中垂线上)且 $\overline{d3}\perp l$,故点 d 为抛物线上的迹点,其余各点准此.

(3)已知抛物线上任一点及顶点和主轴作抛物线法(第一法).

已知:(图 72)抛物线顶点 a,主轴为 y 及抛物线上任一点 P.

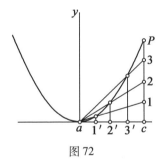

图 72

作法　过 a 作 y 轴的垂线,又过点 P 作 y 轴的平行线,两线相交于点 c. 然后 n 等分 $\overline{Pc}$ 及 $\overline{ac}$(图中设 $n=4$)得分点 $1,2,3\cdots$,及 $1',2',3'\cdots$ 各点.

连 $a1,a2,a3,\cdots$,并自 $1',2',3',\cdots$ 各分点作 y 轴的平行线. 各数码相同的直线,一一对应相交,则各交点即为抛物线上的迹点. 平滑联结各迹点,即得 y 轴一边的抛物线部分. 同法可求得其对称的另一部分.

解说　(参看图 73),取依照上述作图方法所作得的任意一迹点,置于平面坐标上加以解析,以观察其是否是抛物线上的迹点. 作法中所说的 n 等分,当 n 无限大时,则分点的数目为无限多,其各有关交点可视为连续动点.

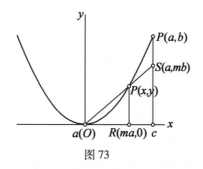

图 73

设将顶点 a 置于坐标上原点 O 处,使 $\overline{ac}$ 与 x 轴重合.

令 $\overline{Oc} = a$,$\overline{Pc} = b$,则点 P 的坐标为 (a,b),在 $\overline{Oc}$ 上任取一点 R,令 $\dfrac{OR}{OC} = m$

$(0 \leqslant m \leqslant 1)$,即 $\overline{OR} = am$,故 R 的坐标为 $(ma,0)$,过 R 作平行于 y 轴的直线方程为

$$x = ma \tag{1}$$

在 $\overline{Pc}$ 上取适合的一点 S,令 $\dfrac{cS}{cP} = m$,即 $\overline{cS} = mb$,故点 S 的坐标为 (a,mb).

连 OS 的直线方程为

$$y = \frac{mb}{a}x \tag{2}$$

因式(1)及式(2)的斜率不同,故此二直线必相交.

消去(1)(2)两式中的 m,得

$$x^2 = \frac{a^2}{b}y(\text{抛物线方程})$$

故依照本作法所作得的交点(各迹点)均在抛物线上.

(4)已知抛物线上任意一点及顶点与主轴,作抛物线(第二法).

已知:(图 74)抛物线顶点 a,主轴 y 及抛物线上任一点 P.

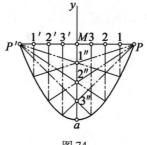

图 74

作法 过点 P 作 y 轴的垂线交 y 轴于点 M,延长 $\overline{PM}$ 至 P',使 $\overline{P'M}=\overline{PM}$. 然后 n 等分 $\overline{PM}$ 及 $\overline{P'M}$(图中 $n=4$),得分点 $1,2,3,\cdots$,及 $1',2',3',\cdots$. 并各自分点作 y 轴的平分线.

再 n 等分 $\overline{Ma}$(图中 $n=4$)得分点 $1'',2'',3'',\cdots$.

再分自 P 及 P' 引 $1'',2'',3'',\cdots$ 的连线,并延长各连线使与上述平行于 y 轴同数码的直线相交. 所得各交点均为抛物线的迹点,平滑联结各迹点,即得所求的抛物线.

解说 取上述作法所得的任意迹点,置于平面坐标上加以解析,如作法中所说的 n 等分,当 n 为无限大,则所得的分点为无限多,其有关各直线的交点可视为连续动点. 今观察解析后的动点轨迹是否为抛物线. 依照上图作法中的规律参考(图75).

163

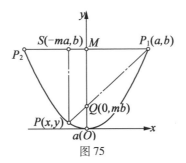

图75

令 $\overline{P_1M}$ 的长为 a,$\overline{OM}$ 的长为 b,抛物线顶点 a 与坐标中的原点 O 重合,主轴 Oy 与坐标中 y 轴重合,则 P_1 的坐标为 (a,b),在 $\overline{OM}$ 任取一分点 Q,令 $\overline{OQ}$ 的长为 $mb(0 \leqslant m \leqslant 1)$,则点 Q 的坐标为 $(0,mb)$. 按作法中的规律在 $\overline{MP_2}$ 上取点 s,令 $\overline{MS}$ 的长为 ma,则点 S 的坐标为 $(-ma,b)$.

连 P_1Q 的直线方程为

$$\frac{y-mb}{x}=\frac{b-mb}{a} \tag{1}$$

过点 S 作 y 轴平行的直线方程为

$$x=-ma \tag{2}$$

此二直线的斜率不同,故必相交.

消去上列(1)及(2)两式中的 m ,可得动点的轨迹:

从式(2)得
$$m = -\frac{x}{a}$$

将 m 值代入式(1)得

$$\frac{y + \frac{b}{a}x}{x} = \frac{b\left(1 + \frac{x}{a}\right)}{a}$$

简化上式得 $\quad x^2 = \frac{a^2}{b}y$ (抛物线方程)

(5)包络法线.

已知:抛物线的两等长切线 $\overline{PQ}$ 及 $\overline{P'Q}$,两切点为 P 及 P' .

作法 （图76）

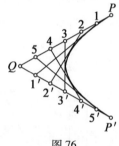

图76

164

m 等分 $\overline{PQ}$ 及 $\overline{P'Q}$ (图中 $m=6$),得分点 1,2,3,4,5,…,及 $1',2',3',4',5',$ …(注意分点数码的排列顺序).

然后,连数码相同的各分点,得 $\overline{11'},\overline{22'},\overline{33'},\overline{44'},\overline{55'},$ …则所连得的直线均为抛物线的切线,而所求的抛物线,就是这切线族的包络线[①].

用曲线板来切这些直线,连续三点以上相切时,可以描迹,所描得的曲线既为抛物线.

解说 （图77）

---

① 所谓包络线,就是与按照一定法则作出的直线(或曲线)族相切的线.

本作法中各分点的连线,必须是同数码的分点相连,不能以 P 与 $1'$ 相连.

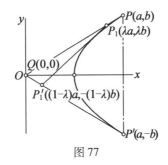

图 77

将作法中的 P,P' 及 Q 置于直角坐标系上.

令 $P(a,b),P'(a,-b),Q(0,0)$,连 PO 及 $P'Q$.

若在 $\overline{PQ}$ 上取点 P_1,在 $\overline{P'Q}$ 上取点 P_1'.

若 P_1 的坐标为 $(\lambda a,\lambda b)$(此处 $0 \le \lambda \le 1$),根据作法中的规律,则 P_1' 的坐标为 $((1-\lambda)a,-(1-\lambda)b)$.

连 P_1,P_1',则 $\overline{P_1P_1'}$ 的位置将随 λ 之值在区间 $0 \le \lambda \le 1$ 内而变化形成直线族,此直线族的方程为

$$\frac{y-\lambda b}{x-\lambda a} = \frac{\lambda b + (1-\lambda)b}{\lambda a - (1-\lambda)a}$$

化简后得

$$f(x,y,\lambda) = a(2\lambda-1)y - bx + 2\lambda ab - 2\lambda^2 ab = 0$$

以 λ 为主微分之得

$$f_\lambda(x,y,\lambda) = 2ay + 2ab - 4\lambda ab = 0$$

则

$$\lambda = \frac{b+y}{2b}$$

以 λ 之值代入直线族方程,消去 λ,得直线族之包络方程

$$ay^2 + ab^2 - 2b^2 x = 0$$

即

$$y^2 = \frac{b^2}{a}(2x-a) \quad (\text{抛物线方程})$$

故依照本作法所得直线族的包络线为抛物线.

注　如已知抛物线的两切线不是等长,亦可按本作法的规律而作得抛物线(图78).证明方法与上述解说相同,仅需改 P,P' 二点为直角坐标上任意位置之二点(点 Q 仍可置于原点,当然,P,Q,P' 三点不在一直线上),即可证得.

(6)用三角板和丁字尺作抛物线法.

已知：准线 l 及焦点 f.

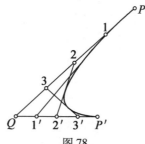

图78

作法 （图79）取 $30°-60°$ 三角板一块，在其 $30°$ 角顶处固定一线.

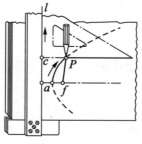

图79

使线的长等于较长直角边之长.

将线的另一端固定于焦点 f.

取丁字尺使尺缘密合于准线 l，使三角板较短直角边紧靠于尺缘.

再用铅笔挑着线，并使铅笔时时保持与三角板较长直角边紧靠. 如图中点 P 的位置.

然后将三角板沿着尺缘平移，则铅笔在图纸上运动的轨迹为抛物线.

解说 上述铅笔移动到任一位置时的点 P，均保持着

$$\overline{Pc} = \overline{Pf}$$

的规律. 这就符合抛物线的定义，故点 P 所运动的轨迹为抛物线.

(9.6) 抛物线实用示例

轴承轮廓画法

作法 （图80）

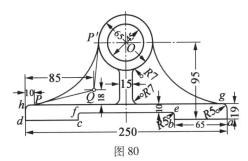

图 80

（1）作纵横互垂的两轴相交于点 O，以 O 为圆心，$\frac{45}{2}=22.5$ mm，及 $\frac{65}{2}=$ 32.5 mm 各为半径作两个同心圆.

（2）在距横轴 95 mm 处作横轴的平行线，得作底边线 $\overline{ab}=\overline{cd}=65$ mm，使 a，d 两点相距 250 mm 并以纵轴为对称轴. 又在底边上方 9 mm 处及 19 mm 处各作底边的平行线. 分自 a,b,c,d 各点作底边的垂线，交上述有关平行线于 g,h 及 e,f 各点.

（3）作以纵轴为对称轴的，相距为 15 mm 的纵轴的两平行线，使与 $\overline{gh}$ 及以 65 mm 为直径的圆相交.

（4）在 $\overline{gh}$ 上距 h 为 10 mm 定抛物线切点 P. 在距 h 为 85 mm 距 $\overline{gh}$ 为 18 mm 处定一点 Q，连 PQ，令 $\overline{PQ}$ 为抛物线的一切线，自 Q 作直径为 65 mm 的圆的切线 $\overline{QP'}$ 切圆于点 P'. 令 $\overline{QP'}$ 亦为抛物线的切线，则抛物线的二已知切线相交于点 Q.

（5）用包络线法作出抛物线. 并在纵轴另侧作出对称的一支抛物线.

（6）最后分别用 5 mm 及 7 mm 各为半径，去将应改成平滑连接的各交角为弧连接.

则轴承的轮廓全部完成.

附抛物线图例

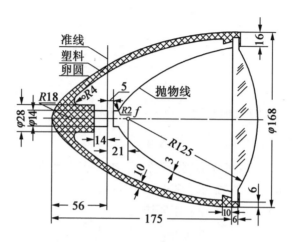

照远灯切断面轮廓

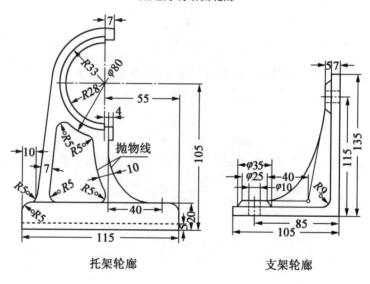

托架轮廓   支架轮廓

第十节 双 曲 线

（10.1） 双曲线定义

在平面上,一动点到两定点距离之差恒保持定长而运动,则此动点的轨迹,叫作双曲线.

例如 （图 81）

$P_1,P_2,P_3,\cdots$ 为动点的迹点,f_1,f_2 为两定点,若 $\overline{P_1f_1}-\overline{P_1f_2}=\overline{P_2f_1}-\overline{P_2f_2}=\overline{P_3f_2}-\overline{P_3f_1}=$ 定长,则此动点运动的轨迹,为双曲线.

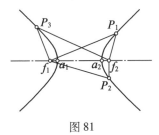

图 81

（10.2） 双曲线形成及其理由

在第五节中提到双曲线的形成,是截平面截圆锥面时,截平面与定轴的交角 β 等于零度（即截平面平行于定轴）,或 $\beta<\alpha$ 时,则截口形成的曲线为双曲线（图 82）. 其理由见下列解说.

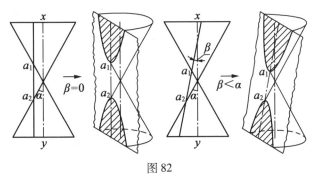

图 82

解说 （图 83）

设 a_1a_2 为截平面,xy 为定轴,$Smh(Sgn)$ 为圆锥面,若在定轴 xy 上找点 O

及 O' 为球心,分别作球切锥面得二平行的圆环平面 $cK'c'$ 及 dKd';又切截平面于点 f_1 及 f_2. 在截平面上连 f_1f_2 交截口于 a_1 及 a_2,连 Sa_1 得母线 Sa_1m,连 Sa_2 得母线 Sa_2g.

若在截口曲线上任取一点 P,连 PS 并延长之,则 PS 交两平行圆环平面于 K 及 $K'(KK'$ 亦为母线),点 K 及点 K' 为母线 KK' 与两球的切点.

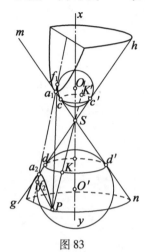

图 83

若连 Pf_1 及 Pf_2(在截平面上),则

$$\overline{Pf_2} = \overline{PK}, \overline{Pf_1} = \overline{PK'}$$

$$\overline{a_2f_2} = \overline{a_2d}, \overline{a_1f_2} = \overline{a_1d'}$$

$$\overline{a_2f_1} = \overline{a_2c'}, \overline{a_1f_1} = \overline{a_1c}$$

(自球外一点至同球的切线相等)

于是
$$\overline{c'd} = \overline{a_2c'} - \overline{a_2d} = \overline{a_2f_1} - \overline{a_2f_2} \tag{1}$$

$$\overline{cd'} = \overline{a_1d'} - \overline{a_1c} = \overline{a_1f_2} - \overline{a_1f_1} \tag{2}$$

由于 $\overline{c'd} = \overline{cd'}$(两平行圆环平面间的母线段相等)故从(1)及(2)两式可知

$$\overline{a_2f_1} - \overline{a_2f_2} = \overline{a_1f_2} - \overline{a_1f_1}$$

及
$$\overline{a_1a_2} + \overline{a_1f_1} - \overline{a_2f_2} = \overline{a_1a_2} + \overline{a_2f_2} - \overline{a_1f_1}$$

简化上式得: $\overline{a_1f_1} = \overline{a_2f_2}$,以 $\overline{a_2f_2}$ 之值,代入式(1)得

$$\overline{c'd} = \overline{a_2f_1} - \overline{a_1f_1}$$

但 $\overline{a_2f_1} - \overline{a_1f_1} = \overline{a_1a_2}$，所以 $\overline{c'd} = \overline{a_1a_2}$.

今 $\overline{c'd} = \overline{KK'}$（两平行圆环平面间的母线段相等），所以

$$\overline{a_1a_2} = \overline{KK'}$$

而

$$\overline{KK'} = \overline{PK'} - \overline{PK} = \overline{Pf_1} - \overline{Pf_2}$$

所以

$$\overline{a_1a_2} = \overline{Pf_1} - \overline{Pf_2}$$

根据上述解说，点 P 是截口上任取的一点，而此点至两定点 f_1, f_2 距离之差恒为定长 a_1a_2，故此截口为双曲线.

注 当截平面与定轴 xy 重合时，则所得截口为两相交直线. 这是 $\beta = 0$ 时的特殊情况.

（10.3） 双曲线方程

根据双曲线定义：在平面上，一动点到两定点距离之差恒保持定长而运动，则此动点的轨迹为双曲线.

令 f_1, f_2 为两定点，在 x 轴上 f_1f_2 的中点为原点 O，再令 f_1 与 f_2 的距离为 $2c$，P 为动点（图 84），$\overline{Pf_1} - \overline{Pf_2} = 2a = $ 定长，f_1 的坐标为 $(-c, 0)$，f_2 的坐标为 171 $(c, 0)$

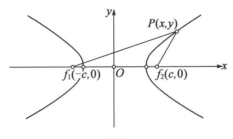

图 84

$$\overline{Pf_2} = \sqrt{(x-c)^2 + y^2}, \overline{Pf_1} = \sqrt{(x+c)^2 + y^2}$$

由定义得

$$\sqrt{(x+c)^2 + y^2} - \sqrt{(x-c)^2 + y^2} = 2a$$

$$\sqrt{(x+c)^2 + y^2} = 2a + \sqrt{(x-c)^2 + y^2}$$

两边平方并化简之得

$$cx - a^2 = a\sqrt{(x-c)^2 + y^2}$$

再平方上式两边得

$$(c^2 - a^2)x^2 - a^2y^2 = a^2(c^2 - a^2)$$

令 $c^2 - a^2 = b^2$ 则得 $\qquad b^2x^2 - a^2y^2 = a^2b^2$

所以 $\qquad \dfrac{x^2}{a^2} - \dfrac{y^2}{b^2} = 1$ 双曲线最简方程

（10.4） 双曲线的几何性质

（Ⅰ）有关名词简介（图 85）

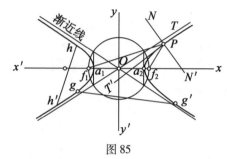

图 85

（1）焦点——两定点 f_1, f_2.

（2）动点——双曲线上任意点 P.

（3）动径——动点到两定点的连线 $\overline{Pf_1}, \overline{Pf_2}$.

（4）动径角——两动径的夹角,如 $\angle f_1Pf_2$.

（5）主轴——过两焦点的轴,如 xx'.

（6）顶点——双曲线与主轴的交点 a_1, a_2.

（7）双曲线中心——两焦点的中点 O.

（8）共轭轴——过中心点 O 垂直于主轴的轴,如 yy'.

（9）弦——双曲线上任意两点的连线,如 $\overline{hh'}, \overline{gg'}$.

（10）切线——与椭圆切线定义同,如图中的 TT' 即为过点 P 的切线.

（11）法线——过切点垂直于切线的直线. 如 NN'.

（12）渐近线——与双曲线的两支切于无限远点的直线.

（Ⅱ）有关作图的几点几何性质：

（1）双曲线的切线平分动径角（图 86）.

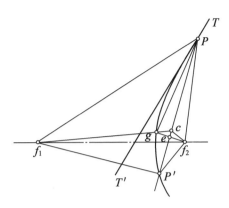

图 86

已知：焦点 f_1，f_2，P 为双曲线上任意一点，TT' 为过点 P 的切线.

求证：切线平分动径角（即求证 $\angle f_1 PT' = \angle f_2 PT'$ ）.

证明：过点 P 作割线 PP'，自 f_2 引 PP' 的垂线交 PP' 于点 e. 延长 $\overline{f_2 e}$ 至点 g，使 $\overline{eg} = \overline{f_2 e}$，连 $f_1 g$ 并延长交 $\overline{PP'}$ 于点 c，连 cf_2.

因为 $\overline{Pe}$ 为 $\overline{f_2 g}$ 的中垂线，所以

$$\angle f_2 ce = \angle f_1 ce$$

而点 c 在 PP' 之间，且点 P' 是双曲线上任意一点，当 P' 在双曲线上任一位置时，均符合上述 $\angle f_2 ce$ 恒等于 $\angle f_1 ce$，若 P' 无限趋近于 P 时，则割线就变成过点 P 的切线 TT'，此时点 c 亦必无限趋近于点 P，则 $\angle f_2 ce$ 变成 $\angle f_2 PT'$，$\angle f_1 ce$ 变成 $\angle f_1 PT'$.

故切线平分动径角，即 $\angle f_1 PT' = \angle f_2 PT'$.

（2）过双曲线上任一点，平分动径角的直线，为双曲线的切线.

已知：P 为双曲线上任意一点，$\overline{Pf_1}$ 及 $\overline{Pf_2}$ 为二动径，$\angle f_1 PT' = \angle f_2 PT'$（图 87）.

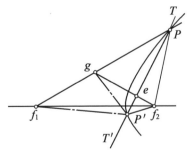

图 87

求证:TT' 为过双曲线上点 P 的切线.

证明:过双曲线上点 P 的直线,不外两种情形:一为双曲线切线(与双曲线仅有一个公共点),另一为双曲线的割线(与双曲线有两个公共点).

今假设 TT' 与双曲线有两个公共点 P 及 P',若自 f_2 作 $\overline{PP'}$ 的垂线交 $\overline{PP'}$ 于点 e,交 $\overline{Pf_1}$ 于点 g,由已知 $\angle f_1PT' = \angle f_2PT'$,则 $\mathrm{Rt}\triangle Pge \cong \mathrm{Rt}\triangle Pf_2e$,所以 $\overline{Pg} = \overline{Pf_2}$.

设二动径之定差为 $2a$,显然

$$\overline{Pf_1} - \overline{Pg} = \overline{gf_1} = 2a \tag{1}$$

又,若连 $P'f_1$,$P'g$ 及 $P'f_2$,则 $\overline{P'g} = \overline{P'f_2}$,显然

$$\overline{P'f_1} - \overline{P'g} = 2a \tag{2}$$

由(1)及(2)两式消去 $2a$ 得

$$\overline{P'f_1} - \overline{P'g} = \overline{gf_1} \tag{3}$$

式(3)表明在 $\triangle P'f_1g$ 中,两边之差等于第三边,这显然是不可能的,故 TT' 与双曲线不能有两个公共点,则 TT' 必为双曲线的切线.

(3)双曲线是有渐近线的,其方程为 $y = \pm\dfrac{b}{a}x$.

在名词简介中已提及渐近线,今就双曲线的最简方程加以解析,以说明双曲线是有渐近线的.

已知:双曲线方程为

$$\frac{x^2}{a^2} - \frac{y^2}{b^2} = 1 \tag{1}$$

设有直线方程为

$$y = mx + k \tag{2}$$

若上述直线为双曲线的渐近线,则根据渐近线的性质,它必与双曲线的两支切于无限远点.

解(1)(2)两联立方程,以式(2)的 y 代入式(1)得

$$\frac{x^2}{a^2} - \frac{(mx+k)^2}{b^2} = 1$$

简化上式得　　$(b^2 - a^2m^2)x^2 - 2a^2mkx - a^2k^2 - a^2b^2 = 0$

由于渐近线与双曲线的两支切于无限远点,则上述二次方程的根必趋近于

无限大,即

$$x = \frac{2a^2 mk \pm \sqrt{4a^4 m^2 k^2 + 4(b^2 - a^2 m^2)(a^2 b^2 + a^2 k^2)}}{2(b^2 - a^2 m^2)} \to \infty$$

当二次方程的根(即 x 的值)趋近无限大时,x^2 的系数必为无限小(即趋近于 0),则

$$b^2 - a^2 m^2 = 0$$

$$m^2 = \frac{b^2}{a^2}$$

所以

$$m = \pm \frac{b}{a}$$

故此渐近线的斜率为 $\pm \dfrac{b}{a}$.

又因此直线与双曲线在无限远点是相切的,则上列二次方程的判别式值必为零,即

$$4a^4 m^2 k^2 + 4(b^2 - a^2 m^2)(a^2 b^2 + a^2 k^2) = 0$$

将 m 值代入上式得

$$a^2 \cdot b^2 \cdot k^2 = 0$$

由于 $a \neq 0; b \neq 0$,则 $k = 0$

以 m 及 k 的值代入直线方程 $y = mx + k$,得渐近线方程

$$y = \pm \frac{b}{a} x$$

从渐近线的方程中可看出,双曲线是有两条渐近线的,并且渐近线是通过双曲线中心的.

(4)双曲线平行弦中点的轨迹为一直线,并通过双曲线的中心.

设平行弦系的方程为(图88)

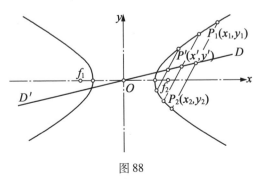

图88

$$y = mx + k(m \text{ 为斜率}, k \text{ 为 } y \text{ 轴上截距})$$

令过 P_1P_2 直线的 k 值为 k_1，则弦之方程为

$$y = mx + k_1 \tag{1}$$

设 P_1 的坐标为 (x_1, y_1)，P_2 的坐标为 (x_2, y_2)，P' 的坐标为 (x', y')，并以 P' 为 $\overline{P_1P_2}$ 的中点，则

$$x' = \frac{1}{2}(x_1 + x_2) \tag{2}$$

因 (x_1, y_1) 与 (x_2, y_2) 为弦 P_1P_2 与双曲线的交点，故欲得其值可解下列联立方程组

$$\begin{cases} y = mx + k_1 \\ b^2 x^2 - a^2 y^2 = a^2 b^2 \end{cases} \tag{3}$$

消去 y 得方程　　　　$b^2 x^2 - a^2(mx + k_1)^2 = a^2 b^2$

即

$$(b^2 - a^2 m^2)x^2 - 2a^2 m k_1 x - a^2(k_1^2 + b^2) = 0 \tag{4}$$

上述方程的二根 x_1 及 x_2 之和为

$$x_1 + x_2 = \frac{2a^2 m k_1}{b^2 - a^2 m^2} \tag{5}$$

将式(5)代入式(2)得

$$x' = \frac{a^2 m k_1}{b^2 - a^2 m^2} \tag{6}$$

因 (x', y') 也适合于式(1)，故得方程

$$y' = mx' + k_1 \tag{7}$$

从式(6)及式(7)中消去 k_1，并去其符标，即得此轨迹的方程为

$$y = \frac{b^2}{a^2 m} x$$

显然此轨迹为一直线 (DD')，并通过双曲线中心.

（10.5）　双曲线作图

（Ⅰ）已知双曲线，如何找中心、主轴、顶点、共轭轴、焦点及渐近线

（1）已知双曲线，如何找双曲线中心法（图89）.

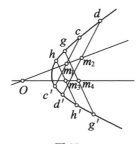

图 89

作法 作两两互相平行的弦 $cc' \parallel dd'$，$gg' \parallel hh'$．分别取各弦的中点 m_1，m_2 及 m_3，m_4．

连 $m_1 m_2$ 并延长之，又连 $m_3 m_4$ 并延长之，二延长线相交于点 O，则 O 即为双曲线的中心．

解说 因为 m_1 及 m_2 为两平行弦的中点，则 m_1 及 m_2 的连线必通过双曲线中心（见几何性质(4)）.

同理 m_3 及 m_4 的连线亦必通过双曲线中心，但双曲线中心只有一个，故两线的交点 O 必为所求中心．

177

（2）已知双曲线，如何找主轴，顶点及共轭轴法（图90）．

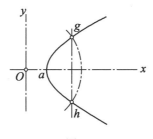

图 90

作法 第一步先用求双曲线中心法求得中心点 O，然后以 O 为圆心，适当长为半径作弧交双曲线于 g 及 h，连 gh，并过 O 作 $\overline{gh}$ 的垂线 Ox 交双曲线于点 a，则 Ox 即为所求主轴，点 a 即为所求顶点，过 O 作 Ox 的垂线 Oy，则 Oy 即为所求共轭轴．

解说 双曲线是成轴对称的，故以 O 为圆心作弧，所得的交点 g 及 h 两点必以 Ox 为对称轴的两对称点，故 $\overline{gh}$ 必被 Ox 垂直平分，而 $\overline{gh}$ 的中垂线只能有一根，因此所作 Ox 轴必为主轴，而主轴与双曲线的交点 a 就是顶点．

过双曲线中心垂直于主轴的直线 y 轴，就是共轭轴．

(3)已知双曲线,如何找焦点法.

解析 从上述(1),(2)两法中已说明:

若双曲线为已知,则其中心、主轴、顶点及共轭轴均可按法求得(即均可视为已知).

若在双曲线上任取一点 P_1,其坐标为 (x_1,y_1),根据双曲线方程(图91)

$$\frac{x_1^2}{a^2} - \frac{y_1^2}{b^2} = 1$$

上式中的 x_1 及 y_1 可视为已知,$OA = a$(为已知),故 b 之值可求.

$$b^2 x_1^2 - a^2 y_1^2 = a^2 b^2$$
$$b^2(x_1^2 - a^2) = a^2 y_1^2$$

所以

$$b = \frac{a y_1}{\sqrt{x_1^2 - a^2}}(\text{取绝对值})$$

即

$$\sqrt{x_1^2 - a^2} : a = y_1 : b$$

则 b 可通过第四比例项作图求得. 而 $c^2 - a^2 = b^2$(在双曲线方程中是令 $c^2 - a^2 = b^2$ 的),故 $c^2 = a^2 + b^2$. 令 b 既可求得,c 亦可作得,即 $Of = c$,故焦点可求.

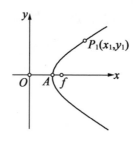

图 91

作法 (图92)

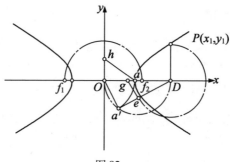

图 92

已知双曲线,先用(1)(2)法求得双曲线的中心 O,主轴 Ox,顶点 a 及共轭轴 Oy.

在双曲线上任取一点 P,自 P 作 Ox 的垂线,垂足为 D,以 $\overline{OD}$ 为直径作半圆,又以 O 为圆心,以 $\overline{Oa}=a$ 为半径作弧,交上述半圆于点 a'.

连 $a'D$. 在 $\overline{a'D}$ 上取 $\overline{De}=\overline{PD}$,过 e 作 $\overline{a'D}$ 的垂线交 Ox 轴于点 g.

以 $\overline{eg}$ 之长在 Oy 轴上截取 $\overline{Oh}=\overline{eg}$.

连 ah. 以 O 为圆心,以 $\overline{ah}$ 之长为半径截 Ox 轴得 f_1 及 f_2,则 f_1 及 f_2 即为所求的两焦点.

解说　根据作法 $\overline{PD}=y_1$,$\overline{OD}=x_1$,$\overline{Oa}=\overline{Oa'}=a$,均为已知,则

$$\overline{Da'}=\sqrt{x_1^2-a^2}$$

又　　　　　　　　$\triangle Da'O \backsim \triangle Deg$,$\overline{De}=y_1$(作法)

所以　　　　　　　　$\overline{Da'}:\overline{oa'}=\overline{De}:\overline{ge}$

179

即　　　　　$\sqrt{x_1^2-a^2}:a=y_1:\overline{eg}$　　（$\overline{eg}$图中已作得）

而由解析可知:$\overline{eg}=b$,由作法可知 $\overline{Oh}=\overline{eg}$,所以

$$\overline{Oh}=\overline{eg}=b$$

所以　　　　　　　　　$\overline{ha}=\sqrt{a^2+b^2}$

所以　　　　$\overline{Of_1}=\overline{Of_2}=\sqrt{a^2+b^2}=c$(取绝对值)

故 f_1 及 f_2 即为所求焦点.

(4)双曲线的渐近线的作法.

作法　（图93）

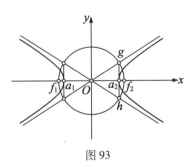

图93

以 O 为圆心，$\overline{Of_1} = \overline{Of_2}$ 为半径作圆. 过 a_2(或 a_1)作 Ox 的垂线，交圆周于点 g 及 h. 分别连 gO 及 hO，并延长之，即得所求的渐近线.

解说 根据双曲线渐近线方程：$y = \pm \dfrac{b}{a} x$(见几何性质(3)).

由本作法所求得的两直线 $\overline{gO}$ 及 $\overline{hO}$. 令直线 $\overline{gO}$ 的斜率为 m，则

$$m = \frac{\overline{ga_2}}{\overline{Oa_2}} = \frac{b}{a}$$

$$\left(因 \overline{ga_2} = \sqrt{\overline{Og}^2 - \overline{Oa_2^2}} = \sqrt{\overline{Of_2^2} - \overline{Oa_2^2}} = \sqrt{c^2 - a^2} = b\right)$$

故直线 $\overline{gO}$ 的方程为 $\qquad\qquad y = \dfrac{b}{a} x$

令直线 $\overline{hO}$ 的斜率为 m，则

$$m = \frac{\overline{ha_2}}{\overline{Oa_2}} = -\frac{b}{a}$$

故直线 $\overline{hO}$ 的方程为 $\qquad\qquad y = -\dfrac{b}{a} x$

以上二直线式，均符合于双曲线渐近线方程，故为二渐近线.

综观上述(1)(2)(3)及(4)法的作图，可知：只要双曲线的一支为已知，则双曲线的中心、主轴、共轭轴、顶点、焦点及渐近线均可用几何作图法求得.

(Ⅱ)如何作双曲线的切线

(1)过双曲线上一定点作切线法.

已知：双曲线上定点 P.

作法 (图94)

过定点 P 作两焦点的连线 $\overline{Pf_1}$ 及 $\overline{Pf_2}$，得动径角($\angle f_1 P f_2$).

作 $\angle f_1 P f_2$ 的角平分线 TT'，则 TT' 即为所求切线.

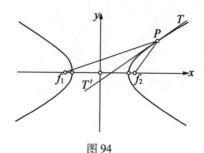

图 94

解说　因为 TT' 是动径角的角平分线,故为双曲线的切线(见几何性质(2)).

(2)自双曲线外一定点作切线法.

已知:双曲线外定点 P.

作法　(图95)

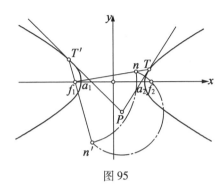

图95

以 P 为圆心,$\overline{Pf_2}$ 为半径作弧,又以 f_1 为圆心,$\overline{a_1a_2}$(即 $2a$)之长为半径作弧,两弧相交于点 n 及 n'.

连 f_1n,并延长交双曲线于点 T,连 PT,则 PT 即为所求切线之一.

若连 f_1n',并延长交双曲线于点 T',连 PT',则 PT' 亦为所求切线.

解说　以 PT 为例,若连 Pf_2,Pn 及 nf_2(图中未画出),则

$$\overline{Pf_2} = \overline{Pn}(\text{同圆半径}) \tag{1}$$

又因点 T 在双曲线上,故知

$$\overline{Tf_1} - \overline{Tf_2} = \overline{Tn} + \overline{nf_1} - \overline{Tf_2} = 2a$$

但 $\overline{nf_1} = 2a$(作法),则上式可变为

$$\overline{Tn} + 2a - \overline{Tf_2} = 2a$$

所以

$$\overline{Tn} = \overline{Tf_2} \tag{2}$$

由(1),(2)两式显然看出 TP 为 $\angle f_1Tf_2$ 的角平分线.

故 TP 即为双曲线的切线(见几何性质(2)).

同理可证 TP' 亦为双曲线的切线.

(3)作平行于定直线的双曲线切线法.

已知:双曲线及直线 l(图96).

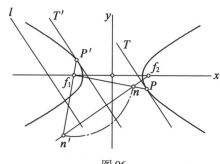

图 96

作法 自 f_2 作直线 l 的垂线并酌予延长.

以 f_1 为圆心,$2a$ 为半径作弧交上述 l 的垂线于点 n 及 n',连 f_1n 及 f_1n',并各予延长交双曲线于点 P 及 P'(注意,所取 P 及 P' 分别在 f_1n 及 f_1n' 的延长线上).过 P 及 P' 作 l 的平行线 PT 及 $P'T'$,则 PT 及 $P'T'$ 即为所求切线.

解说 以 PT 为例,若连 $\overline{Pf_2}$(图中未画出),则 $\overline{Pf_2} = \overline{Pn}$(因为作法中 $\overline{f_1n} = 2a$,而 $\overline{Pf_1} - \overline{Pf_2} = \overline{Pn} + \overline{nf_1} - \overline{Pf_2} = 2a$,等减 $2a$ 后即得).

所以 $\triangle Pnf_2$ 为等腰三角形.而 $PT/\!/l$,所以 $PT \perp \overline{f_2n}$,所以 PT 必平分 $\angle nPf_2$(等腰三角形顶点到底边的垂线,必平分顶角).

故 PT 为双曲线的切线(见几何性质(2)).同理可证,$P'T'$ 亦为所求切线.

(Ⅲ)双曲线的作法

(1)定点描述法.

已知:两焦点 f_1 及 f_2,顶点 a_1 及 a_2,作双曲线.

作法 (图 97)

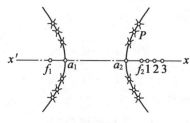

图 97

过二焦点作主轴 xx',在主轴上 $\overline{f_1f_2}$ 之外定 $1,2,3,\cdots$ 各点,以 f_1 及 f_2 各为圆心,$\overline{a_1 1}$ 为半径作弧,又以 f_1 及 f_2 为圆心,$\overline{a_2 1}$ 为半径作弧,则所作四弧两两相交

于四点.

同法以两焦点各为圆心,分别以 $\overline{a_1 2}$ 及 $\overline{a_2 2}$ 为半径作弧,则所作四弧又两两相交于四点.

余同法类推,可得若干个迹点,平滑联结各迹点,即得所求双曲线.

解说　以作法中四弧两两相交所得的迹点 P 为例.

若连 Pf_1 及 Pf_2(图中未画出),则

$$\overline{Pf_1} = \overline{a_1 2}, \overline{Pf_2} = \overline{a_2 2}$$

$$\overline{Pf_1} - \overline{Pf_2} = \overline{a_1 2} - \overline{a_2 2}$$

而

$$\overline{a_1 2} - \overline{a_2 2} = \overline{a_1 a_2}$$

所以

$$\overline{Pf_1} - \overline{Pf_2} = \overline{a_1 a_2} = 定长$$

故点 P 必在双曲线上,其余各迹点同理亦必在双曲线上,则描迹所得的曲线必为双曲线.

(2)等边双曲线的作法.

等边双曲线是双曲线中的特例,即当双曲线方程: $\dfrac{x^2}{a^2} - \dfrac{y^2}{b^2} = 1$ 中的 $a = b$ 时,则此双曲线称为等边双曲线.又称为直角双曲线或正双曲线. 183

为了便于解说等边双曲线的作法,此先将等边双曲线的方程及有关性质介绍如下:

①等边双曲线的最简方程:

当 $a = b$ 时,以 b 值代入双曲线方程 $\dfrac{x^2}{a^2} - \dfrac{y^2}{b^2} = 1$ 即得 $x^2 - y^2 = a^2$,其渐近线的斜率 $m = \pm 1$ (见几何性质(3)).

故渐近线方程为: $x - y = 0$ 及 $x + y = 0$,因二直线的斜率互为负倒数,则此二直线是互垂的,故等边双曲线又可称为直角双曲线.

若将 x 轴及 y 轴与此二渐近线重合,则需将方程 $x^2 - y^2 = a^2$ 中二轴同时旋转 $-45°$,即可得等边双曲线最简方程.

转轴公式

$$x = x'\cos\theta - y'\sin\theta$$
$$y = x'\sin\theta + y'\cos\theta$$

两轴旋转 $-45°$,则

$$x = \dfrac{x'}{\sqrt{2}} + \dfrac{y'}{\sqrt{2}} = \dfrac{x' + y'}{\sqrt{2}}$$

$$y = \frac{-x'}{\sqrt{2}} + \frac{y'}{\sqrt{2}} = \frac{-x' + y'}{\sqrt{2}}$$

将 x' 及 y' 代入等边双曲线方程得

$$\left(\frac{x' + y'}{\sqrt{2}} \right)^2 - \left(\frac{-x' + y'}{\sqrt{2}} \right)^2 = a^2$$

简化上式得 $\qquad\qquad\qquad 4x' \cdot y' = 2a^2$

即

$$x' \cdot y' = \frac{a^2}{2}$$

其中 $\dfrac{a^2}{2}$ 可视为常数 k，去其符标以 k 代入得

$$x \cdot y = k \text{（等边双曲线最简方程）}$$

②等边双曲线的有关性质：从上述方程 $x \cdot y = k$ 中可看出，等边双曲线上任一迹点的纵坐标的值与横坐标的值的乘积是定值 (k).

根据此性质，若已知相互垂直的二渐近线（如图 30 – 18 中的 Ox 及 Oy）及双曲线上的任意一点 $P(a,b)$，则 k 值即可确定，从而此轨迹即可确定.

③作法（一）.

已知：相互垂直之二渐近线（Ox 及 Oy）及双曲线上一定点 P 作双曲线.

作法 （图 98）

过点 P 作任意直线（但必须与二渐近线均相交），如 $\overline{m_1 m_1'}$，$\overline{m_2 m_2'}$，$\overline{m_3 m_3'}$，$\overline{m_4 m_4'}$，$\overline{m_5 m_5'}$，….

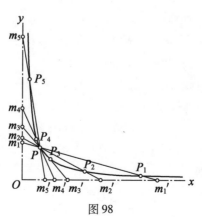

图 98

在 $\overline{m_1m_1}'$ 上取 $\overline{m_1'P_1}$ 使其等于 $\overline{Pm_1}$ 得点 P_1.

在 $\overline{m_2m_2}'$ 上取 $\overline{m_2'P_2} = \overline{Pm_2}$ 得点 P_2.

同法分别在上述线段上取得 $P_2, P_4, P_5, \cdots$ 各点,则 $P_1, P_2, P_3, P_4, P_5, \cdots$ 各点均为等边双曲线的迹点,平滑联结各迹点,即得所求等边双曲线.

解说 (参考图 99)

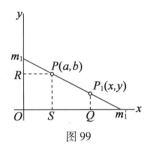

图 99

按照上述作图规律,以迹点 P_1 为例,设 P_1 的坐标为 (x, y),若令定点 P 的坐标为 (a, b)

$$\overline{m_1P} = \overline{P_1m_1}' \, (作法)$$

$$\triangle Pm_1R \cong \triangle m_1'P_1Q$$

则

$$\overline{m_1'Q} = a \, (全等三角形对应边相等)$$

$$\overline{OR} = b, \overline{m_1R} = \overline{P_1Q} = y, \overline{OQ} = x$$

又因 $\triangle Pm_1R \backsim \triangle m_1'm_1O$,则 $\dfrac{\overline{m_1R}}{\overline{RP}} = \dfrac{\overline{m_1O}}{\overline{Om_1}'}$,即

$$\frac{\overline{m_1R}}{\overline{RP}} = \frac{\overline{m_1R} + \overline{RO}}{\overline{OQ} + \overline{Qm_1}'}$$

将有关值代入上式得 $\quad \dfrac{y}{a} = \dfrac{y + b}{x + a}$

$$xy + ay = ay + ab$$

即 $x \cdot y = ab$(a 与 b 的积为定值).

故知 P_1 为等边双曲线的迹点. 其余各迹点同理.

④作法(二).

185

已知:相互垂直的二渐近线(Oy 及 Ox)及双曲线上一定点 P.

作法 （图 100）

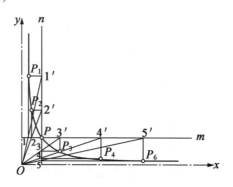

图 100

过 P 作 Ox 及 Oy 的平行线 mP 及 nP,并各予延长.

自 O 作辐射线（射线越密,所得等边双曲线的精确程度越高）,各射线分交 mP 及 nP 于两点,如图中的 $1,1';2,2';3,3';4,4';5,5';\cdots$ 各点.

再分自同数码的各点作 Ox 及 Oy 的平行线,则各同数码的上述平行线的交点为 $P_1,P_2,P_3,P_4,P_5,\cdots$. 这些交点均为所求等边双曲线的迹点,平滑联结各迹点即得所求等边双曲线.

解说 （图 101）

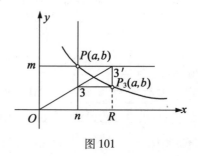

图 101

按照上述作法规律,以迹点 P_2 为例,若令点 P 坐标为 (a,b),则此等边双曲线方程应为:$xy = ab$（将 $x = a, y = b$ 代入 $x \cdot y = k$,则 $k = ab$）.

延长 $\overline{3'P_3}$ 与 Ox 相交于点 R,则

$$\triangle 3'P_3 3 \backsim \triangle 3'RO$$

所以
$$\frac{\overline{3'P_3}}{\overline{3P_3}} = \frac{\overline{3'R}}{\overline{OR}}$$

令 P_3 的坐标为 (x, y)，则

$$\overline{3'P_2} = b - y, \overline{3P_3} = x - a, \overline{3'R} = b, \overline{OR} = x$$

将之代入上述比例式得

$$\frac{b-y}{x-a} = \frac{b}{x}$$

$$bx - xy = bx - ab$$

所以
$$xy = ab$$

故依照本作法所得的各点 $P_1, P_2, P_3, P_4, P_5, \cdots$，均为等边双曲线上的迹点.

（3）用渐近线作双曲线法.

上述等边双曲线的作法，可推广为一般双曲线的作法.

已知：二渐近线 Ox 及 Oy 为斜交，点 P 为双曲线上的一定点.

作法 （图 102）

187

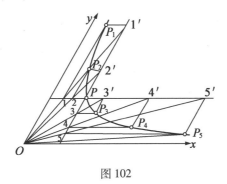

图 102

（本法与作等边双曲线法相同）

点 P 作二渐近线的平行线，自 O 作辐射线交上述所作渐近线的平行线于 $1,1';2,2';3,3';4,4';5,5';\cdots$ 各点. 再分自各点作二渐近线的平行线，则同数码各点所作的平行线两两相交于 $P_1, P_2, P_3, P_4, P_5, \cdots$ 各点，这些交点均为双曲线的迹点，平滑联结各迹点，即得所求双曲线.

解说 本作法所得各迹点为双曲线的迹点，其理由与等边双曲线解说明相同，仅需将直角坐标改为斜坐标即可证得.

(4)用直尺为工具作双曲线法.

已知:双曲线的两焦点 f_1,f_2,两顶点 a_1,a_2.

作法 （图 103）

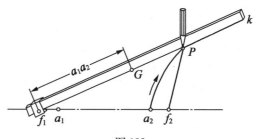

图 103

取直尺一根(kf_1),用牢固厚纸裹尺一端(f_1).取大头针一根,紧靠尺的边缘插在厚纸片上点 f_1 处.

在直尺上取 $\overline{f_1G}=\overline{a_1a_2}=$ 定长,取绳线一根,使等于直尺上 Gk 之长,绳之一端固定于点 f_2,另一端固定于直尺上点 k 处,然后以直尺边缘之针尖(f_1)对准圆纸上的焦点 f_1 插入,用铅笔尖挑紧绳线并使铅笔尖时时保持紧靠直尺边缘,使直尺绕点 f_1 缓缓旋转,则铅笔尖(P)在圆纸上运动的轨迹即为双曲线.

解说 根据作法,显然 $\overline{Pf_2}=\overline{PG}$,又因作法中所取 $\overline{f_1G}=\overline{a_1a_2}=$ 定长.则

$$\overline{Pf_1}-\overline{Pf_2}=\overline{PG}+\overline{Gf_1}-\overline{Pf_2}=\overline{Gf_1}=\overline{a_1a_2}=定长$$

故铅笔尖运动的轨迹为双曲线.

（10.6） 双曲线实用示例

例(1) 螺栓、螺母的画法

螺母和螺栓头常为正六角形、方形或圆形.在六角形和方形螺母、螺栓头的角尖部,常被旋成与零件端面成30°的圆锥体.这样的螺母和螺栓头上,势必出现双曲线.因此,要正确的画出它的轮廓,就要用双曲线作图.例如,图 104 是六角形螺母的二视图.

188

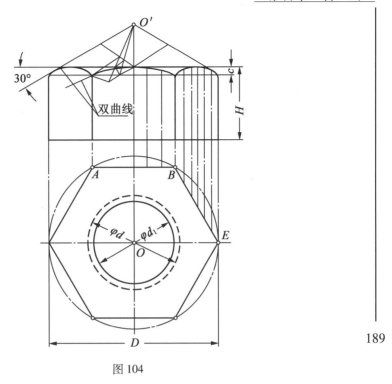

图 104

作法

(1)作互垂两轴相交于 O.

(2)以 O 为圆心,D 为直径作螺母外接圆.

(3)六等分圆周并作内接于圆的正六边形.

(4)以 O 为圆心,d 为直径作丝扣的外径圆(虚线表示不可见的轮廓线).

仍以 O 为圆心,以 d_1 为直径作中孔圆,则其水平面的视图已成.

(5)自圆上各分点作纵轴的平行线.

(6)又作平行于横轴的三平行线,使其距离为 H(螺母厚度)、为 c(即旋削30°角的刀口线).

(7)自刀口线作与横轴成30°角的两条对称斜线,交纵轴于点 O'.

(8)以 O' 为双曲线中心,以两条斜线为渐近线,以螺母上端面线与纵轴的交点为双曲线的顶点,作成图中螺母中间部分的双曲线(作法见图102).

(9)作两边部分的双曲线之方法:

可先 n 等分已得双曲线的水平面投影线段(如图中的 $\overline{AB}$)及拟求曲线的水平面投影线段(如 $\overline{BE}$).

再用投影关系线的交点而求迹点,描迹而得之.

(图中对称部分未引关系线)这样就基本上作完了它的直立面视图.

螺母和螺栓,都是根据国家颁布的标准来制造的. 在规定的标准中,螺母和螺栓的各部分尺度的变化,是以螺杆的外径 d 为基准的. 只要知道 d 的尺度,则其他尺度就可查表得知. 因此制图时,只要标注 d(螺杆外径)、l(螺杆的长度)、l_0(螺栓丝扣所需的长度),其他尺度都可不加标注. 图 105 是螺栓的三视图.

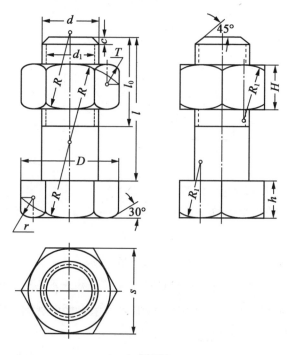

图 105

一般画螺栓图的方法,为了节省时间,其曲线允许用圆弧来近似地作图. 各部分尺度,可按下面等式计算后化为整数(cm)来使用.

d 及 l 为已知

$d_1 = 0.85d$（精确到 0.1 cm）

$H = 0.8d$

$h = 0.7d$

$c = 0.12d$

$s = 1.75d$（$d = 6—18$ cm 时）

$s = 1.5d$（$d = 20—48$ cm 时）

$D = 2d$（$d = 6—18$ cm 时）

$D = 1.75d$（$d = 20—18$ cm 时）

$l_0 = 1.5d$

$R = 0.75D$（或 $= 1.5d$）

$R_1 = d$

r 随 R_1 而决定（看图自明其法）.

例（2） 双曲线齿轮轮廓画法.

传动角速为一定比的回转运动于既不平行又不相交的两轴（空间两轴交错），这种滚动接触机构中所用的对轮,其截面是双曲线面,名双曲线轮.

它的形成,可以理解为:取两相等的圆板,垂贯以 y 轴（如图 106）. 在圆板的边缘上,密布等长细线（可视为几何线）,这些直线都平行于 y 轴. 然后将其中一个圆板旋转一定的角度 α（$\alpha < 180°$,则这些直线并不与 y 轴相交）,这时直线族构成的曲面就是双曲线面. 若以平行于 y 轴的平面截之,其截口为双曲线. 以垂直于 y 轴的平面截得的任一盘段均为双曲线轮.

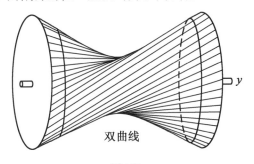

图 106

若再按上述直线族的直线方向,配以轮齿,则成双曲线齿轮. 这种齿轮的传动,适用于交错（既不平行,亦不相交）的两轴的传动（两轴平行者用正齿轮,相交者用伞齿轮——圆锥轮).

双曲线齿轮的作图步骤举例(图 107):

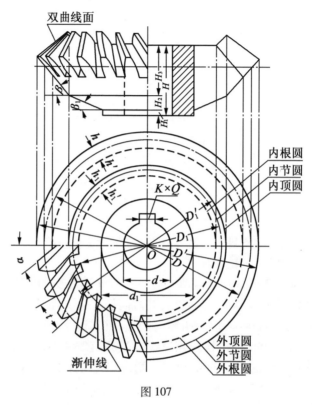

图 107

192

（1）作互垂两轴相交于点 O.

（2）以 O 为圆心,分别以

$$D = 外节圆直径,作外节圆$$

$$D' = 外顶圆直径,作外顶圆$$

$$D' - (h + h') = 外根圆直径,作外根圆$$

$$(h\ 为齿的外顶高,h'\ 为齿的外根高)$$

（3）仍以 O 为圆心,分别以

$$D_1 = 内节圆直径,作内节圆$$

$$D_1' = 内顶圆直径,作内顶圆$$

$$D_1' - (h_1 + h_1') = 内根圆直径,作内根圆$$

$$(h_1\ 为齿的内顶高,h_1'\ 为齿的内根高)$$

（4）n 等分外节圆和内节圆（n = 齿数 z 的 2 倍）.

使内、外节圆上的对应分点的连线与分点到圆心的连线交角为 α（α 为实际需要回转的角度——即上述图 30 – 26 中的圆板旋转之角度）.

（5）自各分点作齿形线（渐伸线或摆线——见后节），分交内、外顶圆及根圆，并连其各对应分点成齿顶面及齿根面.

注 在作图时,可先作基圆——图中未画出. 而用近似法作齿形曲线,如

$$外基圆直径 = D - \frac{D}{30}$$

$$内基圆直径 = D_1 - \frac{D_1}{30}$$

用半径为 $R = \frac{D}{6}$ 及 $\frac{D_1}{6}$,圆心在基圆上近似画齿形线.

（6）以 O 为圆心,d 及 d_1 分别为直径,作轴孔圆,并以 $K \times Q$ 画出梢子轮廓线,即基本完成.

（图 30 – 27 中的上部,是双曲线轮的直立面视图）

注 画齿轮法,另有详细规定,其中尺度变化也有详细规定,这里仅是作法举例而已.

关于双曲线在实物上的例子,在我们日常生活中也是常见的. 例如,当我们把一枝六棱柱的铅笔,放在"卷笔刀"里旋转,则旋得的铅笔头成为圆锥状,而此圆锥面与铅笔杆平面之交线,也必然成为双曲线. 又如一个锥状"漏斗",有小半面贴在平墙上（墙与斗轴平行）时,则这个"漏斗"与平墙的交线也是双曲线.（但当平墙与斗轴重合时,则其交线为相交的两直线了.）

第十一节 摆 线

（11.1） 基本性质

（Ⅰ）摆线定义

一个转圆沿着一定直线或定圆作不滑动的滚动时,转圆上一定点在平面上运动的轨迹便是摆线.

摆线通常又称为旋轮线或滚线.

（Ⅱ）摆线有关名词简介（参看图 108,109,110）

（1）转圆——沿着定直线或定圆作不滑动的滚动的圆（如圆 O）.

（2）迹点——摆线上的任意一点（如点 P）.

（3）导线——转圆所沿着滚动的直线（如 ll'）.

导线若为圆弧,则称为导弧(如$\overset{\frown}{ll'}$).

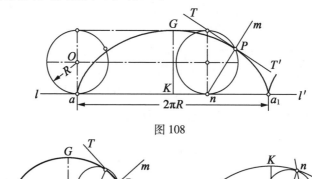

图 108

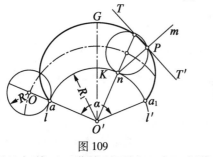

图 109

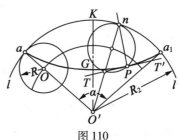

图 110

194

(4)切线——曲线(摆线)上有一割线,割线的一端点沿曲线(摆线)向另一端移动达于极限位置时,则此割线即为过该点的切线(如TT'为过点P的切线).

(5)法线——过切点垂直于切线的直线(如mn).

(Ⅲ)摆线的种类

由于导线是直线或圆弧的不同,或因转圆在导弧的内外位置的不同,摆线的种类可分为:

(1)普通摆线:导线是直线所得的摆线(图108).

(2)外摆线:导线是圆弧(导弧);

转圆在导弧的外侧,即转圆与导弧成外切滚动所得的摆线(图109).

(3)内摆线:导线是圆弧(导弧);

转圆在导弧的内侧,即转圆与导弧成内切滚动所得的摆线(图110).

以上所举三种摆线,都是转圆周上一定点所运动出来的摆线.若定点不在转圆周上,而在转圆内,则运动出来的曲线,称为内点余摆线.若定点在转圆外,则运动出来的曲线,称为外点余摆线(关于余摆线见(11.3)).

(Ⅳ)有关作图的几点几何性质

(1)摆线的参数方程为

$$\begin{cases} x = R(\alpha - \sin\alpha) \\ y = R(1 - \cos\alpha) \end{cases} \quad (参看图111)$$

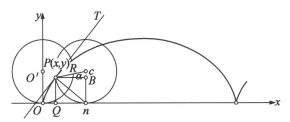

图 111

设 n 为转圆 c 和 x 轴的切点. 此时转圆所张的中心角为 $\angle Pcn$，令

$$\angle Pcn = \alpha$$

过点 P 引 x 轴的垂线 $\overline{PQ}$，则摆线上点 P 的坐标为

$$x = \overline{OQ} = \overline{On} - \overline{Qn}, y = \overline{QP}$$

因转圆作不滑动的滚动，故 $\overline{On} = \overparen{nP} = R\alpha$（式中 R 是转圆的半径）.

过点 P 引 x 轴的平行线交 cn 于点 B，则

$$\overline{Qn} = \overline{PB} = R\sin\alpha, \overline{BC} = R\cos\alpha$$

所以
$$x = R(\alpha - \sin\alpha), y = R(1 - \cos\alpha)$$

若消去参变数，则可得方程

$$x = R\arccos\frac{R-y}{R} - \sqrt{y(2R-y)}$$

（2）过摆线上一点 P 的切线的斜率等于转圆所张中心角（$\angle Pcn$）之半的余切（图 111）.

由（1）知摆线参变数方程为

$$x = R(\alpha - \sin\alpha), y = R(1 - \cos\alpha)$$

微分之，得

$$dx = R(1 - \cos\alpha) \cdot d\alpha$$
$$dy = R\sin\alpha \cdot d\alpha$$

则
$$\frac{dy}{dx} = \frac{\sin\alpha}{1 - \cos\alpha} = \cot\frac{\alpha}{2}$$

（3）过摆线上一点 P 且斜率等于 $\cot\dfrac{\alpha}{2}$ 的直线，为过该点的摆线的切线.

证明：因为通过一点，引出给定的斜率的直线，只能有一条. 根据（2）所证，过摆线上点 P 的切线的斜率既必须为 $\cot\dfrac{\alpha}{2}$，则过此点而以 $\cot\dfrac{\alpha}{2}$ 为斜率的直线，必与摆线的（过点 P 的）切线相重合. 故此直线即为摆线的切线.

195

(4)过摆线上任意一点 P 的切线,垂直于 $\overline{Pn}$(自点 P 与转圆和导线的切点 n 的连线);并过转圆的最高点(图112).

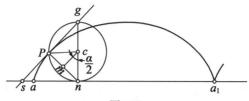

图 112

证明:自转圆中心 c 作 $\overline{Pn}$ 的垂线 $\overline{cm}$,则转圆中心角必被二等分,则

$$\cot\frac{\alpha}{2} = \frac{\overline{mc}}{\overline{mn}} \tag{1}$$

设过点 P 的切线 sg 交导线于 s,交直线 ncg 于 g(n 为导圆与导线的切点,c 为转圆心).

显然 $\triangle gsn$ 为直角三角形.

于是,直线 gs 的斜率可表示为

$$\frac{\overline{gn}}{\overline{sn}} = \cot\frac{\alpha}{2} \tag{2}$$

由(1)及(2)两式得

$$\frac{\overline{mc}}{\overline{mn}} = \frac{\overline{gn}}{\overline{sn}}$$

因此

$$\text{Rt}\triangle sng \backsim \text{Rt}\triangle nmc$$

则

$$\angle ngs = \angle mcn;\ \overline{cm}\ /\!/\ \overline{gP};$$

$$\angle cmn = \angle gPn = 90°$$

故过摆线上点 P 的切线 $\overline{gs}\perp\overline{Pn}$. 而 $\overline{Pn}$ 就成为过点 P 的法线.

又因 $\angle gPn$ 为直角,$\overline{ncg}$ 为过圆心 c 的直线,而点 P 及点 n 均在圆周上,故点 g 必在圆周上,那么 $\overline{gn}$ 必为垂直于导线的直径,故切线必通过此时位置的转圆最高点.

(5)过摆线上一点 P 垂直于 $\overline{Pn}$(点 P 与转圆在导线上的切点 n 的连线)或连 Pg(g 为过点 P 的转圆的最高点)的直线为过点 P 的切线(图112).

证 由已知 $\overline{gs}\perp\overline{Pn}$,又作 $\overline{cm}\perp\overline{Pn}$,则

$$\overline{gs}\ /\!/\ \overline{cm}$$

196

$$\angle ncm = \angle ngs = \frac{\alpha}{2}$$

所以

$$\text{Rt}\triangle sng \backsim \text{Rt}\triangle nmc$$

则

$$\frac{\overline{cm}}{\overline{nm}} = \frac{\overline{gn}}{\overline{sn}}$$

如此可得$\overline{sg}$的斜率为

$$\frac{\overline{gn}}{\overline{sn}} = \frac{\overline{cm}}{\overline{nm}} = \cot\frac{\alpha}{2}$$

故$\overline{sg}$即为过点 P 的切线(见几何性质(3)).

(6)普通摆线中,转圆的圆心轨迹是平行于其导线的直线,并与导线的距离为 R(R 为转圆半径).

(7)内外摆线中,转圆的圆心的轨迹是导弧的同心圆. 其半径为 $R_1 - R$(内摆线),或 $R_1 + R$(外摆线)(R_1 为导弧的半径,R 为转圆的半径).

(8)摆线是有周期性的,转圆滚动 360°(即 2π 弧度). 转圆周上定点 P 的轨迹形成一支完整的摆线. 如转圆继续沿导线滚动,则所得的一系列的摆线均与第一支摆线全同.

(9)摆线是成轴对称的,当转圆滚动 180°时(π 弧度),在普通摆线中,迹点到导线的垂线 GK,即为摆线的对称轴,线段 GK 之长为转圆直径之长(图 108);在内外摆线中,迹点到导弧心的连线 GO(即 α 的分角线),即为内外摆线的对称轴,GO 交导弧于点 K,线段 GK 之长为转圆直径之长(图 109,110).

(11.2) 摆线作圆

(Ⅰ)普通摆线的作法

已知:转圆半径 R. 导线 aa_1.

作法 (图 113)

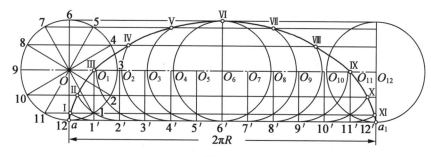

图 113

(1)以 R 为半径作转圆 O,使切导线于点 a,自 a 起分圆为 n 等份(图中 $n=12$).得分点 $1,2,3,\cdots,12$(份数越多,所得的摆线越精确).

(2)在导线上截取 $\overline{aa_1}=2\pi R$($\overline{aa_1}$ 亦可用 §22 的放直圆周法作得).

(3)n 等分 $\overline{aa_1}$(图中 $n=12$),得分点 $1',2',3',\cdots,12'$.

(4)过转圆心 O 作导线的平行线 OO_{12},并从导线上各分点 $1',2',3',\cdots,12'$ 作导线的垂线,交直线 OO_{12} 于 $O_1,O_2,O_3,\cdots,O_{12}$.

(5)自转圆上各分点作导线的平行线.

(6)以 O_1 为圆心,R 为半径,作弧交过点 11 所引导线的平行线于点 Ⅰ.

以 O_2 为圆心,R 为半径,作弧交过点 10 所引导线的平行线于点 Ⅱ.

以 O_3 为圆心,R 为半径,作弧交过点 9 所引导线的平行线于点 Ⅲ.

仿上述作法可得 Ⅳ、Ⅴ、Ⅵ、Ⅶ、Ⅷ、Ⅸ、Ⅹ、Ⅺ 各点,此即为摆线的迹点,平滑联结各迹点,即得一枝完整的摆线.

解说 根据上述作图步骤的顺序,依次解说如下:

(1)分转圆周为 n 等份(图中 $n=12$),每等份弧长为 $\dfrac{2\pi R}{n}$(图中为 $\dfrac{2\pi R}{12}=\dfrac{\pi R}{6}$).

(2)$\overline{aa_1}=2\pi R$,即 $\overline{aa_1}$ 长等于转圆周长.

(3)$\dfrac{\overline{aa_1}}{n}$ 等于 $\dfrac{2\pi R}{n}$(图中 $\dfrac{\overline{aa_1}}{12}=\dfrac{2\pi R}{12}=\dfrac{\pi R}{6}$),这样当转圆自点 a 起沿着导线滚动时,圆周上的每一分点与导线上的每一分点,必能一一对应重合,即 1 与 $1'$,2 与 $2'$,3 与 $3'$,$\cdots$,12 与 $12'$,相对应重合.

(4)过圆心作导线的平行线,是转圆心的轨迹(见几何性质(6)).

当转圆沿着导线滚动至 1 与 $1'$ 重合时,转圆心的位置必在 O_1 处.

当转圆沿着导线滚动至 2 与 $2'$ 重合时,转圆心的位置必在 O_2 处.

198

余类推,直到点 12 与点 12′重合时,转圆心的位置,必在 O_{12} 处$\Big($因转圆每

滚过 $\dfrac{2\pi R}{12}=\dfrac{\pi R}{6}$ 时,其圆心亦必前进 $\dfrac{\pi R}{6}\Big)$.

(5)当转圆沿导线滚动至点 1 与 1′重合时,迹点 a 的位置必位于过点 11 所引导线的平行线上.

当转圆沿导线滚动至点 2 与 2′重合时,迹点 a 的位置必位于过点 10 所引导线的平行线上.

余类推,直到点 12 与点 12′重合时,迹点 a 的位置与 a_1 重合.

(6)当转圆心位于 O_1 时,此时摆线上的迹点 a,必符合两个条件:其一,迹点距 O_1 的长为 R. 其二,迹点必在过点 11 的平行线上.

故用轨迹交截法,以 O_1 为圆心,R 为半径,作弧交过点 11 的平行线于点 Ⅰ,则点 Ⅰ 必为摆线上的迹点.

同理,Ⅱ,Ⅲ,…,Ⅺ各点均为摆线上的迹点.

(Ⅱ)外摆线的作法

已知:转圆半径 R,导弧半径 R'.

作法 (图114)

199

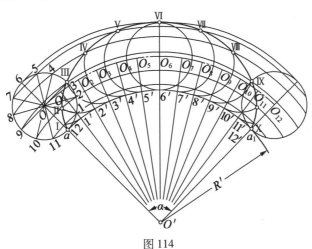

图114

(1)以 O' 为圆心,R' 为半径作导弧. 在导弧上任取一点 a,连 $O'a$ 并延长之.

(2)在 $O'a$ 的延长线上取 $\overline{aO}=R$,以 O 为圆心,R 为半径,作得转圆 O.

(3)自 a 起将转圆周 n 等分(图中 $n=12$),得分点 $1,2,3,\cdots,12$.

(4)令圆 O' 张中心角 $\alpha = \dfrac{R}{R'} 360°$(见第四节),得导弧 $\overparen{aa_1}$,然后 n 等分 $\overparen{aa_1}$

(图中 $n = 12$),得分点 $1', 2', 3', \cdots, 12'$. 并自 O' 连各分点成辐射线.

(5)以 O' 为圆心,$\overline{OO'} = R' + R$ 为半径作弧交各辐射线于点 O_1, O_2, O_3,

$\cdots, O_{12}$.

(6)以 O' 为圆心,作通过转圆上各分点的辅助弧.

(7)以 O_1 为圆心,R 为半径作弧交过点 11 的辅助弧于点 Ⅰ,以 O_2 为圆心,

R 为半径作弧交过点 10 的辅助弧于点 Ⅱ.

仿上法可得点 Ⅲ,Ⅳ,Ⅴ,$\cdots$,Ⅺ等. 此各交点即为外摆线的迹点. 平滑联结各迹点,即得一枝完整的外摆线.

解说 根据上述作图步骤,依次解说如下:

(1)及(2)转圆心 O 在 $O'a$ 的延长线上,故转圆与导弧相切于点 a,而点 a 即为摆线的起点.

(3) n 等分转圆(图中 $n = 12$),则每一等份的弧长为 $\dfrac{2\pi R}{n}$(图中为 $\dfrac{2\pi R}{12} = \dfrac{\pi R}{6}$).

(4)因 $\overparen{aa_1} = R \cdot \alpha = 360°R$ 即 $2\pi R$. 则

$$\frac{\overparen{aa_1}}{n} = \frac{2\pi R}{n} \left(\text{图中} \frac{\overparen{aa_1}}{12} = \frac{2\pi R}{12} = \frac{\pi R}{6} \right)$$

这样当转圆自点 a 起沿着导弧滚动时,转圆上的各分点必能与导弧上的各分点——对应重合,即 1 与 $1'$,2 与 $2'$,$\cdots$,12 与 $12'$,均能对应重合.

(5) $O_1, O_2, O_3, \cdots, O_{11}$ 均为转圆心 O 滚动时的迹点,这些迹点均在导弧的同心弧上(见几何性质(7)).

当转圆沿导弧滚动到点 1 与 $1'$ 重合时,转圆心位置必在点 O_1 处,当转圆沿导弧滚动到点 2 与 $2'$ 重合时,转圆心位置在 O_2 处,余类推,直到点 12 与 $12'$ 重合,转圆心位置在 O_{12} 处.

$\left(\text{因转圆每滚动} \dfrac{2\pi R}{12} = \dfrac{\pi R}{6} \text{时,其圆心位置必按圆心轨迹弧移动} \dfrac{2\pi(R+R')}{12} = \right.$

$\left. \dfrac{\pi(R+R')}{6}. \right)$

(6)当转圆沿导线弧滚到点 1 与 $1'$ 重合时,迹点 a 的位置,必位于过转圆上分点 11 所作的辅助弧上.

当转圆滚动到点 2 与 $2'$ 重合时,迹点 a 的位置,必位于过分点 10 所作的辅助弧上.

余类推,直到点 12 与 12'重合时,点 a 的位置与 a_1 重合.

(7)当转圆心位于点 O_1 时,此时摆线上的迹点 a,必须符合两个条件:其一,迹点距 O_1 的长为 R. 其二,迹点必在过分点 11 的辅助弧上. 故用轨迹交截法,以 O_1 为圆心,R 为半径作弧交过 11 的辅助弧于点 Ⅰ,则点 Ⅰ 即为外摆线的迹点.

同理点 Ⅱ,Ⅲ,…,Ⅺ 均为摆线的迹点.

(Ⅲ)内摆线的作法:

已知:转圆半径 R,导弧半径 R'.

作法 （图 115）

(1)以 O' 为圆心,R' 为半径,作导弧,在导弧上任取一点 a,连 $O'a$.

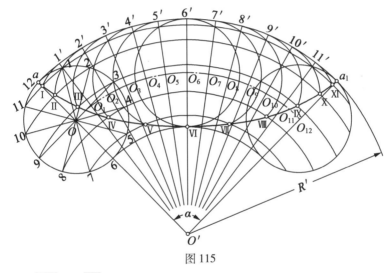

图 115

(2)在 $\overline{O'a}$ 上取 $\overline{aO}=R$,以 O 为圆心,R 为半径作得转圆 O.

(3)自点 a 起将转圆周 n 等分(图中 $n=12$),得分点 $1,2,3,\cdots,12$.

(4)令圆 O' 张圆心角 $\alpha=360°\dfrac{R}{R'}$（见第四节）得 α 所对的弧为 $\overgroup{aa_1}$,n 等分 $\overgroup{aa_1}$（图中 $n=12$）得分点 $1',2',3',\cdots,12'$. 并自 O' 连各分点成辐射线.

(5)以 O' 为圆心,$\overline{OO'}=R'-R$ 为半径,作弧交各辐射线于点 $O_1,O_2,O_3,\cdots,O_{12}$.

(6)以 O' 为圆心,作通过转圆上各分点的同心辅助弧.

(7)以 O_1 为圆心,R 为半径,作弧交过点 11 的辅助弧于点 Ⅰ,以 O_2 为圆心,R 为半径,作弧交过点 10 的辅助弧于点 Ⅱ.

仿上法可得Ⅲ,Ⅳ,Ⅴ,…,Ⅺ各交点,此各交点即为内摆线的迹点,平滑联结各迹点,即得一枝完整的内摆线.

解说 全部作图过程与外摆线作法相同,仅转圆位于导弧内沿导线弧滚动,故所得的摆线迹点亦在导弧内,其解说与外摆线的解说同,不另赘述.

(Ⅳ)作摆线的切线法

过已知摆线上一点 P,作摆线的切线.

作法 (图 116,117,118)

(1)作$\overline{aa_1}$的中垂线(在内外摆线中,则作中心角 α 的角平分线).交摆线于点 G,交导线(导弧)于点 K.

(2)过$\overline{GK}$的中点 M,作$\overline{aa_1}$的平行线(在内外摆线中,则过点 M 作导弧的同心弧).

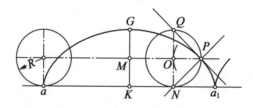

图 116

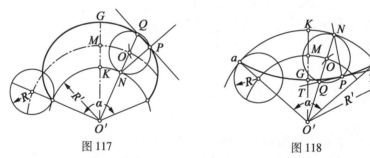

图 117　　　　　　　图 118

(3)以 P 为圆心,以$\overline{GM}$为半径,作弧交上述平行线(同心弧)于点 O.

(4)以 O 为圆心,以$\overline{GM}$之长为半径作圆(此圆必过点 P)并过点 O 作$\overline{aa_1}$的垂线(内外摆线中,则连 OO').交圆 O 于 Q 及 N 两点.

(5)连 PQ 即得所求切线.

解说

(1)$\overline{GK}$为转圆的直径(见几何性质(9)).

(2)M 既为$\overline{GK}$的中点,则$\overline{GM} = \overline{MK} = R$(即为转圆的半径长).

过点 M 作 $\overline{aa_1}$ 的平行线（内外摆线则为过点 M 作导弧的同心弧）即为转圆心运动的轨迹（见几何性质（6）（7））.

（3）点 P 既为摆线的迹点，点 P 亦必为转圆上的定点. 当转圆上的定点运动到点 P 位置时，其圆心位置必须具备两个条件：其一，圆心轨迹必在过点 M 所作的导线的平行线上（或导弧的同心弧上）；其二，圆心距点 P 之长必为 R. 故以轨迹交截法，以 P 为圆心，以 R 为半径作弧交平行线（或同心弧）于点 O，则点 O 即为当其时的转圆心.

（4）圆 O 既为当其时的转圆，则点 N 即为转圆与导线（导弧）的切点. 而 $\overline{NQ}$ 即为转圆的直径.

（5）若连 PN，则 $\angle QPN$ 为直角，故 PQ 为切线，而 $\overline{PN}$ 为法线（见几何性质（4）及（5））.

（Ⅴ）摆线的近似作法

前面所介绍的摆线作法，是先求得摆线的迹点，然后用曲线板平滑联结而得的. 现在介绍一种用圆规画近似摆线法. 是在求得摆线的迹点后，通过既得迹点，找出近似曲率半径和弧心位置，用圆规平滑联结各迹点而得的近似摆线. 此种作法，所求迹点越密，则所得摆线越近似正确.

作法　（图 119，120，121）

（1）先按照本节（11. 2）（Ⅰ），（Ⅱ），（Ⅲ）摆线作法中，求迹点的方法求得迹点 Ⅰ，Ⅱ，Ⅲ，…，Ⅻ等.

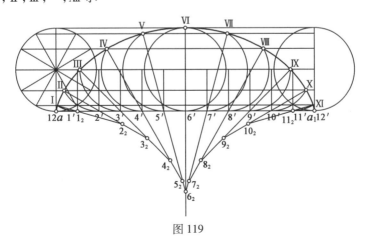

图 119

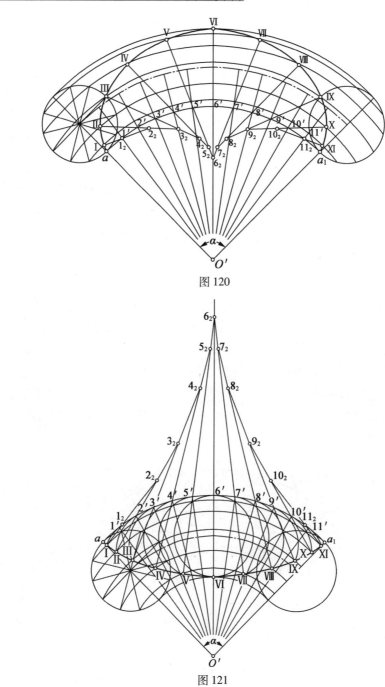

图 120

图 121

204

（2）连迹点Ⅵ与导线（导弧）上的分点 6′. 并延长之.

再连迹点Ⅴ与导线（导弧）上的分点 5′，并延长交上述延长线于 6_2.

再连迹点Ⅳ与导线（导弧）上的分点 4′，并延长交Ⅴ5′的延长线于 5_2.

仿上法可求得 $4_2,3_2,2_2$ 各点.

过点 a（即转圆上的分点 12）作转圆的切线交Ⅰ1′的延长线于点 1_2[①].

（3）以点 6_2 为弧心，以 $\overline{6_2Ⅵ}$ 为半径，作 $\overset{\frown}{ⅥⅤ}$.

以点 5_2 为弧心，以 $\overline{5_2Ⅴ}$ 为半径，作 $\overset{\frown}{ⅤⅣ}$.

以点 4_2 为弧心，以 $\overline{4_2Ⅳ}$ 为半径，作 $\overset{\frown}{ⅣⅢ}$.

仿此，可递次联结 $\overset{\frown}{ⅢⅡ}$，$\overset{\frown}{ⅡⅠ}$，$\overset{\frown}{Ⅰa}$. 这样即作得一枝完整摆线的一半. 其对称的另一半，可用同法作得.

解说　上述摆线的近似作法，是用若干圆弧段平滑联结而得的. 以 $\overset{\frown}{ⅥⅤ}$ 与 $\overset{\frown}{ⅤⅣ}$ 的联结为例，这两弧段的弧心 $6_2,5_2$，与接点Ⅴ同在一直线上，故此两弧段是平滑联结的. 同理，其余各相邻弧段的联结，亦均属平滑联结.

205

（11.3）　余摆线

（Ⅰ）余摆线基本性质

（1）余摆线定义.

一个转圆沿着一定直线或定圆作不滑动的滚动时，在转圆内或外的一定点随着椭圆的滚动而运动，则此定点运动的平面轨迹，称为余摆线.

（2）余摆线的种类.

根据定点在转圆内、外，或导线是直线、圆弧（导弧），或转圆在导弧内、外等不同情况，余摆线可分为：

　①内点余摆线：定点在转圆内，导线是直线（如图 124）；

　②外点余摆线：定点在转圆外，导线是直线（如图 125）；

　③内点内余摆线：定点在转圆内，而导线是圆弧，转圆与导弧成内切滚动所得的余摆线（如图 126 的内侧者）；

　④内点外余摆线：定点在转圆内，导线是圆弧，但转圆与导弧成外切滚动所得的余摆线（如图 127 的外侧者）；

———————————

①　若为普通摆线则点 1_2 即为导线上原有的点 1′，故无须另行作图.

⑤外点内余摆线:定点在转圆外,转圆与导弧内切者(如图 127 的内侧者);

⑥外点外余摆线:定点在转圆外,转圆与导弧外切者(如图 126 的外侧者).

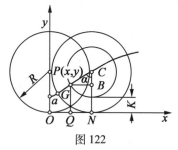

图 122

(3)有关作图的几何性质.

①内点余摆线的参数方程.

设 N 是转圆 C 和 x 轴的切点,当时转圆中心角 $\angle PCN = \alpha$. 令定点 a 距转圆周为 K(即 $\overline{aO} = K$),P 为 a 的迹点,过 P 引 x 轴的垂线 $\overline{PQ}$,转圆半径为 R(图 122).

已知 $\overline{ON} = \overset{\frown}{GN}$,则

$$x = \overline{OQ} = \overline{ON} - \overline{QN}$$
$$= Ra - \overline{PC}\sin \alpha$$
$$= Ra - (R - K)\sin \alpha$$
$$y = \overline{NC} - \overline{BC} = R - \overline{PC}\cos \alpha$$
$$= R - (R - K)\cos \alpha$$

所以内点余摆线的参数方程为

$$\begin{cases} x = R\alpha - (R - K)\sin \alpha \\ y = R - (R - K)\cos \alpha \end{cases}$$

②过内点余摆线上任意一点切线的斜率为

$$\tan \theta = \frac{(R - K)\sin \alpha}{R - (R - K)\cos \alpha}$$

证　将内点余摆线的参数方程微分后,得

$$dx = [R - (R - K)\cos \alpha]d\alpha, dy = (R - K)\sin \alpha d\alpha$$

所以　　　　　　　$$\tan \theta = \frac{dy}{dx} = \frac{(R - K)\sin \alpha}{R - (R - K)\cos \alpha}$$

③过内点余摆线上任意一点 P,斜率等于 $\dfrac{(R - K)\sin \alpha}{R - (R - K)\cos \alpha}$ 的直线,即为过

该点的切线.

证 因为过一点引出给定斜率的直线只能有一条,根据性质②,过内点余摆线上点 P 的切线的斜率为 $\dfrac{(R-K)\sin\alpha}{R-(R-K)\cos\alpha}$,则过此点而为此斜率的直线,必与该点的切线重合,故此直线即为切线.

④外点余摆线的参数方程.

令转圆 C 的张角 $\angle PCN = \alpha$(图 123),则

$$\overline{aO} = \overline{PG} = K$$

已知 $\overline{ON} = \overset{\frown}{GN}$,则

$$x = \overline{OQ} = \overline{ON} - \overline{QN} = R\alpha - \overline{PC}\sin\alpha$$
$$= R\alpha - (R+K)\sin\alpha$$
$$y = \overline{NC} - \overline{BC} = R - \overline{PC}\cos\alpha$$
$$= R - (R+K)\cos\alpha$$

所以外点余摆线的参数方程为

$$\begin{cases} x = R\alpha - (R+K)\sin\alpha \\ y = R - (R+K)\cos\alpha \end{cases}$$

207

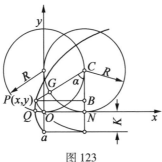

图 123

⑤过外点余摆线上任一点的切线的斜率为

$$\tan\theta = \frac{(R+K)\sin\alpha}{R-(R+K)\cos\alpha}$$

证 与性质②同理.

⑥过外点余摆线上任一点 P,斜率为

$$\tan\theta = \frac{(R+K)\sin\alpha}{R-(R+K)\cos\alpha}$$

的直线,必为过该点的切线.

证　与性质③同理.

(Ⅱ)余摆线作图

(1)作图举例——作内、外点余摆线法.

已知:转圆半径 R,定点 a 在圆内(圆外)距圆周为 K.

求作:点 a 的内点(外点)余摆线.

作法　(图 124 为内点余摆线;图 125 为外点余摆线)

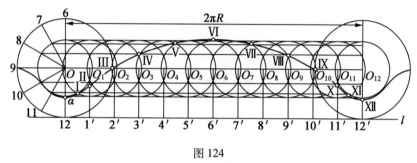

图 124

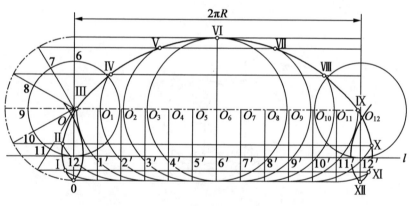

图 125

1. 以 O 为圆心,R 为半径作转圆,作导线 l 切转圆于点 12.

2. 在 l 上取 $\overline{1212'}=2\pi R$,并 n 等分 $\overline{1212'}$ 得分点 $1',2',3',\cdots,12'$(图中 $n=12$).

3. 又以 O 为圆心,$R-K$ 为半径(图 124);$R+K$ 为半径(图 125),作辅助员.

4. $n(=12)$ 等分转圆周,得分点 $1,2,3,\cdots,12$,并与圆心 O 作联线,分别交辅助圆周于各点(则辅助圆周亦被 n 等分).

5. 过 O 作 $\overline{OO_{12}}\parallel\overline{1212'}$，并自 $1',2',3',\cdots,12'$ 作 l 的垂线，分交 $\overline{OO_{12}}$ 于 O_1，$O_2,O_3,\cdots,O_{12}$ 各点.

6. 自辅助圆周上的各分点，作 l 的平行线.

7. 分别以 $O_1,O_2,O_3,\cdots,O_{12}$ 为圆心，以辅助圆的半径（$\overline{Oa}$）为半径作弧，则各弧与 l，所作的各同码平行线相交于 Ⅰ，Ⅱ，Ⅲ，$\cdots$，Ⅻ 各点. Ⅰ，Ⅱ，Ⅲ，$\cdots$，Ⅻ 就是所求曲线的迹点，平滑联结各迹点，即得所求余摆线.

解说

1. 当转圆沿导线 l 滚动 $\dfrac{2\pi R}{12}=\dfrac{\pi R}{6}$ 时，则点 1 与 $1'$ 重合 $\left(\text{因为}\overline{1212'}=\text{转圆周长为}2\pi R\text{，所以}\dfrac{\text{转圆周长}}{12}=\dfrac{\overline{1212'}}{12}\right)$，这时转圆心移至 O_1.

2. 当转圆心移至 O_1 时，点 a 的位置必须符合以下两条件：

①与 O_1 的距离为 $R-K$——内点余摆线中的情况，$R+K$——外点余摆线中的情况.

②在过辅助圆上第一个分点而平行于 l 的直线上.

所以以轨迹交截法得点 Ⅰ，则点 Ⅰ 即为当转圆滚动 $\dfrac{\pi R}{6}$ 时的定点 a 的迹点.

同理可知，点 Ⅱ，Ⅲ，$\cdots$，Ⅻ 皆为所求迹点，故平滑联结各迹点，即得所求余摆线.

（2）其他余摆线的作法简说：

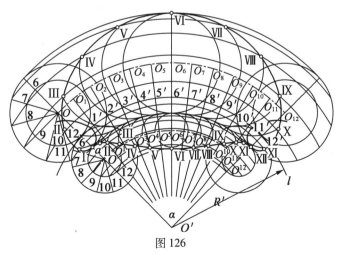

图 126

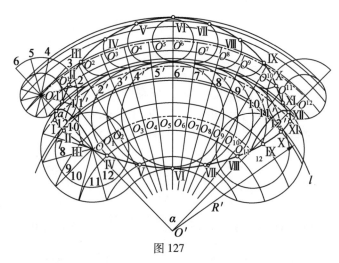

图 127

关于内点内余摆线(图 126 中的内侧者),内点外余摆线(图 127 中的外侧者),外点内余摆线(图 127 中的内侧者)和外点外余摆线(图 126 中的外侧者)四种余摆线的作法,与内、外点余摆线的作法是类似的,只要把导线看作导弧(在导弧上截取弧长等于转圆周长的方法,可用第四节中的求中心角 $\alpha = \dfrac{R}{R'}$

$360°$ 去决定 $\overset{\frown}{1212'}$);把作 l 的平行线看作导弧的同心弧;把作 l 的垂线看成自 O' 作射线去求 $O_1, O_2, \cdots, O_{12}$. 这样参照(1)的作法可得迹点 I,II,III,$\cdots$,XII.

(3)作余摆线的切线法.

①过已知内点余摆线上一点 P,作切线法.

作法 (图 128(a)为内点余摆线的切线;图 128(b)为内点内余摆线的切线;图 128(c)为内点外余摆线的切线)

a. 以 P 为圆心,$R-K$ 为半径作弧,与距导线(弧)l 为 R 的平行线(同心弧)相交于点 C(R 为转圆半径,K 为定点 a 至转圆周的距离. 很明显,所得的点 C,就是迹点 P 所在的转圆的圆心位置).

b. 过点 C 作 $\overline{CN} \perp l$(在内、外余摆线中,是连 CO'(O' 是导弧心)交导弧于点 N. 很明显,所得的点 N,就是迹点 P 所在转圆与导线(弧)l 的切点).

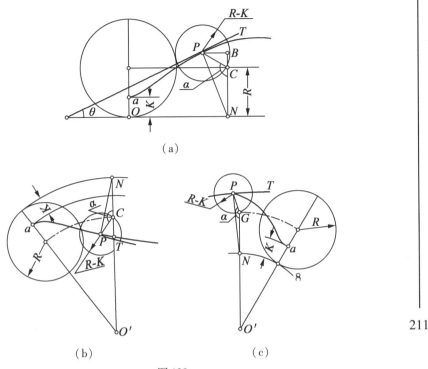

（a）

（b）　　　　　（c）

图 128

c. 连 PN，过点 P 作 $\overline{PN}$ 的垂线 $\overline{PT}$，则 $\overline{PT}$ 即为所求切线.

解说

a. 若连 PC，并过点 P 作 $\overline{PB} \perp \overline{CN}$，设 $\angle NCP = \alpha$，则

$$\angle BCP = 180° - \alpha$$

所以
$$\overline{PB} = (R - K) \sin \alpha, \overline{NB} = R - (R - K) \cos \alpha$$

b.
$$\tan \angle PNB = \frac{\overline{PB}}{\overline{NB}} = \frac{(R - K) \sin \alpha}{R - (R - K) \cos \alpha}$$

$$\left(= \frac{(R - K) \sin \alpha}{R + (R - K) \cos(180° - \alpha)} \right)$$

c. 又因 $\overline{PT} \perp \overline{PN}$，而 $\overline{ON} \perp \overline{BN}$，所以 $\theta = \angle PNB$，则

$$\tan \theta = \frac{(R - K) \sin \alpha}{R - (R - K) \cos \alpha}$$

根据性质③可知,$\overline{PT}$为所求的切线.

作法 (图 129(a)为外点余摆线;图129(b)为外点内余摆线;图129(c)为外点外余摆线)

a. 以 P 为圆心,$(R+K)$ 为半径作弧,与距导线(弧)l 为 R 的平行线(在图(b)、(c)中为弧 l 的圆心弧)相交于点 C.

b. 连 PC,过点 C 作 $\overline{CN}\perp l$(图(b),(c)中连 $\overline{CO'}$ 交弧 l 于点 N).

c. 连 PN,过点 P 作 $\overline{PT}\perp\overline{PN}$,则 $\overline{PT}$ 即为所求切线.

解说 与上法相仿可证得 $\overline{PT}$ 是过外点余摆线上一点 P 的切线.

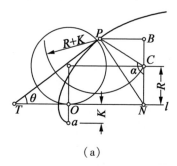

(a)

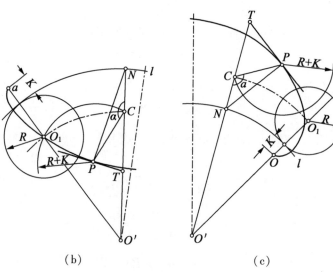

(b)　　　　　(c)

图 129

（11.4）　摆线实用示例

例（Ⅰ）　齿条的齿面轮廓画法——普通摆线的应用.

作法　（图130）

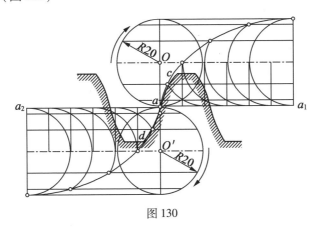

图130

（1）作纵横互垂的两轴相交于点 a，令横轴为导线.

（2）在纵轴上取距点 a 为 20 mm 的上下两点 O 及 O'，以 O 及 O' 各为圆心，以 20 mm 为半径作得转圆 O 及 O'.

（3）使导线 $\overline{aa_1} = \overline{aa_2} = 20\pi$. 等分 $\overline{aa_1}$ 及 $\overline{aa_2}$ 为 6 等份（$\overline{aa_1} = \overline{aa_2}$ 为半圆圆周的放直）.

（4）分圆 O 及 O' 为 12 等份（即半圆为 6 等份），并自各分点作导线的平行线.

（5）自导线上各分点作导线的垂线，交过圆心的两条导线的平行线各于 6 个交点.

（6）以上述的 6 个交点（上下共 12 个点）各为圆心，以 20 mm 为半径，作弧交有关平行线于各点. 这些弧与平行线的交点是摆线的迹点（参考图113 的作法及解说），平滑联结各迹点即得摆线. 根据需要在摆线上取 cd 一段为齿面曲线.

例（Ⅱ）　齿轮的齿面轮廓画法——内外摆线的应用.

作法　（图131）

（1）根据已知导弧的半径为 68 mm 作导弧 $\overset{\frown}{a_1a_2}$，在 $\overset{\frown}{a_1a_2}$ 上取点 a，并连 aO.

(2)使$\overset{\frown}{aa_1}=\overset{\frown}{aa_2}$,其中心角($\overset{\frown}{a_1a_2}$所对的中心角)$\dfrac{17}{68}\times360°=90°$(见第四节).

(3)在$\overline{aO}$及其延长线上取$\overline{aO_1}=\overline{aO_2}=17$ mm,以O_1及O_2各为圆心,17 mm为半径作得两转圆相切于a.

(4)按照图114及115的作法及理由,作得内外摆线的各迹点,平滑联结各迹点,作成过a的内外摆线.

根据需要取bc一段摆线为齿轮的齿面.

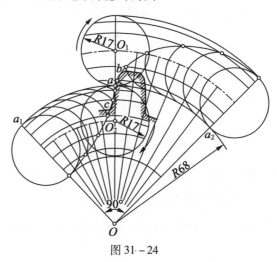

图31-24

第十二节　渐　伸　线

(12.1)　基本性质

(Ⅰ)渐伸线定义

一条绕于平面几何形的周边无弹性的细线(可看作几何线).将线端拉紧,逐渐展开(几何形不动),则该端点在平面上运动的轨迹就是渐伸线.

(Ⅱ)渐伸线的有关名词简介(参看图132,133,134)

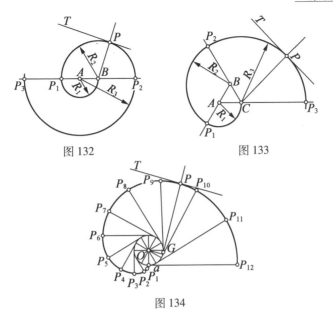

图 132

图 133

图 134

（1）展开柄——无弹性的线所绕的平面几何形. 如图 132 中的 $\overline{AB}$，图 133 中的 $\triangle ABC$，图 134 中的圆 O 等.

（2）迹点——几何线的端点. 如 $P_1,P_2,P_3,\cdots$.

（3）切线——与摆线切线定义同. 如图 132，133，134 中的 PT.

（4）法线——过切点垂直于切线的直线. 如图 132 的 PB.

（5）渐伸线的全一节——将展开柄的第一周边展开完毕，所得的轨迹，就是渐伸线的全一节. 如图 132 中的曲线 BP_1P_2，图 133 中的曲线 $CP_1P_2P_3$，图 134 中的曲线 $aP_1P_2P_3\cdots P_{12}$.

（6）间距——当展开柄一周展开完毕时的迹点与原起点间的距离. 如图 132 中的 $\overline{BP_2}$，图 133 中的 $\overline{CP_2}$，图 134 中的 $\overline{aP_{12}}$.

（Ⅲ）渐伸线的种类

由于展开柄的几何形不同，渐伸线的种类约可分为：

（1）线段的渐伸线.

（2）多边形的渐伸线（一般地常为正多边形）.

（3）圆的渐伸线.

（Ⅳ）有关作图的几点几何性质

（1）线段及正多边形的渐伸线，是由若干个弧段平滑联结而成. 如图 132 中的 $\overparen{BP_1}$ 与 $\overparen{P_1P_2}$，图 133 中的 $\overparen{CP_1}$，$\overparen{P_1P_2}$ 等.

每一弧段所对的中心角;若展开柄是线段,则为 $180°$;若展开柄为正 n 边形,则为 $\dfrac{360°}{n}$(例如图 133 中的 $\angle CAP_1 = \dfrac{360°}{3} = 120°$, $\angle P_1BP_2 = \dfrac{360°}{3} = 120°$,…. 若展开柄为正 4 边形,则为 $\dfrac{360°}{4} = 90°$).

(2)线段及正 n 边形的渐伸线中的各弧段的半径,是递次增加的.

以线段渐伸线为例,第一弧段的半径为 a,第二弧段的半径则为 $2a$,第三弧段的半径则为 $3a$,余类推(图 132).

以正 n 边形渐伸线为例,第一弧段的半径为 a(即正 n 边形的边长),则第二弧段的半径为 $2a$,第三弧段的半径为 $3a$,余类推(图 133).

从上两例可看出,各弧段的半径递次增加,是成(成公差为 a 的)等差级数的.

(3)(图 135)圆的渐伸线方程

$$x = R(\cos\alpha + \alpha\sin\alpha)$$
$$y = R(\sin\alpha - \alpha\cos\alpha)$$

设 O 为圆心,R 为半径,A 为渐伸线的起点,取 O 为原点,OA 为 Ox 轴.

又设 $P(x,y)$ 为渐伸线上任意一点. PM 为圆的切线,α 为 $\angle AOM$.

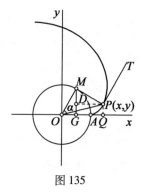

图 135

由圆的渐伸线的定义可知

$$\overline{PM} = \overparen{AM} = R \cdot \alpha$$

半径 OM 在 Ox 轴上的射影为

$$OG = OM \cdot \cos\alpha = R\cos\alpha$$

又

$$\angle PMG = \angle MOA = \alpha$$

则

$$PD = R\alpha \cdot \sin\alpha$$

所以

$$x = OG + GQ = OG + DP$$

$$= R\cos\alpha + R\alpha\sin\alpha$$

即
$$x = R(\cos\alpha + \alpha\sin\alpha)$$

又
$$MG = R\sin\alpha$$

$$PQ = GD = MG - MD$$

$$= R\sin\alpha - R\alpha\cos\alpha$$

所以
$$y = R(\sin\alpha - \alpha\cos\alpha)$$

(4)过圆的渐伸线上任一点 P 的切线的斜率为圆的半径张角 α 的正切.
由(3)知圆的渐伸线方程为

$$x = R(\cos\alpha + \alpha\sin\alpha)$$

$$y = R(\sin\alpha - \alpha\cos\alpha)$$

微分之得

$$\mathrm{d}x = R(-\sin\alpha + \alpha\cos\alpha + \sin\alpha)\mathrm{d}\alpha = R\alpha\cos\alpha\,\mathrm{d}\alpha$$

$$\mathrm{d}y = R(\cos\alpha + \alpha\sin\alpha - \cos\alpha)\mathrm{d}\alpha = R\alpha\sin\alpha\,\mathrm{d}\alpha$$

$$\frac{\mathrm{d}y}{\mathrm{d}x} = \tan\alpha$$

故过点 P 的切线斜率为 $\tan\alpha$.

(5)过圆的渐伸线上任意一点 P 作斜率为 $\tan\alpha$(半径张角的正切)的直线,为过该点的切线.

证 因为通过一点,引出给定斜率的直线,只能有一条.

根据(4)所证,过点 P 切线的斜率既必为 $\tan\alpha$,则通过点 P 而以 $\tan\alpha$ 为斜率的直线,必与渐伸线的(过点 P 的)切线相重合.换言之,即为圆的渐伸线的切线.

(12.2) 渐伸线作圆

(Ⅰ)渐伸线的作法

(1)线段的渐伸线作法.

已知:定长线段 $\overline{AB}$.

作法 (图136)

(1)延长 $\overline{AB}$ 及 $\overline{BA}$.

(2)以 B 为圆心, $\overline{AB}$ 为半径,作弧交直线于点 P_1.

(3)以 A 为圆心, $\overline{AP_1}$ 为半径,作弧交直线于点 P_2.

以 B 为圆心, $\overline{BP_2}$ 为半径,作弧交直线于点 P_3.

若须继续作,可仿上述法类推之.

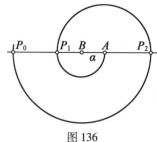

图 136

解说 因接点 $P_1,P_2,P_3,\cdots$ 与弧心 A,B 同在一直线上,故各相邻弧段,均为平滑联结.

又各弧段的半径均递次增加,公差为 $\overline{AB}$.

故曲线 AP_1P_2 即为渐伸线的全一节.

(2)正 n 边形的渐伸线作法.

已知:正 $\triangle ABC$,其边长为 a.

作法 (图137)

218

(1)延长 $\overline{AC},\overline{CB}$ 及 $\overline{BA}$.

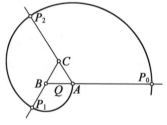

图 137

(2)以 B 为圆心,正 $\triangle ABC$ 边长 a 为半径,作弧与 $\overline{CB}$ 的延长线交于点 P_1.

(3)以 C 为圆心,$\overline{CP_1}=2a$ 为半径作弧与 $\overline{AC}$ 的延长线交于点 P_2.

(4)以 A 为圆心,$\overline{AP_2}=3a$ 为半径作弧与 $\overline{BA}$ 的延长线交于点 P_3.

这样就作成渐伸线的全一节,若须继续作,可仿上述作法类推之.

解说

因接点 P_1 与弧心 B,C;接点 P_2 与弧心 C,A;接点 P_2 与弧心 A,B,均各同在一直线上,故各相邻弧段均为平滑连接.而各弧段的半径递增公差为 a.

例(Ⅱ) 正四边形的渐伸线.

已知:正四边形 $ABCD$,其边长为 a.

作法 （图138）

（1）延长正四边形各边.

（2）以 B 为圆心，a 为半径作弧交$\overline{CB}$的延长线于点 P_1.

（3）以 C 为圆心，$2a$ 为半径作弧交$\overline{DC}$的延长线于点 P_2.

（4）以 D 为圆心，$3a$ 为半径作弧交$\overline{AD}$的延长线于点 P_3.

（5）以 A 为圆心，$4a$ 为半径作弧交$\overline{BA}$的延长线于点 P_4.

这样就作完渐伸线的全一节.若须继续作，可仿上述作法类推之.

解说　与例（Ⅰ）同理.

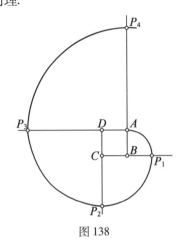

图 138

例（Ⅲ）　正五边形的渐伸线.

已知：正五边形 $ABCDE$，其边长为 a.

作法　（图139）

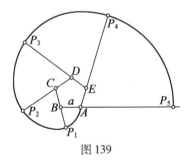

图 139

（1）延长正五边形各边.

(2)以 B 为圆心,a 为半径作弧交$\overline{CB}$延长线于点 P_1.

(3)以 C 为圆心,$2a$ 为半径作弧交$\overline{DC}$延长线于点 P_2.

(4)以 D 为圆心,$3a$ 为半径作弧交$\overline{ED}$延长线于点 P_3.

(5)以 E 为圆心,$4a$ 为半径作弧交$\overline{AE}$延长线于点 P_4.

(6)以 A 为圆心,$5a$ 为半径作弧交$\overline{BA}$延长线于点 P_5.

这样就完成正五边形的渐伸线的全一节,若须继续作,可仿上述作法类推之.

解说 与例(Ⅰ)同理.

(3)圆的渐伸线作法.

已知:定圆 O,半径为 R.

作法 (图 140)

(1)n 等分圆 O(图中 $n=12$,若等分越多,则所得渐伸线越精确).

(2)过各分点 $1,2,3,\cdots,12$,作圆 O 的切线.

(3)令过点 12 的切线长为$\overline{aP_{12}}=2\pi R$.

(4)n 等分$\overline{aP_{12}}$(图中 $n=12$)得分点 $1',2',3',\cdots,11$.

(5)截取$\overline{1P_1}=\overline{a1'},\overline{2P_2}=\overline{a2'},\overline{3P_3}=\overline{a3'}=\cdots=\overline{11P_{11}}=\overline{a11'}$.

(6)平滑联结 $aP_1P_2P_3\cdots P_{12}$,即得所求圆的渐伸线.

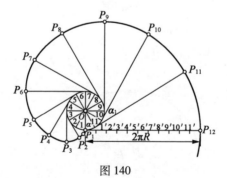

图 140

解说 根据渐伸线的定义,渐伸线是由一条绕于平面几何形的周边无弹性的细线(几何线),逐渐展开而得的线端轨迹.

在圆的渐伸线中,当线端 a 展开一周时,间距$\overline{aP_{12}}$必等于 $2\pi R$.

由于展开时,此细线是时时紧绷着的直线,故在展开的任一过程中,此直线必与圆相切. 而其长必等于所展开的弧长, 以 $\overline{4P_4}$ 为例, $\overline{4P_4}$ 必切圆 O 于点 4, 而

其长必等于 $\overset{\frown}{a4}$ 长. 由于 $\overset{\frown}{a4} = \dfrac{4}{12} 2\pi R = \overline{a4'}$, 所以迹点 P_4 的求得, 是通过分点 4 的

切线 $\overline{4P_4}$, 并使 $\overline{4P_4} = \overline{a4'} = \overset{\frown}{4a}$ 的关系而求得. 故 P_4 是适合条件的迹点. 同理 P_1,

$P_2, P_3, \cdots, P_{11}$ 及 P_{12} 均匀适合条件的迹点.

注 上述作法, 是作定圆的渐伸线的全一节, 若 $\overline{aP_{12}}$ 再延长 $2\pi R$, 参考上述作法, 可作得第二全节的渐伸线.

圆的渐伸线亦可用近似作法来画, 其方法是先按上述作法求得各迹点 $P_1, P_2, P_3, \cdots$, P_{11} 及 P_{12}, 在描迹时用圆规来代替曲线板, 以 $\overset{\frown}{P_9P_{10}}$ 弧段为例, 先延长 $\overline{P_9}9$ 交 $\overline{P_{10}10}$ 于点 G, 以 G 为圆心, $\overline{GP_9} \approx \overline{GP_{10}}$ (此二量近似相等, 若圆周上分点越密, 则此二量相差越小) 为半径, 作得 $\overset{\frown}{P_9P_{10}}$. 其余各弧段的连接仿此.

(Ⅱ) 作渐伸线的切线法

(1) 过已知正多边形的渐伸线上一点 P, 作切线法.

作法 (图 141 为正四边形的渐伸线)

连 PD (D 为点 P 所在弧段的弧心).

过点 P 作 $\overline{PD}$ 的垂线 PT, 则 PT 即为所求切线.

解说 因 D 为点 P 所在弧 ($\overset{\frown}{P_2P_3}$) 的弧心, 故 $\overline{PD}$ 为该弧的半径, 而 $PT \perp \overline{PD}$, 故为切线.

(2) 过已知圆的渐伸线上一点 P, 作切线法.

作法 (图 142)

连 $\overline{PO}$, 以 $\overline{PO}$ 为直径作半圆交圆周于点 S.

连 PS, 过点 P 作 $\overline{PS}$ 的垂线 PT, 则 PT 即为所求切线.

解说 若连 SO, 则 $\angle PSO$ 为直角. 故 $PT // \overline{SO}$, 即 PT 的斜率与圆半径的斜率相同, 而 PT 是过点 P 的直线. 故 PT 为切线 (见几何性质 (4) 及 (5)).

221

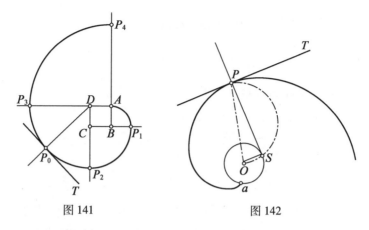

图 141   图 142

（12.3） 渐伸线的实用示例

齿轮制造中,常用渐伸线的齿形.盖因渐伸线齿形的齿轮制造简便,造价较廉,且齿根较坚固之故.图 143 是用圆的渐伸线作齿形的例.其作图步骤如下：

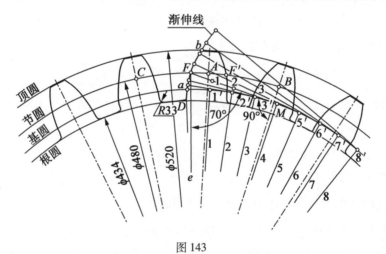

图 143

（1）以 520 mm,480 mm 及 434 mm 各为直径,作顶圆、节圆及根圆等同心圆.

（2）在节圆周上取 A,B,C 三点,其距离为正 n 边形的一边长（此处的 n 为齿数）.图中设 $n = 24$,故可查第一章第六节的正多边形边长表（表 3）得知 $AB = AC = \dfrac{0.261\ 06 \times 480}{2} = 62.654\ 4$ mm（若欲将全部轮齿画出,及分节圆为 $n = 24$ 等份,得 24 个分点）.

过 A,B,C 三点作各齿轮的轴线(即自 A,B,C 三点连齿轮中心便是).

(3)以 A 为对称心在节圆上取 F 及 F',使 F,F' 的距离为齿厚(齿厚为 $24 \times 2 = 48$ 边正多边形的边长.(查第一章第六节的表 3 可知 $\frac{0.130\,8 \times 480}{2} = 31.392\,\text{mm}$)).

(4)自点 F 作齿轮中心的连线 Fe,又自 F 作与 Fe 成 $70°$ 的直线(压力线).并自齿轮中心作压力线的垂线,垂足为 M.再过 M 作根圆的同心圆得基圆(即渐伸线的展开柄).

(5)等分 $\overline{FM}$ 为 4 等份,得分点 1,2,3,以 3 为圆心,$\overline{F3}$ 为半径作弧交基圆于 a,则 $\overparen{am} \approx \overline{FM}$(见第三节改直线为圆弧法).

(6)分 $\overparen{am}$ 为 4 等份,并以 $\frac{1}{4}$ 的小弧段在 M 的另侧的基圆上截取 4 个分点.这样基圆上共有 8 个分点.如 $1',2',3',M,5',\cdots,8'$ 等点.

(7)过基圆上各分点作基圆的切线.并令过 $1'$ 的切线长等于 $\frac{\overline{F'M}}{4}$,过 $2'$ 的切线长等于 $\frac{2}{4}\overline{FM}$,过 $3'$ 的切线长等于 $\frac{3}{4}\overline{FM}$,$\cdots\cdots$,过 $8'$ 的切线长等于 $\frac{8}{4}\overline{FM} = 2\,\overline{FM}$.

(8)将各切线的端点描成平滑曲线,即为渐伸线.此渐伸线的起点为 a,逐渐展开通过顶圆交于点 b.则 ab 段的渐伸线即为基圆至顶圆一段的齿形曲线.节圆以外的部分是赤顶,基圆以内的部分是齿根.

(9)齿根的画法,从点 a 引到齿轮中心的连线(基圆半径)交根圆于点 D.

(10)以 $3.3\,\text{mm}$ 为半径,将点 D 处的直线与根圆的交接改为弧连接.

(11)在过点 A 轴线的另侧(F' 的一边),用上述方法同样作得对称于 ab 的齿形曲线(或以 A 轴为对称轴找渐伸线各迹点的对称迹点.以求得过点 F' 的一条渐伸线.完成一个完整的轮齿).

(12)既得一个完整的轮齿后,即可用透明纸(描图纸)将齿形复描下来,移到点 B,点 C 以及其他轮齿位置的各分点处,去复描起来.即可作出全部轮齿的轮廓(本图中仅作出五个齿为例).

第十三节　阿基米德螺线

(13.1)　基本性质

（Ⅰ）阿基米德螺线定义

在平面上,一动点自一定点起作等速的直线伸长,同时此动点绕定点作等速(角速)的旋转,则此动点运动的轨迹,就是阿基米德螺线.

例如　（图144）

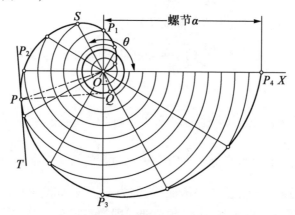

图 144

O 为平面上一定点,有一动点 P,自点 O 起作等速的直线伸长,同时点 P 绕定点 O 作等速(角速)转速,其运动规律如下:

点 P 旋转角度	90°	180°	270°	360°	⋯	$n \cdot 90°$
点 P 到点 O 距离	$OP_1 = \dfrac{a}{4}$	$OP_2 = \dfrac{2a}{4}$	$OP_3 = \dfrac{3a}{4}$	$OP_4 = \dfrac{4a}{4}$	⋯	$OP_n = \dfrac{na}{4}$

这样点 P 运动的轨迹就是阿基米德螺线.

（Ⅱ）阿基米德螺线有关名词简介(参看图144):

(1)极点——定点 O.

(2)极轴——如 OX.

(3)动径——阿基米德螺线上任一迹点到极点的连线,如 $\overline{P_1O}$, $\overline{P_2O}$ 等.

(4)动径角——动径与极轴的夹角,如 $\angle XOS = \theta$.

(5)螺节——动点每旋转 360° 的起迄距离(如 $\overline{OP_4} = a$). 螺节亦称螺距.

(6)分割圆——以标点为圆心,其周长等于螺节长的圆(如图中以 $\overline{OQ}$ 为半径的圆).

（7）全一节——动点自 O 旋转到 360°时所形成的全部轨迹（如螺线 $OP_1P_2P_3P_4$）.

（8）切线——如 PT（与摆线切线的定义同）.

（9）法线——如 PQ.

（Ⅲ）有关作图的几点阿基米德螺线的几何性质：

（1）动径之长等于 $\dfrac{\theta}{360°}$ 与螺节 a 的乘积. 设动径长为 ρ，则 $\rho=\dfrac{\theta}{360°}\cdot a$.

解说

当动径角为 360°时，则动径长为螺节 a.

当动径角为 θ 时，动径为 ρ.

根据定义 θ 与 ρ 是成正比例的，则

$$360°:\theta=a:\rho$$

所以

$$\rho=\frac{\theta}{360°}a$$

（2）螺线间的距离（沿动径）恒等于螺节.

解说　（图 145）

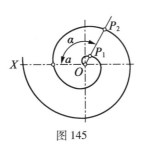

图 145

设螺节为 a.

当动点绕极点 O 旋转 α 时（即 $\angle XOP_1=\alpha$）. 其动径长 $\rho_1=\overline{OP_1}=\dfrac{\alpha}{360°}a$.

当动点绕极点 O 旋转 $360°+\alpha$ 时（即 $\angle XOP_2=360°+\alpha$），其动经长 $\rho_2=\overline{OP_2}=(360°+\alpha)\dfrac{a}{360°}$，而

$$\rho_2-\rho_1=a+\frac{\alpha}{360°}a-\frac{\alpha}{360°}a=a$$

（3）分割圆的半径 R 等于螺节 a 除以 2π，即 $R=\dfrac{a}{2\pi}$.

解说　根据分割圆定义，其周长等于螺节 a，即

$$2\pi R=a$$

所以
$$R = \frac{a}{2\pi}$$

（4）切线与动径的夹角（φ）的正切，等于动径（ρ）与分割圆半径$\left(\dfrac{a}{2\pi}\right)$之

比.$\left(\text{即} \tan\varphi = \dfrac{\rho}{\dfrac{a}{2\pi}}\right)$;

切线的斜率
$$\tan\tau = \frac{\rho'\sin\theta + \rho\cos\theta}{\rho'\cos\theta - \rho\sin\theta}$$

设过螺线上定点 P，作任意割线 PQ（图 146）.

连 PO 及 QO，并作 $PS \perp OQ$，则

$$\tan\angle PQS = \frac{PS}{QS} = \frac{PS}{OQ - OS}$$

$$= \frac{\rho\sin\Delta\theta}{\rho + \Delta\rho - \rho\cos\Delta\theta}$$

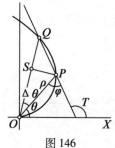

图 146

用 φ 表示切线与动径之夹角，则

$$\tan\varphi = \lim_{\Delta\theta \to 0}\tan\angle PQS = \lim_{\Delta\theta \to 0}\frac{\rho\sin\Delta\theta}{\rho + \Delta\rho - \rho\cos\Delta\theta}$$

而
$$\frac{\rho\sin\Delta\theta}{\rho + \Delta\rho - \rho\cos\Delta\theta} = \frac{\rho\sin\Delta\theta}{\rho(1 - \cos\Delta\theta) + \Delta\rho}$$

$$= \frac{\rho\sin\Delta\theta}{2\rho\sin^2\dfrac{\Delta\theta}{2} + \Delta\rho}$$

$$= \frac{\rho\dfrac{\sin\Delta\theta}{\Delta\theta}}{\rho\sin\dfrac{\Delta\theta}{2} \cdot \dfrac{\sin\dfrac{\Delta\theta}{2}}{\dfrac{\Delta\theta}{2}} + \dfrac{\Delta\rho}{\Delta\theta}}$$

而 $\Delta\theta \to 0$, 故

$$\lim_{\Delta\theta \to 0} \frac{\sin \Delta\theta}{\Delta\theta} = 1, \lim_{\Delta\theta \to 0} \frac{\sin \dfrac{\Delta\theta}{2}}{\dfrac{\Delta\theta}{2}} = 1$$

$$\lim_{\Delta\theta \to 0} \sin \frac{\Delta\theta}{2} = 0, \lim_{\Delta\theta \to 0} \frac{\Delta\rho}{\Delta\theta} = \rho'$$

$$\left(因 \rho = \frac{\theta}{2\pi}a, 所以 \rho' = \frac{a}{2\pi} \right)$$

故

$$\tan\varphi = \lim_{\Delta\theta \to 0} \frac{\dfrac{\rho\sin \Delta\theta}{\Delta\theta}}{\rho\sin \dfrac{\Delta\theta}{2} \cdot \dfrac{\sin \dfrac{\Delta\theta}{2}}{\dfrac{\Delta\theta}{2}} + \dfrac{\Delta\rho}{\Delta\theta}} = \frac{\rho}{\rho'} = \frac{\rho}{\dfrac{a}{2\pi}}$$

又因

$$\tau = \theta + \varphi$$

则

$$\tan\tau = \frac{\tan\theta + \tan\varphi}{1 - \tan\theta \cdot \tan\varphi} = \frac{\dfrac{\sin\theta}{\cos\theta} + \dfrac{\rho}{\dfrac{a}{2\pi}}}{1 - \dfrac{\sin\theta}{\cos\theta} \cdot \dfrac{\rho}{\dfrac{a}{2\pi}}}$$

$$= \frac{\dfrac{a}{2\pi}\sin\theta + \rho\cos\theta}{\dfrac{a}{2\pi}\cos\theta - \rho\sin\theta} = \frac{\rho'\sin\theta + \rho\cos\theta}{\rho'\cos\theta - \rho\sin\theta}$$

（5）过螺线上任一点（P）与动径夹角（φ）的正切,等于动径与分割圆半径之比 $\left(\dfrac{\rho}{\dfrac{a}{2\pi}} \right)$ 的直线,即为过该点的切线.

证　（参考图 146）

由已知

$$\tan\varphi = \frac{\rho}{\dfrac{a}{2\pi}}$$

又因

$$\tau = \varphi + \theta$$

则此直线的斜率为

$$\tan\tau = \frac{\rho'\sin\theta + \rho\cos\theta}{\rho'\cos\theta - \rho\sin\theta}$$

由于过一点,引给定斜率的直线,只能有一条.

根据几何性质(4)的证明,过阿基米德螺线上任一点 P 的切线的斜率既必

为 $\dfrac{\rho'\sin\theta+\rho\cos\theta}{\rho'\cos\theta-\rho\sin\theta}$,则通过此点($P$)与动径夹角($\varphi$)的正切为 $\dfrac{\rho}{\dfrac{a}{2\pi}}$ 的直线

$\left(\text{其斜率为}\dfrac{\rho'\sin\theta+\rho\cos\theta}{\rho'\cos\theta-\rho\sin\theta}\right)$,必与螺线的(过点 P 的)切线重合,故此直线即为切线.

(13.2) 阿基米德螺线作图

(Ⅰ)阿基米德螺线作法

已知:螺节为 a.

作法 (图147)

(1)取极点 O,过 O 作 $\overline{OP_{12}}$,令 $\overline{OP_{12}}=a$($\overline{OP_{12}}$ 作为极轴).

(2)以 O 为圆心,$\overline{OP_{12}}$ 为半径作圆.并自 P_{12} 起 n 等分圆周(圆中设 $n=12$,得分点 $1,2,3,\cdots,11$).再自各分点作极点 O 的连线,得 $\overline{O1},\overline{O2},\overline{O3},\cdots,\overline{O11}$.

(3)n 等分 $\overline{OP_{12}}$(圆中 $n=12$,得分点 $1',2',3',\cdots,11'$).

(4)以 O 为圆心,$\overline{O1'}$ 为半径作弧交 $\overline{O1}$ 于点 P_1.

以 O 为圆心,$\overline{O2'}$ 为半径作弧交 $\overline{O2}$ 于点 P_2.

228

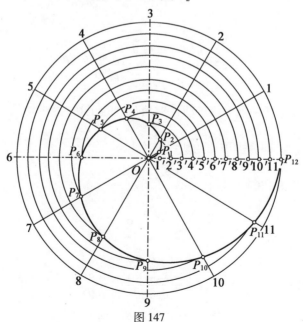

图 147

仿此依次以 $\overline{O3'}, \overline{O4'}, \cdots, \overline{O11'}$ 各为半径作弧分交 $\overline{O3}, \overline{O4}, \cdots, \overline{O11}$ 于 P_3, $P_4, \cdots, P_{11}$ 各点.

则 $P_1, P_2, P_3, \cdots, P_{11}$ 及 P_{12} 等点,即为所求螺线上的各迹点,平滑联结各迹点即得阿基米德螺线(全一节).

解说　以迹点 P_5 为例:

当动点(P)自极点 O 起运动到点 P_5 时,动点已绕 O 旋转 $150°$ $\left(\angle P_{12}OP_5 = \dfrac{5}{12}\times 360° = 150°\right)$. 此时 $\overline{OP_5}$(动径长)应为

$$\frac{150°}{360°}a = \frac{5}{12}a \text{(见几何性质(1))}$$

而根据作法 $\overline{OP_5} = \overline{O5'} = \dfrac{5}{12}a$.

故 P_5 是符合阿基米德螺线定义的迹点. 同理,其余各点 $P_1, P_2, \cdots, P_{11}$ 及 P_{12} 亦均为螺线的迹点.

注　螺线的起点位置,可为极点 O(如上所述). 但亦可为距极点为既定长度的任一点.

229

例如　(图148)起点为 P_0,极点为 O,$\overline{P_0O} = l$ 为既定长度. 螺节为 a,亦可依照上述作法作得螺线. 图中所示,可视为螺线的一部分.

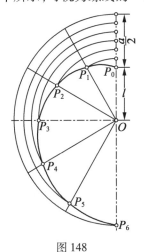

图 148

(Ⅱ)作阿基米德螺线的切线法

已知:螺节为 a 的阿基米德螺线上定点 P.

作法　(图149)

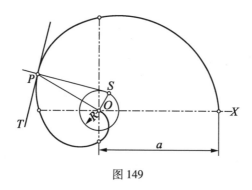

图 149

(1)以极点 O 为圆心，$R = \dfrac{a}{2\pi}$ 为半径，作分割圆.

(2)连 PO，并自点 O 作 $\overline{PO}$ 的垂线交分割圆于点 S.

(3)连 PS.

(4)过点 P 作 $\overline{PS}$ 的垂线 PT，则 PT 即为所求切线.

解说 因为 $$PT \perp \overline{PS}$$

所以 $$\tan \angle PSO = \frac{\overline{PO}}{R} = \frac{\rho}{\dfrac{a}{2\pi}}$$

而 $\angle TPO = \angle PSO$(同角的余角相等)，所以

$$\tan \angle TPO = \frac{\rho}{\dfrac{a}{2\pi}}$$

故 TP 即为过点 P 的切线(见几何性质(5)).

(13.3) 阿基米德螺线实用示例

例 桃形轮轮廓画法.

作法 (图150)

(1)作互垂纵横两轴相交于点 O，以 O 为圆心，以 64 mm 为半径作弧交纵轴于 a 及 h.

(2)桃形轮左部，当动点自 a 起绕极点 O 旋转180°时，动径伸长 30 mm(即 $\overline{hb} = 30$ mm，为已知).

（3）桃形轮右部,当动点自 a 起绕极点 O 旋转 180°时,动径伸长 60 mm(即 $\overline{hc}$ =60 mm,为已知).

（4）分圆周为 12 等份,并自各分点引点 O 的连线,得 12 条射线.

（5）以 O 为圆心,$\overline{Ob}$ 为半径作弧交纵轴于点 g,6 等分 $\overline{ag}$.并自各分点,以 O 为圆心作同心弧与各有关射线相交,则各交点即为迹点,平滑联结各迹点,即得左部阿基米德螺线的轮廓.

（6）6 等分 $\overline{hc}$,并自各分点以 O 为圆心,作同心圆与各有关射线相关,各交点即为右部螺线的迹点,平滑联结之即得右部轮廓线.

（7）以 O 为圆心,以 30 mm 及 60 mm 各为直径作同心圆.并按照 8 mm 及 35 mm(规定尺寸)画出穿轴栓的孔.

则桃形轮轮廓完成.

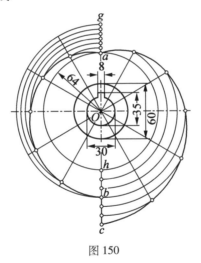

图 150

第十四节　正　弦　曲　线

（14.1）　基本性质

（Ⅰ）正弦曲线定义

在圆柱面上一动点作等速旋转运动的同时又依轴的方向作等速直线运动,

则此动点所形成的空间轨迹对于平行于圆柱轴的平面的投影,就是正弦曲线.

例如 (图 151(a))

动点 A 在圆柱面上旋转一周升高的距离为 h,其运动规律为:

当动点自 A_0 运动到 A_1 时,旋转了 1/8 圆周,同时上升了 $1/8h$

运动到 A_2 时,旋转了 2/8 圆周,同时上升了 $2/8h$

运动到 A_3 时,旋转了 3/8 圆周,同时上升了 $3/8h$

$$\vdots$$

运动到 A_8 时,旋转了 8/8 圆周,同时上升了 $8/8h$

运动到 A_9 时,旋转了 9/8 圆周,同时上升了 $9/8h$

$$\vdots$$

运动到 A_N 时,旋转了 $N/8$ 圆周,同时上升了 $N/8h$

则此动点 A 在圆柱面上的空间轨迹叫作圆柱螺线. 它对于平行于圆柱轴的平面的投影(如图 151(b))就是正弦曲线.

图 151(b)为圆柱螺线的二投影(即水平、直立投影). 由于此轨迹是在圆柱面上的曲线,故其水平投影(即与圆柱轴垂直的平面上的投影),与圆柱面的水平投影重合,而成一圆(以圆柱直径 D 为直径的圆). 而圆柱面上的素线的直立投影(即与圆柱轴平行的平面上的投影),为平行线族(均平行于圆柱轴的投影,最大间距为 D).

当动点 A 在圆柱面上自 A_0 运动到 A_1 时,其轨迹的水平投影为自 $a_0 \sim a_1$ 的圆弧 $\left(\overparen{a_0 a_1} = \dfrac{1}{8}$圆周$\right)$. 而其直立投影则为自 $a_0{}' \sim a_1{}'$ 的曲线,此时 $a_1{}'$ 较 $a_0{}'$ 升高 $\dfrac{1}{8}h$. 当动点运动到 A_2 时,其轨迹的水平投影为 $\overparen{a_1 a_2} + \overparen{a_0 a_1} = \dfrac{2}{8}$ 圆周. 而其直立投影则为自 $a_0{}' \sim a_2{}'$ 的曲线,此时 $a_2{}'$ 较 $a_1{}'$ 又升高 $\dfrac{1}{8}h$,较 $a_0{}'$ 则升高了 $\dfrac{2}{8}h$,…… 其余各迹点的二投影依次类推,即得空间轨迹的二投影(图 151(b)).

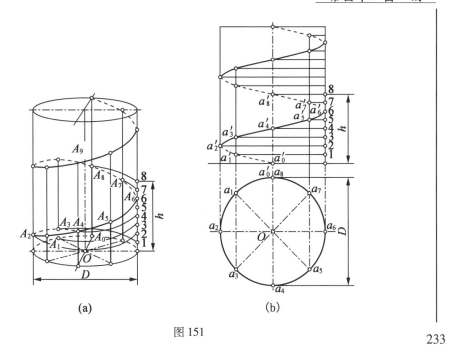

(a)　　　　　　　　(b)

图 151

其中直立面上的投影就是正弦曲线. 若将此平面曲线圆形在圆纸上旋转 90°, 即得常见的正弦曲线图像(如图 152).

（Ⅱ）正弦曲线有关名词简介（图 152）

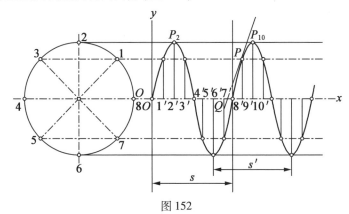

图 152

（1）轴——如 Ox.

（2）顶点——如 P_2, P_{10} 等.

（3）波长——如 s, s'.

（4）振幅——如 $P_2 2'$, $P_{10} 10'$ 等.

(5)切线——(定义同摆线)如 PQ.

(6)法线——过切点垂直于切线的直线.

(Ⅲ)有关作图的几点几何性质

(1)正弦曲线是有周期性的,动点在圆柱面上旋转一周(由 $0 \sim 2\pi$),则其轨迹的直立投影即为一个周期. 若继续旋转(由 $2\pi \sim 4\pi$),则其轨迹的直立投影与前一节的投影全同.

(2)圆柱面上空间轨迹(圆柱螺线)上任一点(P),所作的垂线($\overline{PN}$)与该段轨迹的水平投影的弧长成定比.

解说　(图153)P 为空间轨迹上任意一点,过 P 作 $\overline{PN} \perp$ 底线平面,今将圆柱面展开,则根据正弦线的定义,空间轨迹必为矩形 $AEE'A'$ 的对角线 $\overline{AE'}$,设想过 P 作平行于底圆平面的截平面,则此截平面交圆柱母线 AC 于点 P_1,而 $\overline{P_1A} = \overline{PN}$,自 P_1 作 $\overline{AA'}$ 的平行线交 $\overline{AE'}$ 于点 p,则 p 即为 P 在轨迹展开后的应在位置,自 p 作 $\overline{pn} \perp \overline{AA'}$,则 $\overline{pn} = \overline{P_1A} = \overline{PN}$,则点 n 必为圆柱底圆周上的点 N 展开后应在的位置. 因此 $\overline{AN} = \overline{An}$,由于 $\overline{A'E'} /\!/ \overline{pn}$,所以

$$\frac{\overline{E'A'}}{\overline{AA'}} = \frac{\overline{pn}}{\overline{An}} = \frac{h}{\pi D}$$

即

$$\frac{\overline{PN}}{\overline{AN}} = \frac{h}{\pi D} = 定值$$

(3)圆柱面上空间轨迹(圆柱螺线)上任一点(P)的切线 $\overline{PT}$ 的投影 $\overline{NT}$,必切底圆于点 N,且 $\overline{NT}$ 之长等于该段轨迹投影 $\overline{AN}$ 之长(图153).

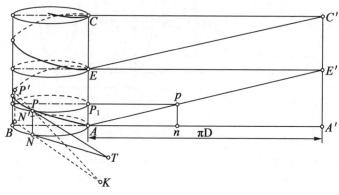

图 153

设切线 $\overline{PT}$，切点为 P，过 P 的垂线为 $\overline{PN}$，垂足为 N，切线与圆柱底面（扩张平面）相交于点 T，则 $\overline{NT}$ 即为 $\overline{PT}$ 的投影.

求证：$\overline{NT} = \overparen{AN}$，且 $\overline{NT}$ 切底圆于点 N.

证明：取割线 $P'PK$，点 K 在底圆扩张面上.

$\overline{P'PK}$ 及 PN 所决定之平面与圆柱面相交，得交线（母线）$\overline{P'N'}$；与底面扩张平面相交，得交线 $\overline{N'NK}$.

由于
$$\overline{P'N'} \;/\!/\; \overline{PN}, \quad \triangle P'N'K \backsim \triangle PNK$$
则
$$\overline{NK} : \overline{N'K} = \overline{PN} : \overline{P'N'}$$
分比之得
$$\overline{NK} : (\overline{N'K} - \overline{NK}) = \overline{PN} : (\overline{P'N'} - \overline{PN}) \tag{1}$$
然
$$\overline{N'K} - \overline{NK} = \overline{NN'}$$
则式（1）可变为
$$\overline{NK} : \overline{NN'} = \overline{PN} : (\overline{P'N'} - \overline{PN}) \tag{2}$$

由几何性质（2）得
$$\overline{PN} : \overline{P'N'} = \overparen{AN} : \overparen{AN'}$$

分比之得
$$\overline{PN} : (\overline{P'N'} - \overline{PN}) = \overparen{AN} : (\overparen{AN'} - \overparen{AN})$$
即
$$\overline{PN} : (\overline{P'N'} - \overline{PN}) = \overparen{AN} : \overparen{NN'} \tag{3}$$
以（2）及（3）两式等量代换得
$$\overline{NK} : \overline{NN'} = \overparen{AN} : \overparen{NN'}$$
所以
$$\overline{NK} = \frac{\overline{NN'} \cdot \overparen{AN}}{\overparen{NN'}} \tag{4}$$

当割线 $\overline{P'PK}$ 绕点 P 旋转，点 P' 达于点 P 极限位置时，则割线 $P'PK$ 就变成过点 P 的切线 PT，此时点 N' 亦必以点 N 为极限，$\overline{NK}$ 变成 $\overline{NT}$，显然，$\overline{NT}$ 与底圆只有一个公共点 N，即 $\overline{NT}$ 切底圆于点 N. 并且此时 $\overline{NN'} : \overparen{NN'}$ 之值趋近于 1，故式（4）可变成 $\overline{NK} = \overparen{AN}$，即
$$\overline{NT} = \overparen{AN}$$

（4）过圆柱面上空间轨迹（圆柱螺线）上任一点 P 的直线 PT'，其投影 NT'

若与底圆相切,投影的长若等于该段轨迹的投影$\overset{\frown}{AN}$之长,则此直线即为过点 P 的切线.

证 设 PT 为过圆柱面轨迹上点 P 的切线(图 154).

由几何性质(3)知:$\overline{NT}$ 必切圆 AB 于点 N,并且 $\overline{NT}$ 必等于 $\overset{\frown}{AN}$.

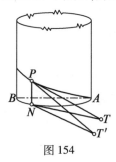

图 154

今即知,$\overline{NT}$ 切圆 AB 于点 N,而过圆上定点的切线只能有一条,故 $\overline{NT'}$ 必与 $\overline{NT}$ 重合.

又因 $\overline{NT'} = \overset{\frown}{AN}$,则根据几何性质(3) $\overline{NT}$ 也等于 $\overset{\frown}{AN}$,则 $\overline{NT'}$ 必等于 $\overline{NT}$,故 T' 重合于 T. 那么 PT' 亦必重合于 PT,而 PT 为所设的切线,故 PT' 即为切线.

(5)圆柱螺线的切线的直立投影,就是正弦线[①]的切线.

设空间曲线 $PP'A$ 为圆柱螺线(图 155).

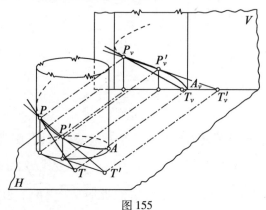

图 155

平面曲线 $P_v P_v' A_v$ 为正弦曲线(即为圆柱螺线 $PP'A$ 的直立投影).

---

① 此处所指的正弦线,是该圆柱螺线的直立投影.

P 及 P' 为圆柱螺线上的任意两点,此两点的直立投影为正弦曲线上 P_v 及 P_v'.

若连点 P 及 P',则得圆柱螺线的割线 $PP'T'$.

若连点 P_v 及 P_v',则得正弦曲线的割线 $P_v P_v' T_v'$.

显然,圆柱螺线的割线 $PP'T'$ 的直立投影就是正弦曲线的割线 $P_v P_v' T_v'$.

今设想圆柱螺线的割线绕点 P 旋转,直到点 P' 沿弧 $P'P$ 运动无限趋近于点 P 时,则割线 $PP'T'$ 就变成过点 P 的切线 PT. 此时,正弦曲线的割线 $P_v P_v' T_v'$(为 $PP'T'$ 的直立投影)亦必绕点 P_v 旋转,直到点 P_v' 沿弧 $P_v'P_v$ 运动达于点 P_v 的极限位置时,则正弦曲线的割线 $P_v P_v' T_v'$ 就变成过点 P_v 的切线 $P_v T_v$ 了. 并且 $P_v T_v$ 为此时 PT 的投影. 故圆柱螺线的切线 PT 的直立投影 $P_v T_v$,就是正弦曲线上过点 P_v 的切线.

(14.2) 正弦曲线作图

（Ⅰ）正弦曲线的作法

已知:振幅为 R,波长为 S.

作法 （图156）

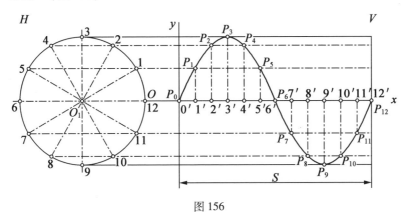

图 156

（1）作 O_1x 轴,在轴上取点 O_1 为圆心,以已知振幅 R 为半径作辅助圆. 并 n 等分圆周(图中 $n=12$),得分点 $1,2,3,\cdots,12$(分点越多,则所得正弦曲线越精确).

（2）在 x 轴上取 $P_0 P_{12}$,使 $\overline{P_0 P_{12}} = S$（已知波长）,并 n 等分 $\overline{P_0 P_{12}}$（图中 $n=12$)得分点 $1',2',3',\cdots,11'$.

（3）自圆上各分点引 x 轴的平行线.

又自 x 轴上的分点 $1'$ 作 x 轴的垂线交过圆周上点 1 的平行线于点 P_1.

自 x 轴上的分点 $2'$ 作 x 轴的垂线交过圆周上点 2 的平行线于点 P_2.

仿此得交点 $P_3, P_4, \cdots, P_{11}$,则 $P_0, P_1, P_2, \cdots, P_{11}, P_{12}$ 等点均匀正弦曲线上的迹点,平滑联结各迹点,即得所求正弦曲线(图中自 P_0 至 P_{12} 的曲线为正弦曲线的一周期,若须继续作,可在 x 轴上自点 P_{12} 再取第二个波长,同法可得正弦线的第二周期).

解说 若自 P_0 作 $O'y \perp x$ 轴,并视 $O'y$ 为互垂的二相交平面(面 H 及面 V)的交线.设想有底圆半径等于 R 的正圆柱体,令其底圆与所作辅助圆 O_1 相重合,则面 H 为垂直于圆柱轴的平面,而面 V 则为平行于圆柱轴的平面.

今视 $P_0, P_1, P_2, \cdots, P_{12}$ 为圆柱螺线的有关迹点对于直立面 V 的点投影.

由于 $\overset{\frown}{O1} = \dfrac{1}{12}$ 圆周,$\overset{\frown}{O2} = \dfrac{2}{12}$ 圆周,$\cdots$,$\overset{\frown}{O12} = \dfrac{12}{12}$ 圆周(作法),则

$$\overline{O'1'} = \frac{1}{12}S, \overline{O'2'} = \frac{2}{12}S, \cdots, \overline{O'12'} = \frac{12}{12}S \qquad (\text{作法})$$

故动点 P 在圆柱面上是在作等速旋转的同时,又作等速直线伸长的运动的,而 $P_0 P_1 \cdots, P_{12}$ 就是点 P 运动所形成的空间轨迹对于直立面 V 的投影,这样就符合了正弦曲线的定义,故描迹所得的平面曲线,即为正弦曲线.

(Ⅱ)作正弦曲线的切线法

已知:正弦曲线上定点 P.

求作:过点 P 的切线.

作法 (图 157)

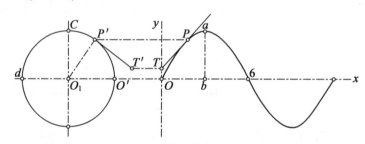

图 157

(1)延长 Ox 轴,过 O 作 Oy 垂直于 Ox,在 Ox 的延长线上取适当一点 O_1,以 O_1 为圆心,$\overline{ab}$ 之长(振幅)为半径作圆 O_1.

(2)自点 P 作 Oy 的垂线交圆 O_1 于点 P'(若 P 设在 $a6$ 曲线部分,则 P' 在 $\overset{\frown}{cd}$ 上).

(3)过 P' 作圆 O_1 的切线 $P'T'$,并使 $\overline{P'T'} = \overset{\frown}{O'P'}$(圆弧放直法),并自 T' 作

Oy 的垂线交 Oy 于点 T.

(4)连 PT,则 PT 为所求过点 P 的切线.

解说 圆 O_1 可视为圆柱面在其底圆扩张平面上的投影,而圆柱螺线对于该平面的投影必重合于圆 O_1 上.

由作法可知:$\overline{P'T'} = \overparen{O'P'}$ 且 $\overline{P'T'}$ 切圆 O_1 于点 P',根据几何性质(4),我们可断定必有一直线过圆柱底圆扩张平面上的点 T' 与圆柱螺线相切(而 $\overline{P'T'}$ 即为该切线的水平投影)而点 T' 对于直立面的投影,必在水平面与直立面的交线 Oy 上,故点 T 必为点 T' 的异面投影. 连 PT(作法)则 PT 必为圆柱螺线的切线在直立面上的投影——也就是正弦曲线上过点 P 的切线(理由见几何性质(5)).

(14.3) 正弦曲线实用示例

例 螺旋杆轮廓画法:

已知:波长为 110 mm,振幅为 50 mm. 螺杆直径为 50 mm.

作法 (图 158)

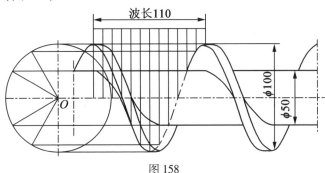

图 158

(1)作横轴,在轴上取点 O,以 O 为圆心,50 mm(振幅)为半径作辅助圆(或半圆),并 n(图中 $n = 12$)等分圆 O(若为半圆,$n = 6$),自各分点作轴的平行线.

(2)在轴上截取 110 mm 为波长,并 $n(= 12)$ 等分波长,自各分点作轴的垂线,交上述各平行线于各有关点(参考正弦线作法),平滑联结各交点,则得螺丝的外线一条轮廓的曲线(此图像在三角学中,即为余弦线). 同法可得同样的另一条曲线.

(3)作相互平行并以横轴为对称的,相距为 50 mm 的平行线(及螺杆杆部轮廓).

(4)取上述正弦曲线各迹点到轴的垂线的中点为迹点. 平滑联结而成曲

线,即得螺丝内线绕杆的曲线.

　　（此正弦曲线与外边的正弦曲线的关系,是波长相等,而振幅不同,其振幅的比为 $25:50 = 1:2$,故可在各垂线上取中点作为迹点）.

附正弦曲线图例

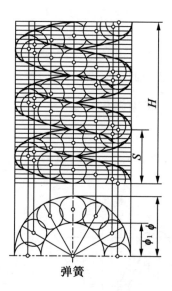

弹簧

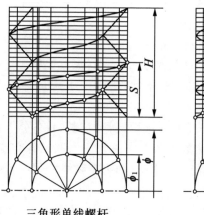

三角形单线螺杆

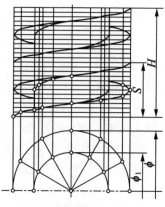

方形单线螺杆

第十五节 对 数 螺 线

（15.1） 基本性质

（Ⅰ）对数螺线定义

在平面上,一动点距一定点按等比数列的变化作直线运动,同时又按等差数列的变化作旋转运动,则动点运动的轨迹就是对数螺线.

例如 （图159）平面上一动点 P 及定点 O,点 P 运动的规律为(表1):

表1

点 P 旋转的角度	0	$\frac{\pi}{4}$	$\frac{\pi}{2}$	$\frac{3\pi}{4}$	π	$\frac{5\pi}{4}$	$\frac{3\pi}{2}$	$\frac{7\pi}{4}$	2π	$\cdots$	$\frac{n\pi}{4}$	$\cdots$
点 P 到点 O 的距离	e^{0a}	$e^{\frac{\pi}{4}a}$	$e^{\frac{\pi}{2}a}$	$e^{\frac{3}{4}\pi a}$	$e^{\pi a}$	$e^{\frac{5}{4}\pi a}$	$e^{\frac{3}{2}\pi a}$	$e^{\frac{7}{4}\pi a}$	$e^{2\pi a}$	$\cdots$	$e^{\frac{n}{4}\pi a}$	$\cdots$

其中动径角 θ 是按

$$0,\frac{\pi}{4},\frac{\pi}{2},\frac{3\pi}{4},\cdots$$

公差为 $\frac{\pi}{4}$ 的等差数列变化的,动径 ρ 是按

$$e^{0a},e^{\frac{\pi}{4}a},e^{\frac{\pi}{2}a},\cdots$$

公比为 $e^{\frac{\pi}{4}a}$ 的等比数列而变化的. 当 θ 取负角,使其绝对值无限增加时,动径之长,将趋近于零,曲线将无限地接近于极点 O,并无限的环绕于其周围旋转,所以极点 O 为对数螺线的渐近点.

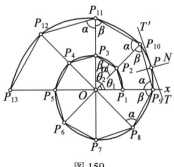

图159

（Ⅱ）对数螺线有关名词简介（图 159）

（1）极点——定点 O.

（2）极轴——Ox.

（3）动径——对数螺线上任意一点到极点的连线,如 $\overline{P_1O}$,$\overline{P_2O}$ 等（其长度记以 ρ）.

（4）动径角——动径与极轴间的夹角,如 $\angle P_1OP_2\left(=\dfrac{\pi}{4}\right)$,$\angle P_1OP_3$ $\left(=\dfrac{\pi}{2}\right)$ 等（记以 θ）.

（5）弦——曲线上两个迹点的连线,如 $\overline{P_8P_9}$,$\overline{P_9P_{10}}$ 等.

（6）弦径角——指某相邻两动径中,动径与该两动径端点连线的夹角,如 α,β.

（7）切线——如 PT（同摆线切线的定义）.

（8）法线——如 $PN(\perp PT)$.

（9）切线角——切线与动径的夹角,如 $\angle OPT$（$\overline{OP}$ 图中未画出）.

242

（Ⅲ）与对数螺线作图有关的几点几何性质

（1）对数螺线方程为

$$\rho = \mathrm{e}^{a\theta}$$

解说 根据定义而得.

（2）若相邻两动径间的夹角相等,则对应的弦径角也相等.

已知 $\angle P_1OP_2 = \angle P_2OP_3 = \cdots\left(=\dfrac{\pi}{4}\right)$（图 159）,则

$$\angle OP_2P_1 = \angle OP_3P_2 = \cdots$$
$$\angle OP_1P_2 = \angle OP_2P_3 = \cdots$$

解说 因为 $\overline{OP_1} = \mathrm{e}^{a0} = 1$,$\overline{OP_2} = \mathrm{e}^{a\frac{\pi}{4}}$,$\overline{OP_3} = \mathrm{e}^{a\frac{\pi}{2}}$,$\cdots$,所以

$$\overline{OP_1}:\overline{OP_2} = \overline{OP_2}:\overline{OP_3} = \cdots$$

则有 $\triangle OP_1P_2 \backsim \triangle OP_2P_3 \backsim \cdots$（对应角相等,夹此角的二边成比例）. 所以

$$\angle OP_2P_1 = \angle OP_3P_2 = \cdots$$
$$\angle OP_1P_2 = \angle OP_2P_3 = \cdots$$

（3）弦径角 α 和角系数 a 的关系式为

$$\tan\alpha = \frac{\sin\dfrac{2\pi}{n}}{\mathrm{e}^{-a\frac{2\pi}{n}} - \cos\dfrac{2\pi}{n}}$$

解说　为了使对数螺线作图简便,往往不是通过计算出每一动径的长度,来确定迹点,而是先等分圆周角,然后再通过弦径角来定出迹点.

今设周角被分成 n 等份,则每相邻两动径的夹角为 $\dfrac{2\pi}{n}$ 弧度. 又设相邻两动径 $\overline{OP}_{K+1}$ 与 $\overline{OP}_K$ 分别转过了 $(K+1)\dfrac{2\pi}{n}$ 弧度与 $K\cdot\dfrac{2\pi}{n}$ 弧度(其中 K 为正整数),如图 160. 则两动径长分别为

$$\overline{OP}_{K+1}=\mathrm{e}^{a(K+1)\frac{2\pi}{n}},\overline{OP}_K=\mathrm{e}^{aK\frac{2\pi}{n}}$$

两动径间的夹角 $\angle P_{K+1}OP_K=\dfrac{2\pi}{n}$.

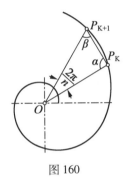

图 160

根据三角学中的正弦定理有

$$\frac{\overline{OP}_{K+1}}{\sin\alpha}=\frac{\overline{OP}_K}{\sin\left(\alpha+\dfrac{2\pi}{n}\right)}$$

即

$$\frac{\mathrm{e}^{a(K+1)\frac{2\pi}{n}}}{\sin\alpha}=\frac{\mathrm{e}^{aK\frac{2\pi}{n}}}{\sin\left(\alpha+\dfrac{2\pi}{n}\right)}$$

$$\frac{\mathrm{e}^{a\frac{2\pi}{n}}}{\sin\alpha}=\frac{1}{\sin\left(\alpha+\dfrac{2\pi}{n}\right)}$$

$$\mathrm{e}^{a\frac{2\pi}{n}}\left(\sin\alpha\cos\frac{2\pi}{n}+\cos\alpha\sin\frac{2\pi}{n}\right)=\sin\alpha$$

$$\left(1-\mathrm{e}^{a\frac{2\pi}{n}}\cdot\cos\frac{2\pi}{n}\right)\sin\alpha=\mathrm{e}^{a\frac{2\pi}{n}}\cdot\cos\alpha\cdot\sin\frac{2\pi}{n}$$

所以
$$\tan \alpha = \frac{e^{a\frac{2\pi}{n}} \cdot \sin \frac{2\pi}{n}}{1 - e^{a\frac{2\pi}{n}} \cos \frac{2\pi}{n}} = \frac{\sin \frac{2\pi}{n}}{e^{-a\frac{2\pi}{n}} - \cos \frac{2\pi}{n}}$$

例如:若令 $n = 12, a = \dfrac{1}{2}$,则

$$\tan \alpha = \frac{\dfrac{1}{2}}{e^{-\frac{\pi}{12}} - \dfrac{\sqrt{3}}{2}} \approx -5.19$$

所以
$$\alpha = 100°54'$$

注:如求弦径角,则
$$\angle OP_{K+1}P_K = \beta = 180° - (30° + 100°54') = 49°16'$$

(4)任意两动径间分角线位置的动径长为原来两动径长的比例中项.

设
$$\overline{OP_1} = e^{a\theta}; \overline{OP_3} = e^{a(\theta+\alpha)}$$

244 $\overline{OP_2}$ 为 $\angle P_1OP_3$ 的分角线(图 161).

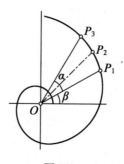

图 161

求证
$$\overline{OP_2} = \sqrt{\overline{OP_1} \cdot \overline{OP_3}} = e^{a\left(\theta+\frac{\alpha}{2}\right)}$$

证
$$\overline{OP_1} \cdot \overline{OP_3} = e^{a\theta} \cdot e^{a(\theta+\alpha)} = e^{a(2\theta+\alpha)}$$

$$= \left[e^{a\left(\theta+\frac{\alpha}{2}\right)} \right]^2 = \overline{OP_2^2}$$

则
$$\overline{OP_2} = e^{a\left(\theta+\frac{\alpha}{2}\right)}$$

所以 $\overline{OP_2}$ 为 $\overline{OP_1}$ 及 $\overline{OP_3}$ 的比例中项.

(5)对数螺线上任意一点的切线角相等(切线角的正切为一常数"$\dfrac{1}{a}$").

解说 （图162）设切线角为 φ，因为 $\tan\varphi = \dfrac{\rho}{\rho'}$（见(33.1)（Ⅲ）(4)），

而 $$\rho' = ae^{a\theta}$$

所以 $$\tan\varphi = \frac{e^{a\theta}}{ae^{a\theta}} = \frac{1}{a}$$

反之，过对数螺线上任一点的直线，若与过该点的动径的夹角的正切为 $\dfrac{1}{a}$，则此直线必与过该点的切线相重合，亦即此直线为过该点的切线.

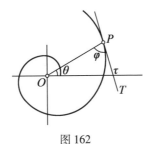

图 162

注 由上可知，在对数螺线中，当 a 值变化时，其切线角 φ 的值亦随之而变化. 反之，如切线角 φ 值不同，则 a 值亦随之而异. 因此，凡切线角相等的两对数螺线，就叫作等对数螺线.

（6）当等对数螺线 $\rho = e^{a\theta}$ 有一公共接触点时（图163）：

① 若弧长 $\overset{\frown}{PP_1} = \overset{\frown}{PP_1}{}'$，则动径 $\rho_1 + \rho_1' = \rho + \rho'$.

② 若动径 $\rho_1 + \rho_1' = \rho + \rho'$，则弧长 $\overset{\frown}{PP_1} = \overset{\frown}{PP_1}{}'$.

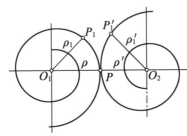

图 163

证① 在对数螺线 O_1 中，因为 $\rho = ae^{a\theta}$，极点到 $P(\rho,\varphi)$ 的弧长为

$$S_P = \int_{-\infty}^{\varphi} \sqrt{1+a^2}\, e^{a\theta}\,\mathrm{d}\theta = \left[\frac{\sqrt{1+a^2}}{a}e^{a\theta}\right]_{-\infty}^{\varphi}$$

$$= \frac{\sqrt{1+a^2}}{a}\rho$$

$$（因为当动径角为 -\infty，\rho \to 0）$$

同理可得
$$S_{P_1} = \frac{\sqrt{1+a^2}}{a}\rho_1$$

所以
$$\overset{\frown}{PP_1} = S_{P_1} - S_P = \frac{\rho_1 - \rho}{a}\sqrt{1+a^2}$$

在对数螺线 O_2 中,同上法可求得

$$\overset{\frown}{PP_1}' = S_P - S_{P_1} = \frac{\rho' - \rho_1'}{a}\sqrt{1+a^2}$$

由题设 $\overset{\frown}{PP_1} = \overset{\frown}{PP_1}'$,则

$$\frac{\rho' - \rho_1'}{a}\sqrt{1+a^2} = \frac{\rho_1 - \rho}{a}\sqrt{1+a^2}$$

即
$$\rho' - \rho_1' = \rho_1 - \rho$$

所以
$$\rho_1 + \rho_1' = \rho + \rho'$$

证② 由题设 $\rho + \rho' = \rho_1 + \rho_1'$,得 $\rho' - \rho_1' = \rho_1 - \rho$.

两边同乘 $\dfrac{\sqrt{1+a^2}}{a}$,得

$$\frac{\rho' - \rho_1'}{a}\sqrt{1+a^2} = \frac{\rho_1 - \rho}{a}\sqrt{1+a^2}$$

所以
$$\overset{\frown}{PP_1} = \overset{\frown}{PP_1}'$$

(7)等对数螺线 O_1,O_2 中,在 O_1 上任意点 P 的内切线角 α 与 O_2 上任意点 P' 的外切线角 β' 的和为 $180°$. 反之,在 O_1 上任意点 P 的外切线角 β 与 O_2 上任意点 P' 的内切线角 α' 的和亦为 $180°$.

解说 (图164)

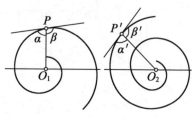

图164

因为 O_1,O_2 为等对数螺线,根据性质(5)可知 $\alpha = \alpha',\beta = \beta'$. 而
$$\alpha + \beta = 180°, \quad \alpha' + \beta' = 180°$$

所以
$$\alpha + \beta' = 180°, \quad \alpha' + \beta = 180°$$

(15.2) 对数螺线作图

（Ⅰ）对数螺线的作法

根据性质（3），对数螺线的作图需要先知道方程 $\rho = e^{a\theta}$ 中角系数 a 的值，以及定出 n 等分周角的 n 值，从而计算出弦径角 α 或 β 的值.

（1）今设 $n = 12$，$a = \dfrac{1}{2}$，通过性质（3）中的例，知 $\alpha = 100°54'$，$\beta = 49°16'$.

作法 （图165）

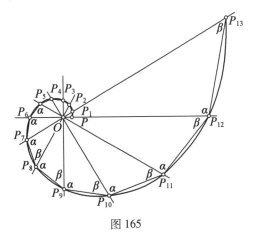

图 165

①定极点 O，过 O 作周角的 12 等分分角线.

②在任一条分角线上取 $\overline{OP} = e^{a\theta} = 1$（单位）.

③自 P 作弦径角 $\alpha = 100°54'$，则弦 $\overline{PP_1}$ 交反时针方向相邻动径于 P_1.

④自 P_1 作与 $\overline{OP_1}$ 夹角为 α 的弦 $\overline{P_1 P_2}$ 交相邻动径于 P_2.

⑤仿此可得 P_3，P_4，…迹点，平滑连接各迹点，即得所求对数螺线.

注 若定点 P 于 P_{13} 的位置上，即取 $\overline{OP_{13}} = 1$（单位）. 自 P_{13} 作顺时针方向的弦 $\overline{P_{13}P_{12}}$，使 $\overline{P_{13}P_{12}}$ 与 $\overline{OP_{13}}$ 夹角为 $\beta = 49°16'$，仿此继续作下去，即可得迹点 P_{11}，P_{10}，…. 平滑联结各迹点，亦可得所求对数螺线.

解说

①由于周角被分为 12 等份，所以动径角 θ 是以 0，$\dfrac{\pi}{6}$，$\dfrac{\pi}{3}$，$\dfrac{\pi}{2}$，…，即以公差为 $\dfrac{\pi}{6}$ 的等差数列而变化的.

②又因为弦径角 $\alpha = 100°54'$（或 $\beta = 49°16'$），所以

$$\triangle OP_1P_2 \backsim \triangle OP_2P_3 \backsim \triangle OP_3P_4 \backsim \cdots$$

$$（或 OP_{13}P_{12} \backsim \triangle OP_{12}P_{11} \backsim \triangle OP_{11}P_{10} \backsim \cdots）$$

则

$$\overline{OP_1} : \overline{OP_2} = \overline{OP_2} : \overline{OP_3} = \overline{OP_3} : \overline{OP_4} = \cdots$$

$$（或 \overline{OP_{13}} : \overline{OP_{12}} = \overline{OP_{12}} : \overline{OP_{11}} = \overline{OP_{11}} : \overline{OP_{10}} \cdots）$$

所以所作曲线的动径是以等比数列变化伸长（或缩短）的，由上述两个条件，所得曲线符合对数螺线的定义.

（2）已知极点（O）和对数螺线上两点（P_1, P_2），作对数螺线法：

作法 （图166）

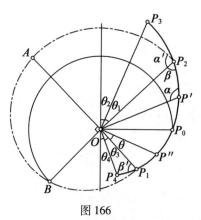

图166

①连 P_2O 及 P_1O，并平分 $\angle P_2OP_1$ 得分角线 OP_0.

②以 O 为圆心，$\overline{OP_2}$ 为半径，规弧与 $\overline{P_1O}$ 的延长线相交于点 A.

③以 $\overline{P_1A}$ 为直径作半圆，过点 O 作 $\overline{OB} \perp \overline{P_1A}$ 交半圆于点 B.

④以 O 为圆心，$\overline{OB}$ 为半径，作弧交 $\overline{OP_0}$ 于点 P_0.

⑤再平分 $\angle P_0OP_2$ 及 $\angle P_0OP_1$，又按上法求得点 P' 及 P''.

则 P_2, P', P_0, P'', P_1 都是对数螺线上的迹点，平滑联结各迹点即得所求对数螺线.

注 若要在 P_1, P_2 以外继续求出对数螺线的迹点，则可过点 O 作 $\theta_1 = \theta_2 = \theta_3 = \theta_4 = \cdots = \theta$，又连 P_2P' 得角 β 及 α，再按弦径角相等的原理（见性质（2）），各自 P_1, P_2 作 $\angle \alpha' = \angle \alpha$；$\angle \beta' = \angle \beta$，即得 $P_3, P_4, \cdots$ 各迹点.

解说 根据作法：$\overline{OP_0} = \overline{OB} = \sqrt{\overline{OP_1} \cdot \overline{OP_2}}$.

由性质（4）可知，$\overline{OP_0}$ 为夹于 $\overline{OP_1}$ 与 $\overline{OP_2}$ 之间平分位置的动径. 故 P_0 为对数

螺线上的迹点.

同理 P' 及 P'' 均为迹点.

（Ⅱ）作对数螺线的切线法

对数螺线的切线角的正切为 $\tan\varphi=\dfrac{1}{a}$（性质（5）），由此可知,过对数螺线

上任一点作切线,必须先知道角系数 a 的值.

今设对数螺线 $\rho=\mathrm{e}^{a\theta}$ 中的 $a=\dfrac{1}{2}$,作过已知点 P 的切线（图167）.

作法

（1）连 $\overline{PO}$,以 $\overline{PO}$ 为直径作半圆.

（2）分 $\overline{PO}$ 为五等份.

（3）自距点 P 的第一个分点 E 作 $\overline{EF}\perp\overline{PO}$,与半圆交于点 F.

（4）连 PF 即为所求的切线.

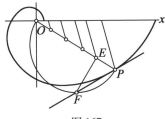

图 167

解说

（1）因为 $\triangle PFO$ 为直角三角形（图中 $\overline{FO}$ 未画）,所以

$$\overline{PF}^2=PE\cdot\overline{PO}=5\,\overline{PE}^2$$

则

$$\overline{PF}=\sqrt{5}\,\overline{PE}$$

（2）

$$\overline{OF}^2=\overline{OE}\cdot\overline{OP}=4\,\overline{PE}\cdot5\,\overline{PE}$$

$$=20\,\overline{PE}^2$$

所以

$$\overline{OF}=2\sqrt{5}\,\overline{PE}$$

（3）

$$\tan\angle OPF=\frac{\overline{OF}}{\overline{PF}}=\frac{2\sqrt{5}\,\overline{PE}}{\sqrt{5}\,\overline{PE}}$$

$$=2=\frac{1}{\dfrac{1}{2}}=\frac{1}{a}$$

符合性质(5),故 PF 即为过点 P 所作的切线.

(15.3) 对数螺线实用示例

根据机构学的滚动接触定理,任何二曲线相互接触,作不滑动的滚动,必须具有下面三个性质:

①接触点必须在二曲线的极点的连线上;

②同一时间内,接触点所经过的弧长相等;

③相互接触的两点的切线角的和为 $180°$.

从(15.1)(Ⅲ)性质(6)可知:等对数螺线是可以作不滑动的滚动接触的.

解说 设图 163 中,P 为瞬时公共接触点,点 P 在 $\overline{O_1O_2}$ 上,又根据性质(7)可知,过点 P 的切线所成的内外切线角的和为 $180°$.

若能作得 $\rho_1 + \rho_1' = \rho + \rho' = \overline{O_1O_2}$,则 $\overparen{PP_1} = \overparen{PP_1'}$. 那么,当曲线 O_1 与 O_2 相反向滚动瞬时后,则 P_1 及 P_1' 必将重合于一点(设为 P_0,图中未标出),则 P_0 必为新的瞬时接触点,其位置必在 $\overline{O_1O_2}$ 上,距 O_1 为 ρ_1,距 O_2 为 ρ_1' 处,且过 P_0 处的内外切线角的和亦等于 $180°$(见性质(7)).

由此可知:等对数螺线是可以作不滑动的滚动接触的(因能符合上述三个性质).

例如 叶形轮外轮廓画法.

由于等对数螺线间,可施行不滑动的滚动接触,故常被采用为滚动接触结构的设计. 但对数螺线是可以无限伸长的曲线,所以在用为轮的外轮廓时,常取两个或两个以上的等对数螺线的弧段,相互反置结合而成(如图 168(a)(b)(c)). 这种轮子形似树叶,故名叶形轮.

(Ⅰ)已知 A 轮为两全等的对数螺线弧段反置结合而成,其极点为 O_1,求作与 A 轮全等的 B 轮滚动接触图形.

作法 (图 168(a))

(1)过 A 轮极点 O_1 作直线 O_1O_2 交轮 A 于点 P,并作轮 A 本身的对称轴线 $\overline{P_2P_1}$.

(2)在 O_1O_2 上取 $\overline{O_1O_2} = \overline{O_1P_1} + \overline{O_1P_2} = \overline{P_1P_2}$ 得点 O_2,则 O_2 即为所求轮 B 的极点(因为两轮滚动接触时,其动径的最大值与最小值的和等于两极点的连线之长).

(3)以 O_1 为圆心，$\overline{O_1P_1}$ 为半径作弧交 $\overline{O_1O_2}$ 于点 P_0.

(4)又以 O_2 为圆心，$\overline{O_2P_0}$ 为半径作弧，并在此弧上取 $\overset{\frown}{P_0P_1}{}' = \overset{\frown}{P_1P_0}$（作法如第四节），得点 $P_1{}'$.

则点 $P_1{}'$ 即为与 A 上 P_1 相对应的接触点（因为 $\overline{P_1O_1} + \overline{P_1{}'O_2} = \overline{O_1O_2}$，根据性质(6)可知 $\overset{\frown}{P_1P} = \overset{\frown}{PP_1{}'}$）.

因此，$P_1{}'$ 和 P 两点均为所求轮 B 上的迹点.

(5)连 $\overline{P_1{}'O_2}$，以 O_1 为圆心，$\overline{O_1P_2}$ 为半径作弧交 $\overline{O_1O_2}$ 于点 $P_0{}'$.

(6)再以 O_2 为圆心，$\overline{O_2P_0{}'}$ 为半径作弧，交 $\overline{P_1{}'O_2}$ 的延长线于点 $P_2{}'$（同作图步骤 4 的原理，$P_2{}'$ 是与 A 轮上 P_2 相对应的接触点）.

(7)将 P，$P_1{}'$ 两点之间及 $P_2{}'$，P 两点之间作成对数螺线（作法见(15.2)(Ⅰ)(2)）.

这样就完成了 B 轮的半叶外轮廓，另半叶可用对称法画得之.

（Ⅱ）已知轮 A 为六段（三叶）对数螺线的组合轮，求作与轮 A 全等的轮 B 滚动接触图形.

作法　（图 168(b)）

(1)过点 O_1 作直线 O_1O_2，使 $\overline{O_1O_2} = \overline{O_1P_2} + \overline{O_1P_1}$，则点 O_2 为轮 B 极点.

(2)以 O_1 为圆心，$\overline{O_1P_1}$ 为半径规弧交 $\overline{O_1O_2}$ 于 P_0，并以 O_2 为圆心，$\overline{O_2P_0}$ 为半径作圆 O_2，再在此圆上取 $\overset{\frown}{P_0P_1}{}' = \overset{\frown}{P_1P_0}$ 得点 $P_1{}'$.

(3)又用 O_1 为圆心，$\overline{O_1P_2}$ 为半径作弧交 $\overline{O_1O_2}$ 于点 $P_0{}'$.

再以 O_2 为圆心，$\overline{O_2P_0{}'}$ 为半径作圆 O_2 的同心圆.

(4)以 $P_1{}'$ 为圆心，P_2P_1 的长为半径（设为 b）作弧，交内圈圆 O_2 于点 $P_2{}'$.

(5)又以 $P_2{}'$ 为圆心，P_2P_3 之长为半径（设为 a）作弧，交外圈圆 O_2 于点 $P_3{}'$.

(6)仿(4)(5)步骤可得 $P_4{}'$，$P_5{}'$，$P_6{}'$ 等对数螺线的迹点.

(7)将 $P_1{}'P_2{}'$，$P_2{}'P_3{}'$，$P_3{}'P_4{}'$，$P_5{}'P_6{}'$ 及 $P_6{}'P_1{}'$ 各组迹点之间，作成对数螺线（作法见(15.2)(Ⅰ)(2)），即为所求轮 B 的外轮廓.

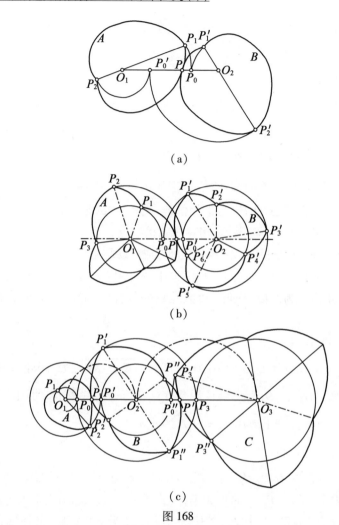

（a）

（b）

252

（c）

图 168

（Ⅲ）已知：轮 A 为对数螺线一叶轮，O_1 为其极点

求作：轮 B（二叶轮）及轮 C（三叶轮）的滚动接触图形.

作法 （图 168（c））

（1）过 O_1 作直线 O_1O_3 交轮 A 于点 P.

（2）在 O_1O_3 上取 $\overline{O_1D_2} = 2\,\overline{O_1D_2}$，得点 O_2 为轮 B 的极点.

因为叶数与旋转数成反比，当轮 A 旋转 $\dfrac{1}{2}$ 周角时，其动径长度值是从最大

值旋转到最小值,而轮 B 旋转角为 $\frac{1}{4}$ 周角,其动径长度值是从最小值,而轮 B

旋转角为 $\frac{1}{4}$ 周角,其动径长度值是从最小值到最大值,所以

$$\overline{O_1O_2} = (\text{轮 } A \text{ 的最大动径值}) + (\text{轮 } B \text{ 最小动径值})$$
$$= 2 (\text{轮 } A \text{ 最大动径值})]$$

(3)按前面(图35-10(a))的作法,求得点 P_1' 及 P_2'.

从而作得 $\overparen{P_1'P_2'}$ 为过点 P 的曲线弧段$\left(\text{这是 } \frac{1}{4} (\text{轮 } B \text{ 外轮廓})\right)$,其余的3

个 $\frac{1}{4}$ 的外轮廓,可用对称画法求得之.

(4)在 $\overline{O_2O_3}$ 上取 $\overline{O_2O_3} = 2\,\overline{O_2P_1'}$,得点 O_3 为轮 C 的极点.

(因为轮 C 为三枚叶,轮 B 为二枚叶,当轮 B 旋转 $\frac{1}{4}$ 周角时,其动径长是从

最大值到最小值而变化的;而轮 C 转 $\frac{1}{6}$ 周角,其动径长是从最小值到最大值而

变化的. 因此轮 B 的最大动径等于轮 C 的最小动径,所以 $\overline{O_2O_3} = 2\,\overline{O_2P_1'}$.)

(5)又按前法求得 P_3' 和 P_3'',则 $\overparen{P_3'P_3''}$ 是过 P' 的轮 C 的 $\frac{1}{6}$ 外轮廓.

(6)再用对称法完成其余 $\frac{5}{6}$ 轮 C 外轮廓,则成轮 C 作二次转,轮 B 作三次

转,轮 A 作六次转的滚动接触图形.

第十六节　心　脏　曲　线

（16.1）　基本性质

（Ⅰ）心脏线定义

当转圆的直径等于导圆的直径时,所得的外摆线就叫作心脏线.

如图169中转圆 O_1 与导圆 O 时时相切,作不滑动的滚动,当圆 O_1 自点 A 转到切点 B 的位置时,则转圆上的定点 P 自 A 运动到 P_B,这时导圆所张的中心角 $\angle AOB$ 等于转圆所张的中心角 $\angle P_BO_1B$;当圆 O_1 转到切点 C 的位置时,则转圆上的定点 P 自 A 运动到 P_C,这时导圆所张的中心角 $\angle AOC$ 等于转圆所张的

中心角 $\angle P_C O_1 C$；……，当转圆沿导圆旋转了一周时，则点 P 又回到导圆上点 A 的位置，点 P 的轨迹就是心脏线.

（Ⅱ）心脏线有关名词简介（图 169）

（1）结点——如点 A.

（2）极轴——如 Ox，它是心脏线的对称轴.

（3）转圆——如圆 O_1，它是沿着定圆 O 作不滑动的滚动的圆.

（4）导圆——如圆 O，是转圆所沿着滚动的定圆.

（5）顶点——如点 G.

（6）切线——如 PT（同摆线切线定义）.

（7）法线——如 PN（$\perp PT$）.

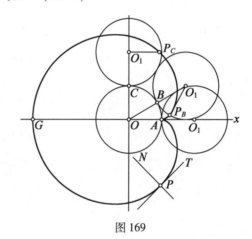

图 169

（Ⅲ）与作图有关的几点几何性质

（1）心脏线的方程（图 170）.

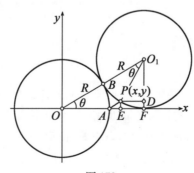

图 170

设导圆 O 的圆心与原点重合，x 轴经过点 A，此点为转圆与导圆原始接触点，$P(x,y)$ 为迹点，若转圆滚动后，接触点移至点 B，并设

$$\angle BOA = \theta, \overline{OB} = \overline{O_1B} = R$$

当转圆与导圆自原始接触点 A 移动到 B 时，有 $\overset{\frown}{PB} = \overset{\frown}{AB}$，所以

$$\angle AOB = \angle BO_1P = \theta$$

自点 O_1 作 $\overline{O_1F} \perp Ox$，则

$$\angle FO_1O = 90° - \theta$$

自点 P 作 $\overline{PD} \perp \overline{O_1F}$，则

$$\angle PO_1D = (90° - \theta) - \theta = 90° - 2\theta$$

又 $\overline{OO_1} = 2R$，自点 P 作 $\overline{PE} \perp Ox$，则

$$\begin{aligned}
x &= \overline{OE} = \overline{OF} - \overline{EF} = \overline{OF} - \overline{PD} \\
&= 2R\cos\theta - R\sin(90° - 2\theta) \\
&= 2R\cos\theta - R\cos 2\theta
\end{aligned}$$

$$\begin{aligned}
y &= \overline{EP} = \overline{FO_1} - \overline{DO_1} \\
&= 2R\sin\theta - R\cos(90° - 2\theta) \\
&= 2R\sin\theta - R\sin 2\theta
\end{aligned}$$

255

所以心脏线的参数方程为

$$\begin{cases} x = 2R\cos\theta - R\cos 2\theta \\ y = 2R\sin\theta - R\sin 2\theta \end{cases}$$

(2) 过心脏线上任一点 P 的切线的斜率 $\tan\alpha$，等于转圆所张中心角 θ 的 $\dfrac{3}{2}$ 倍的正切，即

$$\tan\alpha = \tan\frac{3}{2}\theta$$

证 微分心脏线的参数方程，得

$$dx = -2R(\sin\theta - \sin 2\theta)d\theta$$

$$dy = 2R(\cos\theta - \cos 2\theta)d\theta$$

$$\frac{dy}{dx} = \frac{\cos\theta - \cos 2\theta}{-(\sin\theta - \sin 2\theta)}$$

$$= \frac{2\sin\dfrac{3}{2}\theta\sin\dfrac{\theta}{2}}{2\sin\dfrac{\theta}{2}\cos\dfrac{3}{2}\theta}$$

$$= \tan \frac{3}{2}\theta$$

所以
$$\tan \alpha = \tan \frac{3}{2}\theta$$

（3）过心脏线上任一点 P 的斜率等于 $\tan \frac{3}{2}\theta$ 的直线，即为过该点的切线.

证　因为通过一点给定斜率的直线，只能有一组，根据性质（2）所证，心脏线上过点 P 的切线斜率为 $\tan \frac{3}{2}\theta$，则过此点以 $\tan \frac{3}{2}\theta$ 为斜率的直线，必与过该点的切线相重合，故此直线即为其切线.

（4）心脏线是关于极轴 Ox 对称的图形.

证　在心脏线方程中，y 以$(-y)$代换，θ 以$(-\theta)$代换，则方程变换成
$$\begin{cases} x = 2R\cos(-\theta) - R\cos(-2\theta) \\ -y = 2R\sin(-\theta) - R\sin(-2\theta) \end{cases}$$

即
$$\begin{cases} x = 2R\cos\theta - R\cos 2\theta \\ y = 2R\sin\theta - R\sin 2\theta \end{cases}$$

变换后的方程与原方程一致，故心脏线是关于极轴 Ox 成对称的图形.

（5）①心脏线上任一点(P)至结点(A)的连线$(\overline{PA})$交导圆于点 B，则 $\overline{BP}$ 等于导圆直径之长.

②反之，过结点(A)任意直线(AB)，在其延长线上截取 $\overline{BP}$ 等于导圆直径之长，则点 P 必为心脏线的迹点.

证①　（图 171）

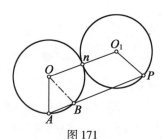

图 171

过点 P 作转圆 O_1 切导圆 O 于点 n，连 OO_1，则点 n 在 $\overline{OO_1}$ 上.

连 AP 交圆 O 于点 B，连 AO 及 PO_1，根据心脏线定义可知
$$\angle AOn = \angle PO_1 n$$

且
$$\overline{AO} = \overline{PO_1}$$

所以四边形 AOO_1P 为等腰梯形,所以

$$\overline{OO_1}/\!/\overline{AP}$$

若连 BO,则

$$\overline{BO} = \overline{AO} = \overline{O_1P}(\,=\text{导圆半径})$$

所以 $$\angle OAB = \angle ABO = \angle BPO_1$$

所以 $$\overline{BO}/\!/\overline{O_1P}$$

那么四边形 $OBPO_1$ 为平行四边形,所以

$$\overline{BP} = \overline{OO_1}(\,=\text{导圆直径长})$$

证② (图 171)

(设 $\overline{PA}$ 为过点 A 的任意直线交导圆 O 于点 B,$\overline{PB} = $ 导圆直径长. 求证 P 为心脏线的迹点.)

连 AO,BO,则 $\overline{AO} = \overline{BO}$(导圆半径).

自点 O 作 $\overline{OO_1}\underline{\!/\!/}\overline{PB}$,$\overline{OO_1}$ 交圆 O 于点 n,则

$$\overline{O_1n} = \overline{On}(\text{因为}\overline{BP} = \text{导圆直径})$$

3. 连 $\overline{PO_1}$,则 $\overline{PO_1} = \overline{BO} = \overline{AO}(\,=\overline{On} = \overline{O_1n})$,所以四边形 AOO_1P 为等腰梯形.

$$\angle AOn = \angle nO_1P$$

若以 O_1 为圆心,$\overline{O_1P}(\,=\overline{O_1n})$ 为半径作圆,则圆 O_1 必经过点 P 并切圆 O 于点 n,且圆 O_1 与圆 O 相等.

因为 $\angle AOn = \angle nO_1P$(已证),所以

$$\overset{\frown}{An} = \overset{\frown}{Pn}$$

点 P 既在圆 O_1 上,若圆 O_1 沿着圆 O 顺时针方向滚动,点 P 必能与点 A 重合,其运动的轨迹必为心脏线(符合定义).

注 若在直线 AB 上反向截取 $\overline{BP'} = \overline{BP} = $ 导圆直径(点 P' 图中未画),同理可证得 P' 亦为心脏线的迹点.

(16.2) 心脏线作图

(Ⅰ)心脏线的作法

已知:导圆半径与转圆半径均为 R.

作法(一) (图 172)

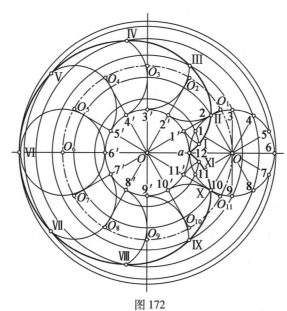

图 172

(1)以 O 为圆心,R 为半径画导圆 O,在导圆上任取一点 a,连 aO 并延长之.

(2)在 $\overline{aO}$ 的延长线上取 $\overline{aO'} = R$,以 O' 为圆心,R 为半径作出转圆 O'.

(3)自 a 起将转圆 O' 的圆周 n 等分(图中 $n = 12$),得分点 $1,2,3,\cdots,12$.

(4)再将导圆自 a 起 n 等分,得分点 $1',2',3',\cdots,12'$,并自 O 连各分点得辐射线.

(5)以 O 为圆心,$\overline{OO'} = R + R = 2R$ 为半径作圆交各辐射线于 O_1,O_2,$O_3,\cdots,O_{11}$.

(6)以 O 为圆心,作通过转圆上各分点的辅助弧.

(7)以 O_1 为圆心,R 为半径作弧交过点 11 的辅助弧于点 I;以 O_2 为圆心,R 为半径作弧交过点 10 的辅助弧于点 II;仿此法继续作下去,可得点 III,$\mathrm{IV},\cdots,\mathrm{XI}$ 等.

则点 I,II,III,$\cdots$,XI 等均为心脏线的迹点,平滑联结各迹点即得心脏线.

解说 根据上述作图步骤解说如下:

(1)及(2)中点 a 在转圆及导圆的连心线上,故转圆与导圆相切于 a,而 a 即为心脏线的起点(结点).

(3)n 等分转圆(图中 $n = 12$),则每一等分弧长为 $\dfrac{2\pi R}{12} = \dfrac{\pi R}{6}$.

（4）导圆的每一等分弧长与转圆的每一等分弧长相等,故当转圆自点 a 起沿着导圆滚动时,转圆上的各分点,必与导圆上的各分点——对应重合,即 1 与 $1'$,2 与 $2'$,…,12 与 $12'$ 均能——重合.

（5）O_1,O_2,O_3,…,O_{11} 等点,为转圆 O' 滚动时的圆心迹点,这些迹点均在导圆 O 的同心圆上,当转圆沿导圆滚至 1 与 $1'$ 重合时,转圆的圆心位置在 O_1 处,当转圆滚到 2 与 $2'$ 重合时,转圆的圆心位置在 O_2 处,……,余类推.

（6）当转圆滚到 1 与 $1'$ 重合时,迹点 a 的位置必位于过转圆上分点 11 所作的辅助弧上,……,余类推,直到点 12 与 $12'$ 重合时,迹点的位置又回到原 a 处.

（7）当转圆心位于点 O_1 时,其时心脏线上的迹点 a 必须符合两个条件:①迹点距 O_1 长为 R;②迹点必在过分点 11 的辅助弧上.

故用轨迹交截法,以 O_1 为圆心,R 为半径作弧交过 11 的辅助弧于点 Ⅰ,则点 Ⅰ 即为心脏线的迹点.

同理,点 Ⅱ,Ⅲ,…,Ⅺ均为心脏线的迹点.

作法（二） （图 173）

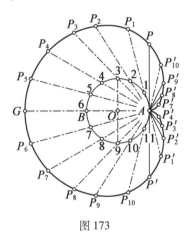

图 173

（1）作导圆 O,并作直径 $\overline{AB}$,延长 AB 至点 G,使 $\overline{AG} = 2\overline{AB}$.

（2）过点 A 作任意射线 $A1,A2,A3,\cdots$,交导圆周于点 $1,2,3,\cdots$.

（3）在各射线上分别截取

$$\overline{1P_1} = \overline{2P_2} = \overline{3P_3} = \cdots = \overline{AP} = \overline{AP'}\ (=\overline{AB})$$

$$\overline{1P_1'} = \overline{2P_2'} = \overline{3P_3'} = \cdots\ (=\overline{AB})$$

则所有各射线的端点 $P_1,P_2,P_3,\cdots$;以及 $P_1',P_2',\cdots$,都是心脏线的迹点,平滑联结各迹点（包括 A,G）,即得心脏线.

解说 见性质(5)的证②.

（Ⅱ）作心脏线的切线法

已知:心脏线上任意一点 P.

求作:过点 P 的切线.

作法 （图174）

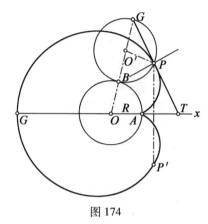

图174

（1）以 A（结点）为中心, AP 之长为半径作弧,交曲线于点 P',并作 $\overline{PP'}$ 的中垂线得 Ox 轴（见性质(4)）.

（2）延长 Ox 轴交曲线于点 G.

（3）四等分 $\overline{AG}$ 得分点 O,则 $\overline{AO} = \dfrac{1}{4}\overline{AG}$ 为导圆半径 R. 以 O 为圆心, R 为半径作出导圆 O.

（4）以 P 为圆心, R 为半径作弧,以 O 为圆心, $2R$ 为半径作弧,两弧相交于点 O',再以 O' 为圆心, $\overline{O'P} = R$ 为半径画出转圆 O'.

（5）连 OO' 并延长交转圆于点 C,又连 PC 交 Ox 轴于点 T,则 PT 即为所求切线.

解说

（1）因为 $\overline{AG}$ 为转圆直径与导圆直径的和,又根据心脏线的定义,转圆直径与导圆直径相等,所以转圆半径或导圆半径 R 等于 $\dfrac{1}{4}\overline{AG}$.

（2）又因 $\overline{OO_1} = 2R, \overline{O'P} = R$,所以 O' 即为迹点 P 所在位置的转圆心.

（3）若连 $O'P$,则 $\angle AOB = \angle PO'B = \theta$;很明显 $\angle PCO' = \dfrac{\theta}{2}$.

（4）在 $\triangle OCT$ 中

$$\angle PTx = \angle AOB + \angle O'CP$$

$$= \theta + \frac{\theta}{2} = \frac{3}{2}\theta$$

所以 PT 的斜率为 $\tan\dfrac{3}{2}\theta$，根据性质（3）可知 PT 即为所求切线.

（16.3）　心脏线实用示例

例如　变速凸轮（心形轮）的轮廓画法.

作法　（图 175）

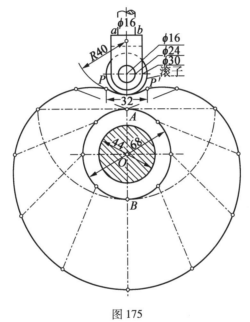

图 175

1. 作纵横两轴相交于点 O，以 O 为圆心，44 mm 为直径作圆（轴的外径圆）.

2. 以 $\phi68$ mm 作轴根圆，并以之为心脏线的导圆. 导圆与纵轴相交于点 A.

3. 过 A 作射线族，并按心脏线作法（二）自导圆上的各射线交点截取射线段为 68 mm.

4. 平滑联结上步所截得的射线端点，即成心形轮的外轮廓.

5. 在纵轴两侧（结点 A 附近）的心脏线上，取 P 及 P' 两个对称点（P 及 P' 相距为 32 mm）.

6. 以 $R=40$ mm 作弧联结 P 及 P'.

7. $R = 15 \, \text{mm}(\phi 30)$ 作滚子圆,又以 $\phi 24 \, \text{mm}$ 及 $\phi 16 \, \text{mm}$ 作滚子圆的同心圆.

8. 平行于纵轴作 $\phi 30$ 圆的二切线,并使二切线之长各等于 $28 \, \text{mm}$(图中未标注),得 a, b 两点,连 ab(画滚子夹).作虚线平行于 $\overline{ab}$ 距 $\overline{ab}$ 为 $10 \, \text{mm}$(虚线为夹的内轮廓线).

9. 又在 $\overline{ab}$ 上端作相距为 $16 \, \text{mm}$ 的垂线,并画出其断面(动杆).

10. 将夹子和轮轴的断面线添上,即成.

第十七节 其 他 曲 线

(17.1) 双纽线

(Ⅰ)基本性质

(1)双纽线定义.

在平面上,一动点与两定点距离的乘积为定值,那么这个动点运动的轨迹就叫双纽线.

例如 图 176 中,F_1 与 F_2 为 Ox 轴上的两定点,O 为 F_1 与 F_2 的中点.

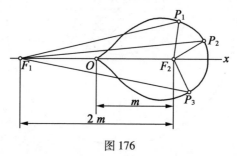

图 176

设 $\overline{OF_1} = \overline{OF_2} = m$,若动点 P 符合条件

$$\overline{P_1F_1} \cdot \overline{P_1F_2} = m^2, \overline{P_2F_1} \cdot \overline{P_2F_2} = m^2$$

$$\overline{P_3F_1} \cdot \overline{P_3F_2} = m^2, \cdots$$

则点 P 运动的轨迹就是双纽线.

(2)双纽线有关名词简介(图 177).

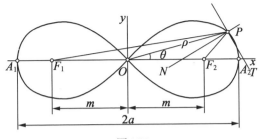

图 177

①焦点——两定点 F_1, F_2.

②极点——F_1, F_2 距离的中点 O.

③极轴——过两焦点的连线,如 Ox.

④顶点——动点距极点最远时的迹点如 A_1, A_2.

⑤动径——曲线上任一点至极点的连线,如 $\overline{PO}$.

⑥切线——同摆线的切线定义,如 PT.

⑦法线——过切点垂直于切线的直线,如 PN.

(3)与作图有关的几点几何性质.

①双纽线的顶点至极点的距离 $a = \sqrt{2}m$(m 为焦点至极点的距离).

解说 (图 37-2)设 $\overline{OF_1} = \overline{OF_2} = m$.

根据定义:A_2, A_1 既为双纽线的迹点之一,则

$$\overline{A_2F_2} \cdot \overline{A_2F_1} = m^2$$

令 $\overline{A_2O} = a$,则 $\overline{A_2F_1} = a + m, \overline{A_2F_2} = a - m$,所以

$$(a+m) \cdot (a-m) = m^2$$

所以 $\qquad a^2 = 2m^2,$ 即 $a = \sqrt{2}m$

②双纽线焦点至极点的距离 $m = \dfrac{\sqrt{2}a}{2}$.

解说 从性质①知 $m^2 = \dfrac{a^2}{2}$,所以

$$m = \frac{\sqrt{2}a}{2}$$

③双纽线的方程(图 37-2):

设 $\qquad \overline{OF_1} = \overline{OF_2} = m, \angle POF_2 = \theta, \overline{OP} = \rho$

根据定义 $\qquad \overline{PF_1} \cdot \overline{PF_2} = m^2$

由余弦定理得

$$\overline{PF_1} = \sqrt{\rho^2 + m^2 - 2\rho m \cos\theta}$$

$$\overline{PF_2} = \sqrt{\rho^2 + m^2 + 2\rho m \cos\theta}$$

则

$$\sqrt{\rho^2 + m^2 - 2\rho m \cos\theta} \cdot \sqrt{\rho^2 + m^2 + 2\rho m \cos\theta} = m^2$$

两边平方后,得

$$(\rho^2 + m^2)^2 - 4m^2\rho^2\cos^2\theta = m^4$$

整理并消去 ρ^2 后得

$$\rho^2 = 2m^2\cos 2\theta$$

根据 $2m^2 = a^2$,则得双纽线的极坐标方程为

$$\rho = a\sqrt{\cos 2\theta}$$

④极次切距和极次法距:

(ⅰ)定义:过极点 O 引直线 NT(图178)垂直于曲线上点 P 的动径 $\overline{OP}$,假若 $\overline{PT}$ 是曲线过点 P 的切线,$\overline{PN}$ 是法线,则

264

$\overline{OT}$ 就是曲线在点 P 的极次切距

$\overline{ON}$ 就是曲线在点 P 的极次法距

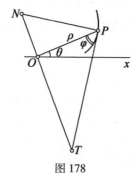

图 178

(ⅱ)极次切距的计算公式(图178):

由 $\triangle POT$ 可得

$$\tan\varphi = \frac{\overline{OT}}{\rho}$$

由(13.1)(Ⅲ)(4)可知

$$\tan\varphi = \frac{\rho}{\rho'} = \rho\frac{\mathrm{d}\theta}{\mathrm{d}\rho}$$

因此 $\overline{OT} = \rho \cdot \tan \varphi = \rho^2 \dfrac{\mathrm{d}\theta}{\mathrm{d}\rho}$.

（ⅲ）极次切距与作切线的关系：

很明显的,在作过点 P 的切线时,若先求得极次切距 $\overline{OT}$,再连 PT 必与过曲线上点 P 的切线重合.

注意:若 θ 随 ρ 而增加,则 $\dfrac{\mathrm{d}\theta}{\mathrm{d}\rho}$ 是正数,φ 是锐角(如图 37 – 3 所示),因此极次切距为正量. 对于位于点 O 朝 OP 的观察者来说,OT 在其右方;极次法距 ON 就在其左方. 假若 $\dfrac{\mathrm{d}\theta}{\mathrm{d}\rho}$ 是负量,则极次切距和极次法距就为负量. 它们的位置就要左右互换.

（ⅳ）极次法距的计算公式(图 178)：

由 $\triangle PON$ 得 $\qquad \angle PNO = \angle TPO = \varphi$

$$\tan \angle PNO = \tan \varphi = \frac{\rho}{ON}$$

因此 $\qquad\qquad\qquad \overline{ON} = \dfrac{\rho}{\tan \varphi} = \dfrac{\mathrm{d}\rho}{\mathrm{d}\theta}$

265

（ⅴ）极次法距与作切线的关系：

很明显的,在作过点 P 的切线时,若极次法距等于 $\dfrac{\mathrm{d}\rho}{\mathrm{d}\theta}$,在 $\overline{OT}$ 上截得 $\overline{ON}$,连 PN,并过点 P 作 $PT \perp PN$,则 PT 必与曲线上过点 P 的切线重合.

⑤双纽线的极次切距为：$-\dfrac{\rho^3}{a^2 \sin 2\theta}$；

双纽线的极次法距为：$-\dfrac{2a^2 \sin 2\theta}{\rho}$.

解说 将双纽线方程两边平方得

$$\rho^2 = a^2 \cos 2\theta$$

微分上式得

$$2\rho \frac{\mathrm{d}\rho}{\mathrm{d}\theta} = -2a^2 \sin 2\theta, \frac{\mathrm{d}\rho}{\mathrm{d}\theta} = -\frac{a^2 \sin 2\theta}{\rho}$$

由性质④可得

$$极次切距 = -\frac{\rho^3}{a^2 \sin 2\theta}, 极次法距 = -\frac{a^2 \sin 2\theta}{\rho}$$

（Ⅱ）双纽线作图

（1）求双纽线的焦点、顶点法.

①已知双纽线的两焦点，求顶点法：

作法 （图 179）

a. 连 F_1F_2 并延长使成 x 轴.

b. 作 $\overline{F_1F_2}$ 的中垂线 Oy（点 O 为极点）.

c. 以 O 为圆心 $\overline{OF_1}$（$=OF_2$）为半径作弧交 Oy 于点 K，连 F_2K.

d. 在 x 轴上截取 $\overline{OA_1}=\overline{OA_2}=\overline{F_2K}$，则 A_1 及 A_2 即为双纽线的两顶点.

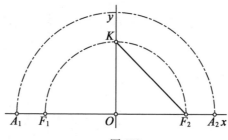

图 179

解说 因为 $\overline{KF_2}=\sqrt{2\,\overline{OF^2}}$（$=2m^2=\sqrt{2}\,m$）（见性质①）.

②已知双纽线的两顶点，求焦点法：

作法 （图 180）

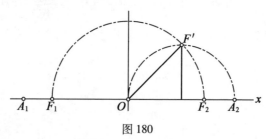

图 180

a. 连两顶点 A_1A_2，并平分 $\overline{A_1A_2}$ 得极点 O.

b. 以 $\overline{A_2O}$（或 $\overline{A_1O}$）为直径作半圆.

c. 作 $\overline{A_2O}$ 的中垂线交半圆弧于点 F'.

d. 以 O 为圆心，$\overline{OF'}$ 为半径作弧交 $\overline{A_1A_2}$ 于点 F_1 及 F_2，则 F_1 及 F_2 为双纽线的两焦点.

解说
$$\overline{OF'}^2=\frac{\overline{OA_2}}{2}\cdot\overline{OA_2}$$

所以
$$\overline{OF'} = \frac{\sqrt{2}\,\overline{OA_2}}{2} = \frac{\sqrt{2}}{2}a$$
$$= \overline{OF_1} = \overline{OF_2}\,(\text{见性质②})$$

（2）双纽线的作法：

已知：双纽线的两焦点 F_1，F_2（或两顶点 A_1，A_2）.

求作：双纽线.

作法 （图181）

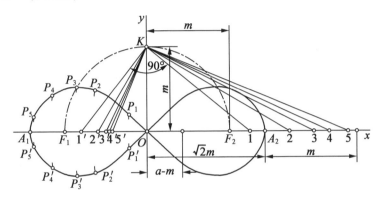

图181

①作互垂的两轴 Ox 及 Oy 相交于点 O. 在 Ox 轴上截取

$$\overline{OA_1} = \overline{OA_2} = a = \sqrt{2}\,m$$

$$\overline{OF_1} = \overline{OF_2} = \overline{OK}$$

$$= \frac{\sqrt{2}}{2}a = m\,(\text{作法见①})$$

②以极点 O 为准,在区间 $[(a+m),(a-m)]$ 范围内①,定任意点 1，2，3，4，…，并将这些点与点 K 相联结.

③作 $\overline{K1'} \perp \overline{K1}$，$\overline{K2'} \perp \overline{K2}$，$\overline{K3'} \perp \overline{K3}$，…，如此得到直角三角形 $1K1'$，$2K2'$，$3K3'$，….

④以焦点 F_1 为中心,自点 $1'$ 到 O 的距离为半径作弧,再以焦点 F_2 为中心,$\overline{1O}$ 为半径作弧,两弧相交得点 P_1；

又以焦点 F_1 为中心,自点 $2'$ 到 O 的距离为半径作弧,再以焦点 F_2 为中

---

① 因为 $\overline{F_2A_1} = a + m$，$\overline{F_1A_1} = a - m$. 若所取 $\overline{O5} > (a+m)$，则 $\overline{O5'} > (a-m)$，故无交点.

心,$\overline{2O}$为半径作弧,两弧相交得点 P_2;

仿此以 F_1 及 F_2 分别为中心,以 $\overline{3'O}$ 及 $\overline{3O}$,$\overline{4'O}$ 及 $\overline{4O}$,……分别为半径作弧,则分别得交点 P_3,P_4,…,均为双纽线的迹点.

平滑联结各迹点,即得所求双纽线.

解说

①因为 $\overline{OF_1} = \overline{OF_2} = m = \sqrt{2}\,a$,$\overline{OA_1} = \overline{OA_2} = a$(作法);

②因为 $\triangle 1K1'$,$\triangle 2K2'$,…均为直角三角形(作法),故

$$\overline{1O} \cdot \overline{O1'} = \overline{2O} \cdot \overline{O2'} = \overline{3O} \cdot \overline{O3'} = \cdots = \overline{OK}^2 = m^2$$

③若以迹点 P_1 为例,$\overline{F_1 P_1} \cdot \overline{F_2 P_1} = \overline{1O} \cdot \overline{O1'} = m^2$(其余各迹点仿此可证),符合双纽线的定义,所以 P_1 为双纽线的迹点.

(3)双纽线的切线的作法:

已知:双纽线上任一点 P.

求作:过点 P 的切线.

作法 (图182)

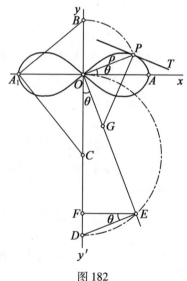

图 182

①连 OP,过点 O 作 $OE \perp \overline{OP}$.

②以 O 为圆心,$\overline{OP}$ 为半径作弧交 Oy 于点 B,连 BA_1.

③过点 A_1 作 $A_1 C \perp \overline{BA_1}$ 交 Oy' 于点 C.

④以 C 为圆心，$\overline{CO}$为半径作半圆交 OE 于点 E，交 Oy'于点 D.

⑤过 E 作$\overline{OD}$的垂线交于点 F.

⑥在$\overline{OE}$上截取$\overline{OG} = \overline{EF}$.

⑦连 PG，并过点 P 作 $PT \perp \overline{PG}$.

则 PT 即为所求的切线.

解说

①$\overline{OP} = \overline{OB} = \rho$（作法）.

②因为$\triangle BA_1C$ 为直角三角形，且$\overline{OA_1} = a$，故$\overline{OC} = \dfrac{a^2}{\rho}$.

③$\overline{OD} = 2\,\overline{OC} = \dfrac{2a^2}{\rho}$（作法）.

④因$\overline{PO} \perp \overline{OG}$，且$\overline{AO} \perp \overline{OD}$，故

$$\angle POA = \angle EOD = \theta$$

又

$$\angle DEF = \angle EOD = \theta$$

⑤在 Rt$\triangle ODE$ 中

$$\overline{DE} = \overline{OD}\sin\theta = \frac{2a^2\sin\theta}{\rho}$$

在 Rt$\triangle DEF$ 中

$$\overline{EF} = \overline{DE}\cos\theta = \frac{2a^2\sin\theta\cos\theta}{\rho}$$

$$= \frac{a^2\sin 2\theta}{\rho}$$

⑥又$\overline{OG} = \overline{DE} = \dfrac{a^2\sin 2\theta}{\rho}$（作法）.

⑦但因双纽线的极次法距为 $-\dfrac{a^2\sin 2\theta}{\rho}$，所以$\overline{OG}$取在点 O 的右方，根据性

质④可知，$\overline{GP}$就是过点 P 的法线，而 $PT \perp GP$，所以 PT 是过点 P 的切线.

（17.2） 立方抛物线

（Ⅰ）基本性质

（1）立方抛物线定义（图183）.

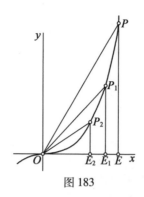

图 183

在平面上,一动点(P)到定轴(Ox)的距离$(\overline{PE})$与该动点至定点(O)的连线$(\overline{PO})$在定轴上的射影$(\overline{OE})$的立方之比为定值. 那么,该动点的轨迹叫作立方抛物线(图 183). 亦即

$$\overline{PE} : \overline{OE}^3 = a(\text{定值})$$

$$\overline{P_1 E_1} : \overline{OE_1^3} = a$$

$$\overline{P_2 E_2} : \overline{OE_2^3} = a$$

$$\vdots$$

那么,动点 P 运动的轨迹 $P, P_1, P_2, P_3, \cdots$ 就是立方抛物线.

(2)立方抛物线的有关名词介绍(图 184).

①极轴——定轴 Ox.

②极点——定轴上的定点 O.

③动径——动点至极点的距离,如 $\overline{PO}$.

④动径角——动径与极轴的夹角 θ.

⑤切线——同摆线切线定义,如 PT.

⑥法线——过切点垂直于切线的直线,如 PN.

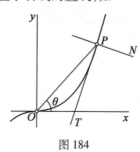

图 184

（3）有关作图的几点几何性质.

①立方抛物线的直角坐标方程（图185）：

由定义知 $\dfrac{\overline{PE}}{\overline{OE}^3}=a$，令 $\overline{EP}=y$；$\overline{OE}=x$，则有

$$y=ax^3$$

上式化为极坐标方程：

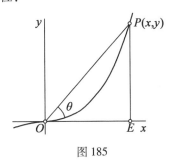

图 185

令 $\overline{OP}=\rho$，则 $x=\rho\cos\theta,y=\rho\sin\theta.$ 代入直角坐标方程得

$$\rho\sin\theta=a\rho^3\cos^3\theta,\rho^2=\dfrac{\sin\theta}{a\cos^3\theta}$$

所以
$$\rho=\pm\dfrac{\sqrt{a\tan\theta\cdot\sec\theta}}{a}$$

当 $a>0$ 时 $\qquad\qquad\qquad\qquad \tan\theta\geqslant0$

则 θ 被限制在 $n\pi+\dfrac{\pi}{2}<\theta\leqslant n\pi$ 内（n 为整数）；

当 $a<0$ 时 $\qquad\qquad\qquad\qquad \tan\theta\leqslant0$

则 θ 被限制在 $n\pi+\dfrac{\pi}{2}<\theta\leqslant n\pi+\pi$ 内（n 为整数）.

②过立方抛物线上任意一点的切线的斜率为
$$\tan\alpha=2ax^2$$

解说　将 $y=ax^3$ 微分得：$\dfrac{\mathrm{d}y}{\mathrm{d}x}=2ax^2$，所以
$$\tan\alpha=2ax^2$$

很明显的，过点 P 斜率为 $2ax^2$ 的直线，必与过点 P 的切线相重合. 故这条直线就是过点 P 的切线.

（Ⅱ）立方抛物线作图

(1)立方抛物线的作法.

已知方程中的 a,作立方抛物线.

作法 (图 186)

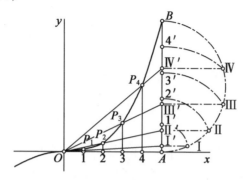

图 186

①在 Ox 轴上取 $OA = 1$(单位),n 等分 $\overline{AO}$(图中 $n = 5$),得分点 1,2,3,4.

②过点 A 作 $AB \perp Ox$,使 $\overline{AB} = a$(a 为方程中 x^3 的系数),又 n 等分 $\overline{AB}$(图中 $n = 5$),得分点 1′,2′,3′,4′.

③以 $\overline{AB}$ 为直径作半圆.再以 A 为圆心,分别以 $\overline{A1'}$,$\overline{A2'}$,$\overline{A3'}$,$\overline{A4'}$ 为半径作弧交半圆于点 Ⅰ,Ⅱ,Ⅲ,Ⅳ.

④过 Ⅰ,Ⅱ,Ⅲ,Ⅳ 各点,分别作 $\overline{AB}$ 的垂线,得垂足 Ⅰ′,Ⅱ′,Ⅲ′,Ⅳ′.

⑤连 OⅠ′,OⅡ′,OⅢ′,OⅣ′.

⑥自 Ox 轴上的分点 1,2,3,4 作 Ox 轴的垂线,分别与 $\overline{O\text{Ⅰ}'}$,$\overline{O\text{Ⅱ}'}$,$\overline{O\text{Ⅲ}'}$,$\overline{O\text{Ⅳ}'}$ 交于 P_1,P_2,P_3,P_4,则 P_1,P_2,P_3,P_4 及点 B 均为立方抛物线的迹点.平滑联结各迹点,即得立方抛物线的正值支.它的负值支,可用点 O 为中心,分别找出 P_1,P_2,…,B 各点的对称点后,再行描出.

解说 (图 187)

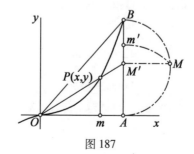

图 187

①设所作得曲线上的任意点 $P(x,y)$，过点 P 作 $\overline{Pm} \perp Ox$，则由 $\overline{Om} = x$；$\overline{mP} = y$.

②由作法知 $\overline{OA}(= 1)$ 被分成 n 份且 $\overline{Om} < \overline{OA}$，则有 $\overline{Om} = \dfrac{p}{n}\overline{OA} = \dfrac{p}{n}(p < n)$；

又 $\overline{AB} = a$ 也被分成 n 等份，则 $\overline{Am'} = \dfrac{p}{n}a$.

③ $\overline{AM} = \overline{Am'} = \dfrac{p}{n}a$（作法）.

所以 $\overline{AM}^2 = \left(\dfrac{p}{n}a\right)^2$；但

$$\overline{AM'} \cdot a = \overline{AM}^2 \,(\overline{AM}\text{图中未画出})$$

所以

$$\overline{AM'} = \left(\dfrac{p}{n}\right)^2 a$$

④在 $\triangle OAM'$ 中

$$\overline{mP} = \dfrac{p}{n} \cdot \overline{AM'}$$

所以

$$y = \overline{mP} = \dfrac{p}{n} \cdot \left(\dfrac{p}{n}\right)^2 a = \left(\dfrac{p}{n}\right)^3 a$$

但 $\dfrac{p}{n} = x$，所以 $y = ax^3$.

故点 P 为立方抛物线上的迹点.

(2)立方抛物线切线的作法：

已知：立方抛物线上任意点 P.

求作：过点 P 的切线.

作法 （图188）

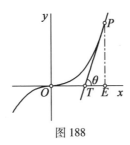

图188

①过点 P 作 $\overline{PE} \perp Ox$，交 Ox 于点 E.

273

②平分$\overline{OE}$得中点 T.

③连 PT,则 PT 即为所求的切线.

解说

①令$\overline{OE} = x$,则根据立方抛物线方程有

$$y = \overline{EP} = ax^3$$

②由作法

$$\overline{TE} = \frac{\overline{OE}}{2} = \frac{x}{2}$$

则

$$\tan \theta = \frac{\overline{EP}}{\overline{TE}} = \frac{ax^3}{\dfrac{x}{2}} = 2ax^2$$

符合性质②,所以 PT 即为所求切线.

注 火车铁轨转弯处,不能将直线轨道急剧改为曲道,为了使曲率逐步缓慢的改变,常用过渡曲线来连接轨道的直线与曲线部分.这种过渡曲线的曲率,在与直线轨道连接处必须为零,在与曲线轨道连接处应等于曲线轨道的曲率.通常采用立方抛物线作为过渡曲线.

274

(17.3)　环索线

(Ⅰ)基本性质

(1)环索线定义.

自一定点(A)的射线族与定直线(Oy)相交(于点 $B,B_1,B_2,\cdots$),在射线上距交点的两侧等长的线段($\overline{BP} = \overline{BP'}$)等于定点($A$)到定直线($Oy$)的线段($\overline{AB}$)在定直线($Oy$)上的射影长($\overline{BO}$),那么,动点($P$ 及 P')运动的轨迹就是环索线(图189).

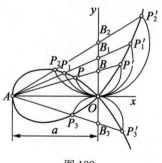

图 189

设定点 A 距离定直线 Oy 长为 a,自 A 所作直线族与定直线 Oy 交于 B,B_1,

B_2 等点,若 P 及 P' 运动的规律符合

$$\overline{BP} = \overline{BP'} = \overline{BO}; \overline{B_1P_1} = \overline{B_1P_1'} = \overline{B_1O}$$

$$\overline{B_2P_2} = \overline{B_2P_2'} = \overline{B_2O}, \cdots$$

那么点 $P(P')$ 运动的轨迹就是环索线.

(2)环索线有关名词介绍(图190).

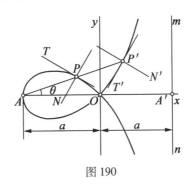

图 190

①极点——如点 A.

②结点——如点 O.

③极轴——如 Ax(亦为环索线的对称轴).

④动径——如 $\overline{AP}$.

⑤动径角——动径与极轴的夹角 θ.

⑥切线——同摆线定义,如 PT.

⑦法线——如 $PN(\perp PT)$.

⑧渐近线——距极点等于 $2a$ 且垂直于极轴的直线,如 mn.

(3)与作图有关的几点几何性质.

①环索线方程(图191):

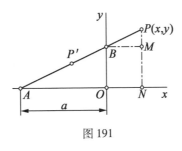

图 191

设 $\overline{OB} = \overline{BP'} = \overline{BP}$,将结点 O 置于直角坐标原点 O,过点 P 作 $\overline{PN} \perp Ox$,过点 B 作 $\overline{BM} \perp \overline{NP}$,显然

$$\triangle BOA \backsim \triangle PNA$$

所以

$$\frac{\overline{NP}}{\overline{AN}} = \frac{\overline{OB}}{\overline{AO}}$$

即

$$\frac{y}{a+x} = \frac{\overline{OB}}{a} \qquad (1)$$

但

$$\overline{OB}^2 = \overline{BP}^2 = \overline{BM}^2 + (\overline{NP} - \overline{NM})^2$$
$$= x^2 + (y - \overline{OB})^2$$

解得

$$\overline{OB} = \frac{x^2 + y^2}{2y} \qquad (2)$$

以式(2)中的 $\overline{OB}$ 代入式(1)得

$$y^2 = x^2 \frac{(a+x)}{(a-x)} \text{(直角坐标方程)}$$

若以 A 为极点,$\overline{AP}$ 为动径(图 192),则有 $\overline{OB} = a\tan\theta$,$\overline{AB} = \dfrac{a}{\cos\theta}$,故动径长

$$\rho = \frac{a}{\cos\theta} \pm a\tan\theta \text{(极坐标方程)}$$

②环索线是关于极轴 Ax 对称的图形.

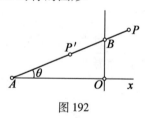

图 192

解说 由环索线直角坐标方程可以看出,若以 $(-y)$ 代替 y,方程不变,即

$$(-y)^2 = x^2 \frac{(a+x)}{(a-x)} \text{变换成} y^2 = x^2 \frac{(a+x)}{(a-x)}$$

由此可知这个曲线是关于极轴成轴对称的图形.

③环索线 $y^2 = x^2 \dfrac{(a+x)}{(a-x)}$ 的渐近线为 $x = a$.

276

解说　将 $y^2 = x^2 \dfrac{(a+x)}{(a-x)}$ 去分母后,是三次的,因无 y^3 的项,所以曲线可以

有平行于 y 轴的渐近线,设其方程为: $x = k$. 将它代入原方程消去 x,得

$$y^2(a-k) = k^2(a+k)$$

令 y^2 的系数等于零,得

$$a - k = 0, \text{即 } k = a$$

所以平行于 y 轴的渐近线为 $x = a$.

再设不平行于 y 轴的渐近线为: $y = mx + b$. 将它代入原方程消去 y,得

$$(mx + b)^2(a-x) = x^2(a+x)$$

整理后令 x^3 及 x^2 的系数等于零,得

$$m^2 + 1 = 0 \tag{1}$$

$$a + 2bm - am^2 = 0 \tag{2}$$

由式(1)可知 m 在实数范围内无解,因此环索线没有不平行于 y 轴的渐近线.

所以方程 $y^2 = x^2 \dfrac{(a+x)}{(a-x)}$ 的渐近线,有且仅有一条,即

$$x = a$$

④过环索线上任一点(P)的切线与动径夹角(φ)的正切($\tan \varphi$)等于 $\pm \cos \theta$.

解说　将环索线方程 $\rho = \dfrac{a}{\cos \theta} \pm a \tan \theta$ 微分得

$$\frac{\mathrm{d}\rho}{\mathrm{d}\theta} = a(\sec \theta \cdot \tan \theta \pm \sec^2 \theta)$$

$$= a\left(\frac{\sin \theta \pm 1}{\cos^2 \theta}\right)$$

由(13.1)(Ⅲ)(4)可知切线与动径的夹角的正切 $\tan \varphi = \dfrac{\rho}{\rho'}$,所以

$$\tan \varphi = \frac{a(\sec \theta + \tan \theta)}{a(\sec \theta \tan \theta \pm \sec^2 \theta)}$$

$$= \frac{a\dfrac{(1 \pm \sin \theta)}{\cos \theta}}{a\dfrac{(\sin \theta \pm 1)}{\cos^2 \theta}} = \pm \cos \theta$$

⑤过环索线上任意一点(P)的直线,与动径夹角(φ)的正切($\tan \varphi$)若等于

动径角(θ)的余弦($\pm\cos\theta$),则此直线是过该点(P)的切线.

解说 同(13.1)(Ⅲ)(5).

(Ⅱ)环索线作图

(1)环索线的作法.

已知:a 为定长,作环索线.

作法 (图193)

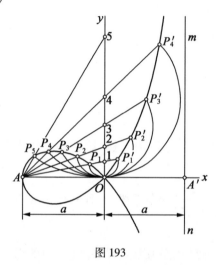

图 193

①作互垂的两轴线 Ox,Oy. 在 Ox 轴上截取 $\overline{OA}=a$.

②过点 A 作射线 $AP_1,AP_2,AP_3,\cdots$,交 Oy 轴于点 $1,2,3\cdots$.

③在 AP_1 上取$\overline{1P_1}=\overline{1P_1{}'}=\overline{1O}$,得迹点 P_1 及 $P_1{}'$;在 AP_2 上取$\overline{2P_2}=\overline{2P_2{}'}=\overline{2O}$,得迹点 P_2 及 $P_2{}'$;仿此可得 $P_3,P_4,\cdots$ 及 $P_3{}',P_4{}',\cdots$.

④平滑联结 $P_1,P_2,P_3,\cdots$ 及 $P_1{}',P_2{}',P_3{}',\cdots$ 各迹点,即得所求环索线.

解说 以迹点 P_1 及 $P_1{}'$ 为例,解说如下:

由于 P_1 及 $P_1{}'$ 在过点 A 所作的射线 AP_1 上,且 P_1 及 $P_1{}'$ 的距点 1(为该射线与定直线 Oy 的交点)的距离$\overline{P_11}=\overline{P_1{}'1}=\overline{1O}$(而点 O 距点 A 为定值 a),符合定义,故为环索线上的迹点.

注 环索线渐近线的作法:

在 Ox 轴上取距点 A 为 $2a$ 的点 A' 处,作 $mn\perp Ox$,则 mn 就是它的渐近线.

(2)作环索线的切线法:

已知:环索线上任意点 P.

求作:过点 P 的切线.

作法 （图 194）

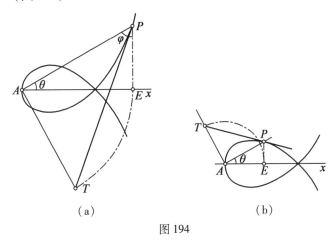

（a）　　　　　　　　（b）

图 194

①连 AP,过点 A 作 $AT \perp \overline{PA}$.

②过点 P 作 $\overline{PE} \perp Ax$,以点 A 为圆心,$\overline{AE}$ 为半径作弧交 AT 于点 T.

③连 $\overline{PT}$,则 $\overline{PT}$ 即为所求切线.

解说　①$\overline{AE} = \overline{AP}\cos\theta = \rho\cos\theta$.

②$\overline{AT} = \pm\overline{AE} = \pm\rho\cos\theta$（作法）.

③$\tan\varphi = \dfrac{\overline{AT}}{\overline{AP}} = \pm\dfrac{\rho\cos\theta}{\rho} = \pm\cos\theta$.

根据性质⑤可知 $\overline{PT}$ 为过点 P 的切线.

（17.4）　蚌线

（Ⅰ）基本性质

（1）蚌线定义:

过定点(O)的直线族与定直线(LM)相交(于点 B),在直线族的任一条直线上距交点为定长(b)的点(P 及 P')的轨迹,就是蚌线(图 195).

设 O 为定点,LM 为距点 O 为 a 的定直线.过 O 的射线族交 LM 于 B,B_1,B_2

等点,在各条射线上的点 P,P' 若符合下列条件

$$\overline{BP} = \overline{BP'} = b, \overline{B_1P_1} = \overline{B_1P_1}' = b$$

$$\overline{B_2P_2} = \overline{B_2P_2}' = b, \cdots$$

那么,$P,P_1,P_2,\cdots$ 和 $P',P_1',P_2',\cdots$ 可看作动点 P 和 P' 运动的轨迹,这个轨迹所形成的曲线,就是蚌线.

很明显的,由于动点 P 及 P' 分别在定直线 LM 的两侧,故蚌线有内支和外支之分. 在定点 O 同侧者叫作内蚌线;异侧者叫作外蚌线.

(2)蚌线有关名词简介(图 195):

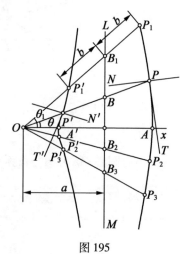

图 195

①极点——距定直线 LM 为 a 的定点 O.

②极轴——蚌线的对称轴 Ox($Ox \perp$ 定直线 LM).

③动径——动点至极点的连线,如 $\overline{PO}$,$\overline{P'O}$ 等.

④动径角——动径与极轴的夹角,如 θ,θ_1 等.

⑤迹距——动点至交点的距离为定长 $b = \overline{BP} = \overline{BP'}$.

⑥渐近线——距极点为 a 的定直线,如 LM.

⑦切线——如 $PT,P'T'$.

⑧法线——如 $PN,P'N'$.

(3)与作图有关的几点几何性质:

①蚌线方程(图 196):

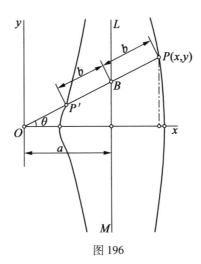

图 196

设迹点 P 的坐标为 $P(x,y)$，$\angle POx = \theta$，则

$$x = \overline{OP}\cos\theta$$

但

$$\overline{OP} = \overline{OB} + \overline{BP} = \frac{a}{\cos\theta} + b$$

所以

$$x = \left(\frac{a}{\cos\theta} + b\right)\cos\theta = a + b\cos\theta$$

$$y = \overline{OP}\sin\theta = \left(\frac{a}{\cos\theta} + b\right)\sin\theta$$

$$= a\tan\theta + b\sin\theta$$

所以点 P 的轨迹可表示为

$$\begin{cases} x = a + b\cos\theta \\ y = a\tan\theta + b\sin\theta \end{cases}$$

仿此可得迹点 P' 的方程为

$$\begin{cases} x = a - b\cos\theta \\ y = a\tan\theta - b\sin\theta \end{cases}$$

所以蚌线的参数方程为

$$\begin{cases} x = a \pm b\cos\theta \\ y = a\tan\theta \pm b\sin\theta \end{cases}$$

如将上面的直角坐标方程，变换成极坐标方程，则有

$$\rho = \sqrt{x^2 + y^2}$$

$$= \sqrt{(a \pm b\cos\theta)^2 + (a\tan\theta \pm b\sin\theta)^2}$$

$$= \sqrt{a^2\sec^2\theta \pm 2ab\sec\theta + b^2}$$

$$= a\sec\theta \pm b$$

所以

$$\rho = a\sec\theta \pm b$$

②蚌线是关于极轴成对称的图形.

解说　若在方程 $\rho = a\sec\theta \pm b$ 中,以 $(-\theta)$ 代替 θ 方程不变,即

$$\rho = a\sec(-\theta) \pm b = a\sec\theta \pm b$$

所以蚌线是关于极轴对称的图形.

③蚌线的极次法距为

$$a\sec\theta\tan\theta$$

证　将蚌线方程 $\rho = a\sec\theta \pm b$ 微分,得

$$\frac{\mathrm{d}\rho}{\mathrm{d}\theta} = a\sec\theta \cdot \tan\theta = 极次法距$$

④蚌线的渐近线为 $x = a$.

令

$$\rho = \sqrt{x^2 + y^2},\cos\theta = \frac{x}{\sqrt{x^2 + y^2}}$$

则

$$\sqrt{x^2 + y^2} = \frac{\sqrt{x^2 + y^2} \cdot a}{x} \pm b$$

即

$$\sqrt{x^2 + y^2}(x - a) = \pm bx$$

两边平方展开得

$$x^4 - 2ax^3 + a^2x^2 + y^2(x^2 - 2ax + a^2) = b^2x^2$$

由于这个方程无 y^3 的项,所以曲线可以有平行于 y 轴的渐近线.

设渐近线方程为 $x = k$. 将它代入上式,得

$$k^4 - 2ak^3 + a^2k^2 + y^2(k^2 - 2ak + a^2) = b^2k^2$$

令 y^2 的系数等于 0,得

$$(k - a)^2 = 0,则 k = a$$

所以平行于 y 轴的渐近线为 $x = a$,这条渐近线既是内蚌线的渐近线,也是外蚌线的渐近线.

282

不平行于 y 轴的渐近线,经计算后是不存在的(算式略——可参看环索线性质③的解说).

（Ⅱ）蚌线作图

（1）蚌线的作法.

已知:渐近线距极点长为 a,迹距为 b,作蚌线.

作法 （图197）

①在极轴 Ox 上取 $\overline{OM}=a$,过点 M 作 $LM\perp Ox$.

②自点 O 作任意射线 $OP,OP_1,OP_2,\cdots,OP_n$(图中 $n=10$),各条射线分别交 LM 于 $B,B_1,B_2,\cdots,B_n$ 各点.

③分别在各条射线上截取

$$\overline{BP}=\overline{BP'}=b,\overline{B_1P_1}=\overline{B_1P_1}{}'=b$$

$$\overline{B_2P_2}=\overline{B_2P_2}{}'=b,\cdots$$

4. 平滑联结 $P,P_1,P_2,\cdots,P_n$ 等迹点,得所求外蚌线;平滑联结 $P',P_1',P_2',\cdots,P_n'$ 等迹点,得所求内蚌线.

283

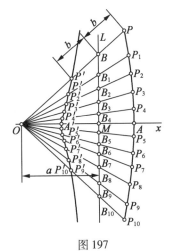

图197

解说 以任一条射线上的迹点如 P_2,P_2' 为例

$$\overline{P_2B_2}=\overline{P_2'B_2}=b(作法)$$

符合蚌线定义,且 a,b 均为给定的,故所作曲线为所求的蚌线.

（2）蚌线的切线作法.

已知:蚌线上一点 P,求作过 P 的切线.

作法 (图 198)

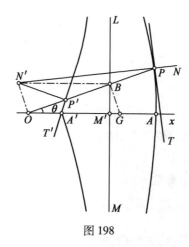

图 198

①连 PO,得 $\angle POx = \theta$;$\overline{PO}$ 交 LM 于点 B;过 O 作 $ON' \perp \overline{PO}$.

②过点 B 作 $BN' /\!/ Ox$,交 $\overline{ON'}$ 于点 N'.

③连 $N'P$,过点 P 作 $PT \perp N'P$,则 PT 即为所求切线.

(若过点 P' 作 $P'N$ 的垂线,则得内蚌线上过点 P' 的切线 $P'T'$.)

解说 设 $\overline{OM'} = a$,则 $\overline{OB} = a\sec\theta$.

若过点 B 作 $\overline{OP}$ 的垂线交 Ox 于点 G,很显明

$$\overline{BG} = \overline{ON'}, \text{而} \overline{BG} = \overline{OB}\tan\theta = a\sec\theta \cdot \tan\theta$$

所以
$$\overline{ON'} = a\sec\theta \cdot \tan\theta = 极次法距$$

根据本节性质③可知 PT 即为所求切线(参看(17.1)(Ⅰ)(3)性质⑤)(切线 $P'T'$ 同法可证得).

(17.5) 蔓叶线

(Ⅰ)基本性质

(1)蔓叶线定义.

过定圆(O)直径端点(A)的射线族与过直径另一端点(B)的切线(BC)相交(于点 C).在此诸射线中的任意一线(如 AC)上,截取一线端($\overline{AP}$),使其长等

于圆外线段($\overline{DC}$).那么截点(P)的运动轨迹就是蔓叶线(图199).

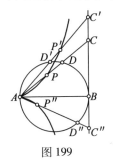

图 199

设 AB 为定圆 O 的直径,BC 为过直径端点 B 的切线,$AC,AC',AC'',\cdots$为过直径端点 A 的射线,若在诸射线上,截取

$$\overline{AP} = \overline{DC}, \overline{AP'} = \overline{D'C'}$$

$$\overline{AP''} = \overline{D''C''}, \cdots$$

那么,所截得的各点,可看作点 P 的运动轨迹,这个轨迹所形成的曲线,就是蔓叶线.

(2)蔓叶线有关名词介绍(图200):

285

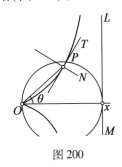

图 200

①极点——定圆直径的一个端点,如 O.

②极轴——与定圆直径重合的轴线,如 Ox.

③动径——迹点至极点的连线,如 $\overline{OP}$.

④动径角——动径与极轴的夹角 θ.

⑤渐近线——过直径另一端点的切线,如 LM.

⑥切线——如 PT.

⑦法线——如 PN.

(3)与作图有关的几点几何性质.

①蔓叶线的方程(图 201):

设动径角 $\angle POB = \theta,\overline{OB} = a$,则 $\angle CBD = \theta$. 连 BD,则

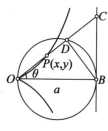

图 201

$$\overline{BD} = a\sin \theta$$

$$\overline{OP} = \overline{DC} = \overline{BD} \cdot \tan \theta = a\sin \theta \tan \theta$$

则

286

$$\begin{cases} x = \overline{OP} \cdot \cos \theta = a\sin \theta\cos \theta \cdot \tan \theta = a\sin^2\theta & (1) \\ y = \overline{OP} \cdot \sin \theta = a\sin^2\theta \cdot \tan \theta = a\dfrac{\sin^3\theta}{\cos \theta} & (2) \end{cases}$$

由式(1)得
$$\sin \theta = \sqrt{\frac{x}{a}}$$

代入式(2)得

$$y = \frac{a\sin^3\theta}{\sqrt{1 - \sin^2\theta}} = \frac{x\sqrt{\dfrac{x}{a}}}{\sqrt{1 - \dfrac{x}{a}}} = \frac{x\sqrt{x}}{\sqrt{a - x}}$$

可得蔓叶线的直角坐标方程

$$y^2(a - x) = x^3$$

蔓叶线的极坐标方程,可通过下列方法求得:

因为
$$\overline{BD} = a\sin \theta,\ \angle CBD = \angle COB = \theta$$

所以
$$\overline{DC} = \overline{BD} \cdot \tan \theta = a\sin \theta \cdot \tan \theta$$

而
$$\rho = \overline{OP} = \overline{DC} = a\sin \theta \cdot \tan \theta$$

②蔓叶线的极次法距为

$$a\tan\theta(\sec\theta+\cos\theta)$$

解说　将蔓叶线极坐标方程 $\rho=a\sin\theta\tan\theta$ 微分得

$$\frac{\mathrm{d}\rho}{\mathrm{d}\theta}=a\sin\theta\sec^2\theta+a\tan\theta\cos\theta$$

$$=a\tan\theta\sec\theta+a\tan\theta\cos\theta$$

$$=a\tan\theta(\sec\theta+\cos\theta)$$

根据(17.1)(Ⅰ)(3)性质④可知:

蔓叶线的极次法距 $=\overline{ON}=a\tan\theta(\sec\theta+\cos\theta)$.

③蔓叶线 $y^2(a-x)=x^3$ 的渐近线为 $x=a$.

解说　这个方程是三次的,因无 y^3 的项,故曲线有可以平行于 y 轴的渐近线.

设渐近线方程为 $x=k$,将它代入原方程消去 x,得

$$y^2(a-k)=k^3$$

令 y^2 的系数等于零,得

287

$$a-k=0,\text{即 }k=a$$

所以平行于 y 轴的渐近线是 $x=a$.

根据推导,蔓叶线没有不平行于 y 轴的渐近线.

(Ⅱ)蔓叶线作图

(1)蔓叶线的作法.

已知:定圆的直径为 a,作蔓叶线.

作法　(图202)

①以 $\overline{AB}=a$ 为直径作圆,过直径一端 B 作圆的切线 $\overline{BC}$.

②过点 A 作射线 $AC_1,AC_2,AC_3,AC_4,\cdots,AC_n$. 分别交圆于 $D_1,D_2,D_3,\cdots,D_n$ 各点.

③在 $\overline{AC_1}$ 上取 $\overline{AP_1}=\overline{D_1C_1}$,$\overline{AC_2}$ 上取 $\overline{AP_2}=\overline{D_2C_2}$,$\overline{AC_3}$ 上取 $\overline{AP_3}=\overline{D_3C_3}$,……

④平滑联结迹点 $P_1,P_2,P_3,\cdots,P_n$ 以及点 A,即得蔓叶线的一支. 同法可得 $\overline{AB}$ 下方的一支(BC 就是蔓叶线的渐近线).

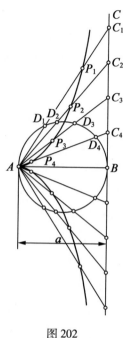

288

图 202

解说　以点 P_1 为例. 因 $\overline{AP_1} = \overline{D_1C_1}$(作法),符合蔓叶线的定义,故 P_1 为蔓叶线的迹点. 若将本图置于直角坐标系中,以 A 为原点 O,AB 为 x 轴,则 BC_1 就是蔓叶线的渐近线,因其方程为 $x = a$(见性质③).

(2)蔓叶线切线的作法.

已知:蔓叶线上任意一点 P.

求作:过点 P 的切线.

作法　(图 203)

①连 OP,并延长交渐近线 BC 于点 C.

②延长 $\overline{BO}$ 至 D,使 $\overline{OD} = \overline{OB} = a$.

③过点 D 作 $DE \perp \overline{CO}$ 的延长线交于点 E.

④过点 O 作 $GN \perp \overline{OP}$.

⑤过点 C 作 $CF /\!/ \overline{BD}$ 交 $\overline{DE}$ 的延长线于点 F.

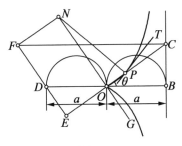

图 203

⑥再过点 F 作 $FN \perp GN$.

⑦联结 NP，并过点 P 作 $PT \perp \overline{NP}$.

则 PT 即为所求切线.

解说

①设动径角为 θ，则由作法可知
$$\angle COB = \angle FCE = \angle DOE = \theta$$

②$\overline{OC} = a\sec\theta$；又因 $\overline{OD} = a$（作法），所以 $\overline{OE} = a\cos\theta$. 如此得 $\overline{EC} = a(\sec\theta + \cos\theta)$.

③因 $\angle FCE = \theta$，所以 $\overline{EF} = \overline{EO} \cdot \tan\theta = a\tan\theta(\sec\theta + \cos\theta) = $ 极次法距.

④由作法可知 $\overline{ON} = \overline{EF} = $ 极次法距.

又因 $PT \perp NP$，根据性质②可知 PT 为蔓叶线过点 P 的切线（参看(17.1)（Ⅰ）(3)性质④).